船舶系统仿真技术

Ship System Simulation Technology

郭晨 等编著

国防工业出版社

内 容 简 介

本书系统地总结了作者多年来从事船舶系统仿真技术研究和船舶轮机仿真器研制的主要内容。全书概述了船舶系统仿真技术的研究进展，详细讨论了连续与离散系统的数学模型及数字仿真、船舶操纵运动数学模型及仿真、船舶操纵仿真器、船舶柴油主推进装置及其控制系统的建模及仿真、船舶轮机仿真器和船舶电力系统建模及船舶电站仿真器的相关内容。力求体现系统仿真技术在现代船舶工程系统中的应用。

本书可供从事船舶系统仿真与控制领域的教学科研及工程技术人员参考，也可供船舶与海洋工程、控制科学与工程、交通运输工程等学科的研究生及自动化、轮机工程、船舶电子电气工程、电气工程及其自动化等专业的高年级本科生作为教材或教学参考书。

图书在版编目(CIP)数据

船舶系统仿真技术/郭晨等编著. —北京：国防工业出版社，2023.3
ISBN 978-7-118-12840-6

Ⅰ.①船… Ⅱ.①郭… Ⅲ.①船舶系统-仿真系统
Ⅳ.①U664.8

中国国家版本馆 CIP 数据核字(2023)第 090715 号

※

国防工业出版社出版发行
(北京市海淀区紫竹院南路 23 号　邮政编码 100048)
北京虎彩文化传播有限公司印刷
新华书店经售

*

开本 710×1000　1/16　插页 2　印张 17¾　字数 310 千字
2023 年 3 月第 1 版第 1 次印刷　印数 1—1000 册　定价 128.00 元

(本书如有印装错误，我社负责调换)

国防书店：(010)88540777　　书店传真：(010)88540776
发行业务：(010)88540717　　发行传真：(010)88540762

前　　言

系统仿真是以建模和仿真方法、相似原理、信息技术及相关应用领域的有关技术为基础，以计算机系统、各种仿真器和专用物理效应设备为工具，利用系统模型对真实或假想的系统进行动态研究的一门综合性技术。

当前，国内外水上运输船舶正在向大型化、高速化、集装箱化、滚装化和智能化发展。随着船舶大型化、高速化和人们安全环保及经济意识的增强，现代船舶对于高效、节能、环保、安全航行和操纵性的要求越来越高。近几十年来系统仿真技术在船舶与海洋工程和航海科技领域已经得到广泛应用并产生了重大的社会与经济效益。对于船舶操纵、主推进与电力系统等船舶关键系统的建模仿真技术的深入研究必将对本领域的高质量发展和科技创新起到积极的推动作用。

本书系统地介绍船舶操纵、船舶主推进与电力系统的建模仿真技术及其在船舶操纵和轮机仿真器中的典型应用。全书共分7章。第1章为船舶系统仿真技术概论，着重介绍系统仿真的基本概念、原理和方法及船舶系统的建模与仿真技术。第2章介绍连续与离散系统的数学模型及数字仿真方法。第3章重点介绍几种主要的船舶操纵运动数学模型并给出了船舶操纵性仿真实例。第4章介绍船舶操纵仿真器的系统结构及其中的船舶运动数学模型，并结合典型实例，讨论了船舶操纵仿真器的构成及配置。第5章阐述船舶柴油机主推进装置及其控制系统的建模与仿真方法，给出船舶柴油主机-调距桨推进系统的仿真实例。第6章结合作者研制的大型船舶轮机仿真器实例，详细讨论了船舶轮机仿真器的基本结构、组成及主要仿真分系统。第7章重点讨论船舶电力系统建模及船舶电站仿真器的相关内容并给出应用实例。

本书由大连海事大学郭晨确定结构和内容，组织分工，并审校全文。其中前言、第1章由郭晨教授撰写，大连海事大学张闯副教授撰写了第3章、第4章并协助整理、校对全部书稿，第6章由大连海事大学孙建波教授撰写，第7章由大连海事大学孙才勤副教授撰写，第5章由大连海洋大学张巧芬博士撰写，第2章由大连海事大学余亚磊博士撰写。书稿应用了大连海事大学轮机模拟器研制室研发DMS系列轮机模拟器工作中的相关论文和资料（作者包括郭晨、孙建波、史成军、孙才勤、沈智鹏、李晖等老师）。大连海事大学杜佳璐教授参与撰写了本书早期初稿的部分章节。

本书获得了国家自然科学基金项目(51879027、51579024、61374114)和大连市人民政府出版资助,在此深表感谢!

由于作者水平有限,书中疏漏和不妥之处在所难免,恳请有关专家和读者给予批评指正。

作者
2022 年 10 月于大连海事大学

目　　录

第1章　船舶系统仿真技术概论 ………………………………………… 1

1.1　系统仿真的基本概念 …………………………………………… 1
1.1.1　系统和模型 ……………………………………………… 1
1.1.2　仿真 ……………………………………………………… 2
1.1.3　系统仿真分类 …………………………………………… 3
1.1.4　系统仿真的基本步骤 …………………………………… 3
1.2　仿真模型 ………………………………………………………… 4
1.2.1　动态与静态模型 ………………………………………… 4
1.2.2　连续与离散模型 ………………………………………… 5
1.2.3　确定性与随机性 ………………………………………… 5
1.3　数字仿真的基本原理 …………………………………………… 6
1.4　仿真系统的组成与现代仿真器技术 …………………………… 7
1.4.1　仿真器的构成 …………………………………………… 8
1.4.2　仿真器的特点 …………………………………………… 9
1.4.3　仿真器的分类及用途 …………………………………… 10
1.4.4　仿真器的开发工具及运行环境 ………………………… 11
1.5　船舶系统的建模与仿真技术 …………………………………… 12
1.5.1　船舶运动与推进系统的数学建模 ……………………… 12
1.5.2　船舶系统仿真器 ………………………………………… 13
1.6　船舶虚拟现实与增强现实仿真 ………………………………… 15
1.6.1　船舶虚拟现实仿真系统 ………………………………… 15
1.6.2　增强现实仿真技术在船舶系统仿真中的应用 ………… 17
参考文献 ……………………………………………………………… 18

第2章　连续与离散系统的数学模型及数字仿真 ……………………… 20

2.1　连续/离散时间系统的建模 ……………………………………… 20
2.1.1　连续/离散时间系统的定义 ……………………………… 20

    2.1.2 连续时间系统的建模方法 21
    2.1.3 连续时间系统的数学模型 22
    2.1.4 系统数学模型的转化 24
    2.1.5 面向结构图的系统方程 27
    2.1.6 离散时间系统及连续/离散混合系统的建模 30
    2.1.7 模型的简化及可信性 32
  2.2 连续时间系统的仿真 33
    2.2.1 数值积分法 33
    2.2.2 离散相似法 43
    2.2.3 快速数字仿真及控制系统参数优化 52
  参考文献 58

第3章 船舶操纵运动数学模型及仿真 59
  3.1 船舶运动数学模型及其分类 59
    3.1.1 机理建模研究 59
    3.1.2 辨识建模研究 60
  3.2 整体型船舶运动数学模型 60
    3.2.1 Abkowitz 数学模型的结构形式 60
    3.2.2 Abkowitz 非线性船舶运动数学模型 62
  3.3 船舶操舵响应型数学模型 64
    3.3.1 船舶运动线性数学模型 65
    3.3.2 响应型船舶运动数学模型 69
  3.4 分离型船舶运动数学模型 70
    3.4.1 运动坐标系统 70
    3.4.2 6 自由度船舶运动数学模型 71
  3.5 典型船舶操纵性试验仿真 81
    3.5.1 船舶操纵数学模型仿真 81
    3.5.2 6 自由度船舶操纵－摇荡运动耦合作用分析 85
  参考文献 90

第4章 船舶操纵仿真器 92
  4.1 船舶操纵仿真器概述 92
  4.2 船舶操纵仿真器的构成及系统结构 93
    4.2.1 船舶操纵仿真器系统简介 93

- 4.2.2 船舶操纵仿真器的特点及构成 ... 94
- 4.3 船舶操纵仿真器的数学模型 ... 95
  - 4.3.1 水面船舶坐标系 ... 95
  - 4.3.2 运动学方程 ... 96
  - 4.3.3 船舶运动方程 ... 98
  - 4.3.4 船体动力数学模型 ... 100
  - 4.3.5 定螺距与可调螺距螺旋桨系统建模 ... 105
  - 4.3.6 舵的数学模型 ... 108
  - 4.3.7 推进器建模 ... 112
  - 4.3.8 风的扰动模型 ... 113
  - 4.3.9 波浪建模 ... 114
  - 4.3.10 海上试验 ... 121
- 4.4 典型船舶操纵仿真器实例 ... 125
  - 4.4.1 船舶操纵仿真器的构成 ... 125
  - 4.4.2 船舶操纵仿真器的配置 ... 126
- 参考文献 ... 134

第5章 船舶柴油机主推进装置及其控制系统的建模与仿真 ... 135

- 5.1 船舶柴油机推进装置建模 ... 135
  - 5.1.1 船用柴油机气缸数学模型 ... 136
  - 5.1.2 船用柴油机起动装置模型及起动过程分析 ... 148
  - 5.1.3 船用二冲程柴油机进排气系统数学模型 ... 150
  - 5.1.4 废气涡轮增压器数学模型 ... 152
  - 5.1.5 船机桨系统动态数学模型 ... 155
- 5.2 船舶调距桨推进控制系统建模 ... 159
  - 5.2.1 调距桨推进装置的基本组成 ... 160
  - 5.2.2 调距桨的基本工作特性 ... 160
  - 5.2.3 调距桨液压伺服机构的数学模型 ... 161
- 5.3 Alphatronic 2000 推进控制系统仿真 ... 162
  - 5.3.1 Alphatronic 2000 推进控制系统的数学模型 ... 162
  - 5.3.2 Alphatronic 2000 推进控制系统的仿真模型 ... 166
  - 5.3.3 Alphatronic 2000 调距桨推进控制系统的仿真界面 ... 169
- 5.4 船舶柴油机-调距桨推进系统的仿真分析 ... 170
  - 5.4.1 仿真对象及主要参数 ... 170

  5.4.2 仿真步长及流程图 ·········· 172
  5.4.3 仿真结果分析 ················ 174
 参考文献 ································· 179

第6章 船舶轮机仿真器 ············ 181

 6.1 船舶轮机模拟器概述 ················ 181
  6.1.1 船舶轮机模拟器研制背景及意义 ·········· 181
  6.1.2 船舶轮机模拟器发展概况 ·········· 182
  6.1.3 轮机模拟器的设计标准与主要功能 ·········· 188
 6.2 船舶轮机模拟器的基本结构与主要组成部分 ······ 193
  6.2.1 全任务船舶轮机模拟器的基本结构 ·········· 193
  6.2.2 轮机模拟器各主要组成部分 ·········· 194
 6.3 船舶轮机模拟器的主要仿真分系统 ············ 203
  6.3.1 船舶主推进装置仿真分系统 ·········· 203
  6.3.2 柴油主机遥控和气动操纵仿真分系统 ·········· 205
  6.3.3 船舶电站仿真分系统 ·········· 215
  6.3.4 发电机组仿真分系统 ·········· 219
  6.3.5 辅锅炉和废气锅炉仿真分系统 ·········· 221
  6.3.6 管路仿真分系统 ·········· 224
  6.3.7 甲板机械仿真分系统 ·········· 225
  6.3.8 防污染设备仿真分系统 ·········· 227
  6.3.9 机舱自动化设备仿真分系统 ·········· 228
 参考文献 ································· 230

第7章 船舶电力系统建模及船舶电站仿真器 ········ 232

 7.1 船舶电力系统与船舶电站概述 ············ 232
  7.1.1 船舶电力系统 ·········· 232
  7.1.2 船舶电站 ················ 235
 7.2 船舶电力系统建模 ················ 236
  7.2.1 船舶电力系统建模步骤 ·········· 236
  7.2.2 同步发电机的数学模型 ·········· 237
  7.2.3 励磁系统数学模型 ·········· 247
  7.2.4 负载数学模型 ·········· 249
 7.3 船舶电力系统训练模拟器 ············ 251

  7.3.1 船舶电力系统训练模拟器的系统建模 …………………… 252
  7.3.2 船舶电力系统训练模拟器的组成及仿真支撑系统 ………… 256
  7.3.3 船舶电力系统训练模拟器的实现 …………………………… 262
 7.4 船舶电站评估操作考试模拟器 …………………………………… 266
  7.4.1 系统总体结构 ……………………………………………… 267
  7.4.2 船舶电站评估操作考试模拟器主要特点 ………………… 269
参考文献 ……………………………………………………………………… 270

第1章 船舶系统仿真技术概论

系统仿真技术属于多学科综合的应用技术学科,推动仿真技术发展的动力是国民经济发展和国防的需求。仿真技术是以相似原理、系统技术(特别是计算机技术)及相关应用领域的专业知识为基础,以物理效应设备和仿真器为工具,利用模型对系统进行研究的一门多学科综合性技术。当前,仿真技术的应用已从早期的航空航天领域拓展到众多的工程和非工程领域,现在正朝着更深入、更广泛的方向发展。应用于船舶工程与航海及海事领域的船舶系统仿真技术近几十年来也得到了快速发展。本书阐述的船舶系统仿真技术主要包括船舶操纵运动数学模型及仿真、船舶操纵仿真器、船舶柴油主推进装置的数学模型及仿真、船舶轮机仿真器、船舶电力系统建模及船舶电站仿真器等各章内容。

1.1 系统仿真的基本概念

1.1.1 系统和模型

系统是一些具有特定功能的、相互间以一定规律联系着的物体所组成的一个总体。系统是一个广泛的概念,不同领域的问题均可以用不同的系统框架来解决。但究竟一个系统是由什么构成,这取决于观测者的观点。

一个系统可能非常复杂,也可能很简单,通常很难给"系统"下一个确切的定义。因为这个定义不但需要能足以概括系统的各种应用,而且又能够简明地把这个定义应用于实际。但无论什么系统一般均具有4个重要的性质,即整体性、相关性、有序性和动态性。

定量地分析、综合系统最有效的方法是建立系统的模型,并使用高效的数值计算工具和算法对系统的模型进行解算。

采用模型法分析系统的第一步是建立系统的数学模型,这里所说的数学就是把关于系统的本质部分信息,抽象成有用的描述形式,因此抽象是数学建模的基础。

数学模型无论是在纯科学领域还是在实际工程领域中都有着广泛的应用,通常认为一个数学模型有两个主要用途:首先,数学模型可以帮助人们不断地加深对实际物理系统的认识,并且启发人们去进行可以获得满意结果的实验;其次,数学模型有助于提高人们对实际系统的决策和干预能力。

数学模型按建立方法的不同可分为机理模型、统计模型和混合模型。机理模型采用演绎方法，运用已知定律，用推理方法建立数学模型；统计模型采用归纳法，它根据大量实测或观察的数据，用统计的规律估计系统的模型；混合模型是理论上的逻辑推理和实验观测数据的统计分析相结合的模型。按所描述的系统运动特性和运用的数学工具特征，数学模型可分类为线性、非线性，时变、定常，连续、离散，集中参数、分布参数，确定、随机等系统模型。

1.1.2 仿真

随着科学技术的进步，尤其是信息技术和计算机技术的发展，"仿真（Simulation）"的概念得以不断地发展和完善，通常的系统仿真的基本含义是指设计一个实际系统的模型，对它进行实验，以便理解和评价系统的各种运行策略。这里的模型是一个广义的模型，包含数学模型、非数学模型、物理模型等。可见，根据模型的不同，有不同方式的仿真。

仿真在工程技术上通常定义为：通过对系统模型的实验去研究一个存在的或设计中的系统。这里的系统是指由相互制约的各个部分组成的具有一定功能的整体。这种定义概括了所有工程或非工程系统。电气、力学、机电、声学、热力学系统等都属于工程系统，而社会、经济、生态、生物和管理系统等则属于非工程系统。这里没有限定模型的类型，它广泛概括了静态与动态、数学与物理、连续与离散等模型。这里强调仿真技术的实验和工程性质，以区别于数值计算的求解方法。

从仿真实现的角度来看，模型特性可以分为连续系统和离散事件系统两大类。由于这两类系统的运动规律差异很大，描述其运动规律的模型也有很大的不同，因此相应的仿真方法不同，分别对应为连续系统仿真和离散事件系统仿真。

1）连续系统仿真

连续系统仿真是指物理系统状态随时间连续变化的系统，一般可以使用常微分方程或偏微分方程组描述。需要特别指出的是，这类系统也包括用差分方程描述的离散时间系统。本书主要讨论船舶工程和航海技术中的连续系统仿真。

2）离散事件系统仿真

离散事件系统是指物理系统的状态在某些随机时间点上发生离散变化的系统。它与连续时间系统的主要区别是：物理状态变化发生在随机时间点上，这种引起状态变化的行为称为"事件"，因而，这类系统是由事件驱动的。离散时间系统的事件（状态）往往发生在随机时间点上，并且事件（状态）是时间的离散变量。系统的动态特性无法使用微分方程这类数学方程来描述，而只能使用事件的活动图或流程图。因此，对离散事件系统仿真的主要目的是对系统事件的行为作统计特性分析，而不是像连续系统仿真的目的是对物理系统的状态轨迹作出分析。

仿真技术的分类方法很多,不同的分类仿真方法也有所不同,本书主要讨论连续时间系统的计算机仿真,因此仿真的基础是建立在系统的数学模型基础上,并以计算机为工具对系统进行实验研究。随着现代工业的发展,科学研究的深入与计算机软件、硬件的发展,仿真技术已成为分析、综合各类系统,特别是大系统的一种有效研究方法和有力的研究工具。

现代仿真技术的发展是与控制工程、系统工程和计算技术的发展密切相联系的。控制工程和系统工程的发展促进了仿真技术的广泛应用,而计算机及计算技术的发展,则为仿真技术提供了强有力的手段和工具。

系统仿真技术得以迅速发展的主要原因是它带来了重大的社会和经济效益。对于航天、航空、航海、核电站、水面船舶、潜艇、武器装备等系统,仿真技术不仅可以降低系统的研制成本,更重要的是,可以提高系统实验、调试和训练过程中的安全性;对于社会和经济等非工程领域,仿真技术可以作为研究系统的必要手段而避免直接实验。

1.1.3 系统仿真分类

仿真可以按下述不同原则分类。

(1) 按所用模型的类型(数学模型、物理模型、物理－数学模型)可分为计算机仿真、全物理仿真、半物理仿真。

(2) 按所用计算机类型(数字计算机、模拟计算机、混合计算机)可分为数字仿真、模拟仿真、混合仿真。

(3) 按仿真对象中的信号流(连续的和离散的)可分为连续系统仿真和离散系统仿真。

(4) 按仿真时间与实际时间的比例关系可分为实时仿真(指仿真时钟推进时间与自然时间完全一致,二者的比例因子等于1)、超实时仿真(比例因子大于1)和亚实时仿真(比例因子小于1)。

(5) 按仿真对象性质可分为飞行器系统仿真、化工系统仿真、船舶系统仿真等。

1.1.4 系统仿真的基本步骤

系统仿真研究的基本步骤如下:
(1) 建立实际系统的数学模型。
(2) 将它转变成能在计算机上运行的仿真模型。
(3) 编写出仿真程序。
(4) 对仿真模型进行修改、校验。

这里共有两次模型化:第一次是将实际系统转变成数学模型;第二次是将数学模型变成仿真模型。

1.2 仿真模型

建立模型是进行系统仿真的重要的第一步,仿真模型既可以是一个物理模型,也可以是一个数学模型。建立数学模型也就意味着在计算机上建立起仿真对象的可以计算的模型。一般来说,系统的数学模型都必须改写成适合于计算机处理的形式(仿真数学模型)才能使用。系统模型是系统的一次近似模型,而仿真模型则是系统的二次近似模型。只有建立了系统的仿真模型后,才能编写相应的计算机仿真程序。系统仿真模型可按图1-1进行分类。

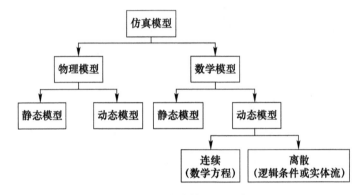

图 1-1 仿真模型的分类

数学模型是用符号和数学方程式表示一个系统。其中,系统的属性用变量表示,而系统的活动则用相互关联的数学函数关系来表示。也可以说,一个系统的数学模型就是用某种形式语言对该系统的描述。仿真是用一个模型来模仿真实系统。既然是模仿,两者就不可能完全等同,但是最基本的内容应该相同,即模型必须至少反映系统的主要特征。任何数学描述都不可能对系统作完全真实的描述,而只能实现对它作近似简化但符合工程技术要求的描述。例如,建立船舶操纵运动数学模型,利用仿真技术来模拟实际航海场景,对船舶运动进行预报和仿真,就是研究船舶操纵性和耐波性的一个有效方案。

对于数学模型,有许多分类方法,以下就有关问题进行一些讨论。

1.2.1 动态与静态模型

系统的活动即系统的状态变化,总是与组成系统的实体之间的能量、物质的传递和变换有关。这种能量流和物质流的强度变化是不可能在瞬间完成的,总需一定的时间和过程。用以描述系统状态变化的过渡过程(即系统活动)的数学模型称为动态模型,它通常用微分方程来描述。静态模型则仅仅反映系统在平衡状态下系统特征值间的关系,这种关系常用代数方程来描述。

1) 静态数学模型

静态数学模型给出了系统处于平衡状态下的各属性之间的关系表达式。据此,可以求得当任何属性值的改变而引起平衡点变化时,模型内部所有属性的新值,但是这不能表示其中所有属性从原有值变化到新值的方式和过程。

2) 动态数学模型

一个动态数学模型允许把系统属性值的变化推导为一个时间的函数。在进行求解运算时,按照数学模型的复杂程度,可分别采用分析法和数值法。

1.2.2 连续与离散模型

当系统的状态变化主要表现为连续平滑的运动时,则称该系统为连续系统;当系统的状态变化主要表现为不连续(离散)的运动时,则称该系统为离散系统。对于一个真实系统,很少表示为完全连续的或完全离散的,而是考察哪一种形式的变化为主,即以主要特征作为依据来划分系统模型的类型。

1.2.3 确定性与随机性

若一个系统的输出(状态和活动)完全可以用它的输入(外作用或干扰)来描述,则这种系统称为确定性系统。

若一个系统的输出(状态和活动)是随机的,即对于给定的输入(外作用或干扰)存在多种可能的输出,则该系统是随机系统。这种随机性不仅可表现在内在方面,还可表现在外部环境方面。

一项活动具有随机性,意味着这项活动是系统环境的一部分。若发生的活动是随机活动,而执行这项活动的实际结果在任何时候都不可预知,则可把这项活动看成是系统环境的一部分。这种随机活动的输出可以用概率分布的形式加以描述和度量。例如,在工厂系统中,机器操作的时间是随机变化的,需要用概率分布来描述,它表现为系统内部的活动;在随机的时间间隔内,由于电源故障产生的停机,则表现为一个外部环境的作用。上述情况可用如下模型来表示:

$$P(0) = m$$

$$P(f) = n$$

式中:$P(0)$ 是机器在加工运转时间的概率;$P(f)$ 是机器考虑了停电故障运转时间的概率。这种模型常称为概率模型或离散事件模型。

如果一项活动是真正的随机活动,则它的随机性将无法准确表示。此外,若在全面地描述一项活动时,觉得太琐碎或太麻烦,就可以把这项活动表示为随机活动。

在为系统模型收集数据时,也往往会遇到一些不确定因素,如采样误差或实验误差。若系统中实体的属性是确定的,则这些属性值必须在对包含随机误差的数据进行处理后才能确定。例如,通常用算术平均值作为属性值。

表 1-1 给出了模型公式的分类。

表 1-1 模型公式的分类

模型	模型的描述变量的轨迹	模型的时间集合	模型公式	变量范围	
				连续	离散
混合(变化)模型	连续(变化)模型	连续-时间模型	偏微分方程	✓	
			常微分方程	✓	
	离散(变化)模型	离散-时间模型	活动扫描	✓	✓
			差分方程	✓	✓
			有限状态机		✓
			马尔可夫链		✓
		离散-事件模型	离散事件	✓	✓
			过程交互	✓	✓

1.3 数字仿真的基本原理

相似性原理:相似性的概念最早出现在几何学里,两个三角形的相似是指其对应边成比例或者对应角相等。这种相似称为形状的几何相似。当我们对同一类现象中的某一种现象进行研究并获得其有关信息和规律,并应用于这类现象的其他任一现象时,这类相似称为同类相似。

对于两类不同现象的质的相似性研究属于异类相似。例如,传热对象、液位对象和电阻电容(RC)电路中的时间常数都是容量系数和阻力系数的乘积,平衡关系参数是容量系数和被控参数(推动力参数)之积,而流量系数则是推动力参数除以阻力。其关系如表 1-2 所列。

表 1-2 热、液、电三类现象的相似关系

平衡关系参数	容量系数	被控参数(推动力参数)	流量参数	阻力	时间常数
热量 u	热容 M_c	温度 T	热流 q	热阻 R_{he}	T_{he}
体积 V	面积 F	液位 h	流量 Q	液阻 R_{hy}	T_{hy}
电荷 e	电容 C	电压 u	电流 i	电阻 R	$R \cdot C$

根据相似关系,三类现象的输入流量参数和输出被控参数之间都可以用传递函数 $\frac{K}{Ts+1}$ 描述,其中 T 为时间常数,K 为传递系数。因此,对这三类不同种类现象的输入输出关系的研究就可以用对一阶惯性环节的研究来类推。

相似性原理由相似性正定理、逆定理与推广定理3个部分组成。彼此相似的现象必定具有数值相同的相似准则。凡同一类现象,即都被同一完整方程组所描述的现象,当单值条件相似,而且有单值条件的物理量所组成的相似准则在数值上相等,则这些现象就必定相似。

相似性正定理指出彼此相似的现象必定具有数值相同的相似准则。这表明,相似现象的一切量各自互成比例。由这些量组成的方程组是相同的。

相似性逆定理指出了两类现象相似应满足的条件。这些条件是:可以用同一完整的方程组来描述;单值条件的物理量组成的相似准则在数值上相等。

相似性推广定理指出,描述某现象的各种量之间的关系可以整理成相似准则关系式,则这些准则关系可以推广应用到与其相似的现象中去。正是基于这个原理,我们才能用数字仿真的方法把研究的结果应用于相似现象的分析研究中去。

相似性原理是仿真的基础。相似准则可以描述为几何的、物理的或数学的形式。数字仿真是用数学的描述形式来对相似现象从性能上进行的研究。

1.4 仿真系统的组成与现代仿真器技术

计算机是系统仿真最重要的工具。用于仿真的计算机先后曾经为模拟计算机、混合计算机和数字计算机三类。其中数字计算机还可分为通用数字计算机和专用仿真数字计算机。

由于近年来计算机技术的高速发展,现代仿真计算机系统的可选类型分布在相当宽的型谱上。发展至今的数字计算机已经具有非常高的运算速度(某些专用数字计算机的速度更高),已能满足大部分系统的实时仿真要求。同时,由于各种软件、接口和终端技术的发展而使人机交互能力也有极大提高。因此,数字计算机已发展成为现代系统仿真的主要工具。

系统仿真技术早期主要为航空、航天、导弹和原子能等工程系统服务。其目的是应用于新系统的建立、新的控制系统的形成与调试,实现对控制系统的最佳设计和最优控制及操纵人员的训练。随着仿真技术的发展,它在船舶与海洋工程、航海技术、电力系统、化工系统、冶金系统中也逐步得到了广泛的应用。

建立在系统仿真技术基础上的各种仿真器是仿真技术应用的一个重要方面。仿真器一般有两种类型:一类是专用的物理仿真器,如用于飞行仿真实验的3自由度运动仿真器、目标仿真器、环境仿真器等;另一类是用于训练操纵人员的训练仿真器。训练仿真器实际上是一种包括物理仿真器、实物和计算机在内的复杂仿真系统。随着系统仿真技术的高速发展,训练仿真器已日益成为航天、航空、航海和核能等领域重大设备的操纵、监控、管理养护人员上岗培训的必备手段。

作为现代化航海教育与科研的重要设备,运用船舶操纵和轮机仿真器快速有效地培养高级船员,将航海轮机模拟器培训来代替船员的部分海上经历的有效性已得到国际海事组织(International Maritime Organization,IMO)的高度重视和认可,对于航运公司培训高级船员具有重要意义。大型船舶轮机训练仿真器在训练的经济性、反复训练学员的实际操作技能、提高学员分析故障的能力、大大缩短机损的变化过程及进行某些在实船上难以实现的特殊训练(如机舱进水、主机应急运行/紧急刹车、全船断电、机舱着火等)中具有不可替代的优越性。根据有关专家评估,船舶操纵和轮机仿真器的训练费用仅为实际训练费用的$1/10 \sim 1/8$。此外,上述船舶仿真器也是进行船舶操纵运动和机舱自动控制系统科学研究的重要设备。

除上述外,近年来,仿真技术在对非传统工程系统的研究方面正发挥着越来越大的作用。例如,仿真研究人对药物的反应、疾病的成因等,人口系统、市场系统、电话系统等离散事件系统。本书主要阐述工程动态系统的数字仿真。关于非工程系统的仿真技术,本书没有涉及,但工程系统仿真技术的一般原理对其仍然是适用的。

现代仿真器是系统仿真科学技术的一个最直接的工程应用领域,它起源于飞行仿真器,并被航天工程大量使用,进而扩大到军事训练领域和交通运输部门,以及工业连续生产过程(如核、火电站,电网调度,石油化工厂等)操作员的培训领域。此外,在武器试验中也大量采用仿真技术;在计算机集成制造系统(CIMS)用于制造业的领域中也自始至终地使用计算机仿真技术,但这属于另一类型的仿真任务。

1.4.1 仿真器的构成

目前,系统仿真技术已经发展到虚拟现实,增强现实和混合现实仿真技术新阶段,其应用范围非常广泛,已成为科技界的一个热点。但它又植根于现代仿真器技术,并在其基础上以崭新的面貌和内容发展起来。

仿真器除了主要用于培训人员外,还可作分析研究用,如计算机中装入被仿真对象的数学模型(如导弹、发电机组等),并与真实的控制系统和仪表(如自动驾驶仪、分布式控制系统等)相连接,借以调试控制系统。这种方式有时称为半实物仿真或者 Stimulation 激活式仿真。

一套功能齐全的典型的训练仿真器,应主要包括以下几个方面。

(1) 实时仿真计算机:主要用于被仿真对象数学模型的实时运算,由智能化接口采集仿真操作设备的信号和向仿真仪表输出所需的信号,控制运动生成子系统、视景生成子系统和音响生成子系统的工作,以及接收教员/工程师/系统人员工作站的命令和向其发送必要的信息。显然,仿真计算机是仿真器的关键设备。

(2) 教员/工程师/系统人员工作站:仿真器的监控设备,主要任务是向仿真计算机加载程序,启动、停止、暂停(冻结)和恢复(解冻)仿真器,监视和干预仿真器的运行,加入仿真故障和事故等。

（3）仿真运动生成子系统：实时生成仿真对象的运动，如作用于对象的线加速度和角加速度产生的惯性力、对象的姿态角等，并将所有计算转化为使运动平台能够接收的信息，发送给仿真运动机构。

（4）仿真运动机构：接收运动生成子系统的信息，将其转化为机械力、位移及姿态角。

（5）视景生成子系统：实时生成对象所处的仿真视觉环境，并将视景的视频信号输出至放映设备。仿真视景：将视频信号转化为图像映出。

（6）音响生成子系统：实时生成对象所处的音响环境，控制音响设备发出音响。

（7）智能化通道接口：将仿真计算机运算结果中的有关信息，经转换输出至仿真仪表，将仿真操作设备的操作信息，经转换输入至计算机。

（8）仿真仪表：包括各类模拟量仪表和数字表、指示灯、报警器、记录仪等，其中部分为真实设备的仪表，部分为改装仪表，部分为仿真仪表。

（9）仿真操作设备：包括各种操纵杆、舵轮、车钟、方向盘、脚踏开关，以及各类工业分布式控制系统操作站、手动操作器等。其中部分为改装设备，部分为仿真设备。

1.4.2　仿真器的特点

典型的仿真器有以下特点。

（1）仿真器是闭环系统，受训人员（单人或多人）是闭环系统的主要环节。换言之，仿真器是以人员为闭环的人－机系统。所有的运动、视景、音响和仪表等为闭环中的人创造出一个完整的仿真环境，通过人眼、耳和身体四肢的感受传递到人的大脑，大脑做出决策，然后手、脚使用操作设备反馈给仿真计算机，仿真计算机再按对象数学模型运算后，控制仿真环境发生相应的变化。如此连续循环，构成整套仿真器的运行过程。

（2）由于人员处于闭环中，因此仿真器必须是实时运行的。这不但要求仿真计算机达到实时运算的速度要求，而且仿真环境的响应都必须达到实时，如仿真视景，考虑到人眼的视觉动态暂留时间，要求每幅图像在显示帧时必须小于40ms。

（3）高逼真度的仿真环境。为使构成闭环中的人不会由于仿真环境与真实环境之间的差异，造成误解或产生误操作，甚至养成习惯性误动作，要求仿真环境必须具备很高的逼真度。因此，要求数学模型应能正确描述被仿真对象；要求各接口和子系统响应速率应与真实情况一致；要求仿真视景应该精细，接近真实的自然视觉环境；要求各种情况下的噪声及其他声响与真实环境一致；要求人体感受到的加速度和角加速度所产生的惯性力的大小和方向以及姿态角与真实情况一致；要求仿真仪表的布置、状态指示、外形与真实仪表盘相同；要求仿真操作设备使用时，每次感受到的反作用力或力矩均应与实际设备一致。

(4) 仿真器是数字仿真与物理仿真综合技术的产物。由于第(3)项所要求的仿真环境的逼真度高,这就不仅仅对仿真计算机及其运行的仿真程序(对象的数学模型)要求实时和准确,而且在仿真器系统中,除了采用一般的物理仿真方法解决环境仿真要求外,在特殊情况下,还要采用十分奇特的手段。例如,采用底部凹凸不平的小型水池和微型声纳来仿真空中雷达对地面的回波效应等方法。

1.4.3 仿真器的分类及用途

1) 按应用领域分类

(1) 载体操纵(驾驶)型仿真器。这类仿真器开发最早,目前应用范围最广,技术也最成熟。现有的这类仿真器包括:航天飞机训练仿真器;民用和军用飞行训练仿真器,直升机驾驶仿真器;水面船舰驾驶操纵仿真器,潜艇水下操纵仿真器;高铁、汽车驾驶仿真器;军用车辆(坦克、装甲车)驾驶仿真器、工程用车(吊车、推土车等)仿真器等。

(2) 过程生产型仿真器。工业领域中连续生产过程占很大的比例,凡是生产工艺流程比较复杂,自动化程度较高,并且需要一组人员连续监测、控制和管理的连续过程生产线,都需要这类仿真器。现有的这类仿真器包括核电站、火电站、热电站、水电站、蓄能调峰电站培训仿真器,电力网调度、变电所仿真器等。

(3) 各种航海设备仿真器。如大型船舶操纵仿真器,船舶轮机仿真器,舰艇燃气轮机-柴油机联合主动力装置仿真器,船舶电站仿真器,ARPA雷达仿真器以及用于核潜艇、核动力舰船的核动力装置仿真器,集装箱装卸吊车操纵仿真器等。

2) 指挥决策型仿真器

(1) 航天控制中心仿真器。

(2) 航空港空中管制中心仿真器。

(3) 海港管制中心仿真器。

(4) 列车调度仿真器。

(5) 城市交通管制中心仿真器。

(6) 企业管理策略培训仿真器。

(7) 金融股票和期货交易市场仿真器等。

3) 军用仿真器

上述各种仿真器中有一些也属于军用的,如载体操纵型仿真器等。单独列出军用仿真器一项,是因为其重要性和特殊性。实际上,第二次世界大战后发展起来的仿真器,开始时主要都是军用的。仅在近几十年来,由于航天事业(军民共用)和核电站仿真器的兴起,才逐渐将仿真器技术推广应用于民用领域。

由于战争的复杂性,以及多军兵种和多种武器装备的使用,军用仿真器仍在不断发展,目前仍是仿真器应用最为重要、最为普及的领域之一。军用仿真器按大类可分为陆军武器攻击型仿真器、海军武器攻击型仿真器、空军武器攻击型仿真器、军事指挥决策型仿真器、远程及潜射导弹发射仿真器等。

4）娱乐型仿真器

早期建成的"迪士尼乐园"式游乐园,大量采用了仿真技术,但较少使用计算机技术。后来大量出现的游戏机和游戏软件,是计算机介入娱乐业的先声。影视业使用计算机仿真技术,将娱乐业计算机仿真技术的应用推向一个又一个高潮,如在"空间大战"和"侏罗纪公园"等著名的科幻片中的应用。已出现的娱乐业仿真技术应用产品类型包括博弈型、运动型、观赏型及环境型等。

1.4.4 仿真器的开发工具及运行环境

如前所述,仿真器虽被大量使用,但仿真器技术仍在继续发展。仿真器是多学科、多种技术的综合应用,而各技术领域,尤其是计算机技术领域,目前都在突飞猛进地发展,因此,难以建立发展适用于仿真器开发的环境和工具。即使如此,致力于仿真器开发的科技人员还是在一定范围内努力开发仿真支撑环境和工具,或利用现有的软硬件工具进行开发。

常用的软件环境和支撑软件有以下几种。

(1) 数据库管理软件,如 FOXBASE、ORACLE、SQL SERVER 或自行设计的数据库等。有些仿真器(如电站机组仿真器、大型船舶轮机仿真器等),变量达到数万或更多,必须有数据库的支持,才能进行数据的管理,进行实时仿真软件的开发、调试和正确运行。当前,多采用已有的数据库管理软件。

(2) CAD 软件。用于生成各种显示器上的画面,如系统图、仪表外形图和动画图等。由于仿真器用的显示器常需要通过触摸屏和鼠标器进行人机交互,图形上一般都有动态刷新的数据显示和图形局部颜色的改变等,仅产生静态画面的CAD 绘图软件包不完全适用,需加以改造或另行开发。

(3) 三维图像软件。现代仿真视景子系统,以计算机实时成像(Computer Generation Image,CGI)技术为主流。CGI 系统中需要有三维图像库生成软件、随视点变化三维几何坐标变换软件、纹理生成软件和屏幕管理软件等。三维 CAD 软件中有许多成熟的算法,可用于 CGI 系统的开发。目前已有多种 PC 机平台上的三维图像处理系统,供用户直接选用,省去了用户自行开发图像软件的工作。

(4) 控制系统组态软件包。由于分布式计算机控制系统(DCS)在连续生产的工业系统中广泛应用,国外著名的控制系统生产公司(如美国 Westinghouse 公司、Bailey 公司、ABB 公司等,法国 THOMSON 公司,德国 Siemens 公司和日本三菱重工等)均开发了控制系统组态软件包。我国类似的控制系统公司,也如雨后春笋,提供了许多软件包。针对这些公司的控制系统开发仿真器时,可直接或间接使用这些软件包。

除此之外,对连续生产过程仿真器,国外率先开发了专用的实时仿真支撑软件,如美国原 S3T 公司的 S3(Simulation Support Software)软件包、ABB 公司的 CET-

RAN软件包、GP公司的READS软件包,加拿大CAE公司的ROSE软件包,法国THOMSON公司的FLOW – NET和LOG – NET等。我国自行开发的支撑软件有PROSIMS(连续过程控制与仿真支撑软件)和STAR – 90等。

1.5 船舶系统的建模与仿真技术

1.5.1 船舶运动与推进系统的数学建模

船舶系统的建模与仿真面向船舶与海洋工程系统设计和性能研究及各种航海设备仿真器开发,建立相应的系统数学模型,通过仿真结果验证设计方案、船舶性能指标或航海操作训练效果。

船舶运动数学模型是船舶运动仿真和控制问题的核心。20世纪60年代,当时超大型油船(VLCC)的出现,为揭示和分析VLCC的异常操纵特性及满足开发高性能的船舶操纵仿真器的需要,推动了船舶运动数学模型的研究快速取得进展。20世纪70年代末至80年代初,研制了采用现代控制理论和系统辨识技术的船舶航向、航迹控制器,进一步加速了其发展。船舶运动数学建模中有以Abkowitz为代表的整体型模型和日本拖曳水池委员会提出的分离型结构模型,简称MMG模型两大流派。另外,还有在船舶运动控制领域得到广泛应用的响应型船舶运动数学模型,即Nomoto(野本)模型。

关于计算机仿真技术用于船舶动力装置研究,国外20世纪70年代初期,开始仿真研究舰船动力系统。随着计算机技术的应用,20世纪70年代末开始进行数字仿真和半实物仿真,并在指导舰船动力系统的论证、设计、试验等方面发挥了重要作用。国外20世纪70年代对柴燃联合动力(CODAG)装置 – 调距桨推进的驱逐舰进行了正车稳定工况和加速工况动力特性的仿真研究,提出了螺矩/转速的组合控制思想,进而针对CODAG的舰艇仿真提出了动力学模型。20世纪80年代后期,对采用柴燃交替动力(CODOG)装置的护卫舰进行了仿真专项研究,着重研究了中速柴油机驱动调距桨的机动过程,给出了由起航到全速前进、全速前进到全速倒退(急停)、半速前进到全速前进3种情况下的仿真结果。1996年,日本神户商船大学的Lan等又在Woodward的基础上将船用柴油机模型用7个经验公式加上16个解析方程式来表示。在这个柴油机模型基础上,提出了一个新的柴油机电子调速器控制策略的设计方案。

国内20世纪80年代初开始进行船舶推进装置方面的计算机仿真研究,分别在船舶柴油机、舰船燃气轮机、船舶推进装置及控制系统设计、机舱自动化等方面开展了计算机仿真技术的应用研究,取得了显著成果。计算机仿真技术在船舶推进装置方面的应用,对于我国新型船舶动力装置优化设计、缩短船舶推进装置及控制系统实船的调试时间、船舶推进新技术和新产品开发发挥了十分重要的作用。

为了对船舶/舰艇轮机推进系统和船舶电站系统进行设计、测试和仿真，也需要建立船舶柴油主机及其控制系统、船舶燃气轮机系统、船舶动力装置传动系统、舰船联合动力装置系统、船舶推进螺旋桨和船舶电力系统等数学模型。

在船舶动力装置领域，应用数字仿真和半物仿真，指导舰船动力系统的论证、设计、试验等方面可发挥重要作用，是船舶动力装置设计、试验、制造不可缺少的重要方法和手段。

新型船舶及其自动化系统的发展和开发对船舶系统仿真技术提出了新的需求。例如，近年来船舶混合动力系统以其良好的操纵性能、较高的燃油效率及低排放的工作特性而备受关注。因此，对于柴油－电池混合动力船、柴油－燃料电池混合动力船、柴油－LNG 混合动力船以及柴油机－风翼混合动力船等船型的船舶动力及其控制系统的建模和仿真计算，产生了新的研究课题和研究内容。

1.5.2 船舶系统仿真器

船舶系统仿真应用的一个重要方面是研制多种船舶仿真器。其中需要建立不同船型、不同吨位、不同航行工况的船舶操纵运动数学模型，用于船舶操纵模拟器的相关操纵特性计算；建立船舶主推进柴油机和船舶电力系统数学模型用于相应的轮机模拟器仿真程序。

应用于船舶与航海教育训练领域的重要仿真器主要包括船舶操纵仿真器(Ship Manoeuvring Simulator)、轮机仿真器(Marine Engine Room Simulator)、雷达仿真器(Shipborne Navigation Radar Simulator)、电子海图显示与信息系统(Electronic Chart Display and Information System, ECDIS)仿真器、全球海上遇险与安全系统(Global Maritime Distress and Safety System, GMDSS)仿真器(GMDSS Simulator)等。

船舶操纵仿真器定义为：一种通过对船舶运动模型、航行环境及船舶驾驶台设备进行建模，为船舶驾驶员提供高度逼真并灵活再现实船运动响应的人在回路的仿真系统，可模拟船舶操作中的不同态势，包括正常航行、故障及应急响应等，适用于船长及甲板部人员的教学培训及熟练程度保持的操作练习。

船舶轮机仿真器定义为：一种对船舶机电系统和设备，运行情景进行综合仿真的模拟装置，能高度逼真并灵活再现实船机电系统的操作响应、互连关系、故障发生和发展，包括正常航行、故障及应急情景及处置等，适用于轮机管理工程师的教学培训及熟练程度保持的操作练习。

在系统功能和实现上，船舶操纵仿真器和轮机仿真器等仿真器都要求具备物理真实感(Physical Realism)、行为真实感(Behavioral Realism)和环境真实感(Environmental Realism)。

航海和船舶仿真器要求在感官(如人机界面、模拟设备的外观)上应达到真实设备的相似程度，并包括这种设备的性能、局限性及可能产生的误差。上述仿真器所建立的各种仿真对象模型的响应能够使受培训者在获得培训目标要求的技能方面达到与真设备和系统操作的相似程度，并包括这种设备和系统的性能、局限性及可能产生的误差。该类仿真器能够满足提供的训练环境与真实环境的逼真程度，并能生成各种工作情况，其中包括与培训目标有关的紧急、危险或异常情况。

运输船舶操纵仿真器需要具有的特点如下：

（1）物理真实感，是指该模拟器在感官（如人机界面、模拟设备的外观）上达到真实设备的相似程度，并包括这种设备的性能、局限性和可能产生的误差。

（2）行为真实感，是指该模拟器所建立的各种仿真对象模型的响应能够使受培训者在获得培训目标要求的技能方面达到与真设备和系统操作的相似程度，并包括这种设备和系统的性能、局限性和可能产生的误差。

（3）环境真实感，是指该模拟器能提供的训练环境与真实环境的逼真程度，并能生成各种情况，其中包括与培训目标有关的紧急、危险或异常情况。

船舶操纵仿真器的操纵数学模型对船舶 6 自由度运动进行建模，可正确体现出在船舶主推进/操纵力（如螺旋桨推力、舵力等）或外力（如锚、缆、拖轮、风、流、浪等的作用力）作用下船体产生的纵荡、横荡、偏航、横摇、纵摇和垂荡运动。近几十年来我国已成功独立研制开发了系列多型具有高技术含量的船舶操纵仿真器并在国内外推广应用。

近 20 多年来我国多所与船舶轮机相关大学的重点实验室和研发机构已研制成功具有我国自主知识产权和自有关键技术的远洋运输船舶轮机训练仿真器，其中的仿真系统包括模拟主机及推进装置、动力装置系统控制箱、船舶电站配电盘、集控台、驾控台及大型动态图形示教板等，已大量投入训练使用。

船用雷达仿真器利用仿真技术模拟船载导航雷达系统功能和性能，模拟雷达终端在雷达模拟器中用于模拟船载导航雷达功能的操作终端，其外观、操作流程、功能以及相关性能等与船载导航雷达的显控单元相比，都具有极高的仿真度。

电子海图显示与信息系统（ECDIS）仿真器是一种利用预建的数学模型模拟电子海图系统及相关传感器的设备，通过计算机进行联合计算，最终将结果显示在人机交互设备上的装置，主要用于 ECDIS 使用培训。

全球海上遇险与安全系统（GMDSS）仿真器模拟 GMDSS 船载设备，可满足用于完成 GMDSS 船载设备和通信程序的培训。

为全书表达的一致性，本书各章标题中统一使用"仿真器"的表述。考虑到在航海技术、轮机工程领域多年来形成的行业术语和习惯，本书在第 6 章和第 7 章具体内容中仍有采用船舶轮机"模拟器"及船舶电站"模拟器"的叙述，特此说明。

1.6 船舶虚拟现实与增强现实仿真

1.6.1 船舶虚拟现实仿真系统

虚拟现实(Virtual Reality,VR)技术是一种新的人机交互环境。其主要特点是用户可以身临其境地与计算机生成的三维虚拟环境进行直接和自然的交互。

虚拟现实技术是在计算机图形学、仿真技术、人－机接口技术、多媒体技术及传感技术的基础上发展起来的一门交叉技术。它是指采用以计算机技术为核心的现代技术生成逼真的视觉、听觉、触觉等一体化的在特定范围的虚拟环境;也是人们通过计算机对复杂数据进行可视化操作以及交互的一种新方式。VR是一种基于可计算信息的沉浸感交互环境,在该环境中用户可以创建和体验虚拟世界。用户使用必要的特定设备,如数据衣、数据手套、数据鞋、立体头盔和立体眼镜等,就可以自然地与虚拟环境中的客体进行交互并相互影响,从而产生身临现场的感受和体验。虚拟现实系统或环境是由图像识别与产生系统、声音识别与产生系统、触感识别与产生系统、网络通信系统以及各种人工智能系统、传感器系统等具有不同功能和不同层次的子系统所构成的综合集成系统。虚拟现实技术也可以视为交互式仿真技术的高级形式,它与一般交互式仿真的主要区别表现在信息的多维性和人机交互的自然性等方面。浸没感(Immersion)、交互性(Interaction)和构想性(Imagination)是虚拟现实的3个基本特征。虚拟现实技术通过对真实场景建模,提供一个完全虚拟的环境。增强现实不同于虚拟现实,它根据现实世界中的场景,借助计算机相关技术、交互技术、传感器技术和可视化等技术手段,将计算机生成的虚拟物体加载到真实场景中,实现真实场景与虚拟场景的"无缝"融合,增加了真实场景隐含的信息量,增强了人类对真实场景的认知能力。

在运输船舶仿真领域,可以运用虚拟现实技术,利用计算机生成船舶驾驶台、船舶轮机机舱的仿真环境,通过多种传感设备使用户(如被训练的轮机操作人员和指导教师)"投入"到该环境中,实现用户与该环境直接进行自然交互。作者开发的典型船舶VR仿真系统举例如下:

1)虚拟船舶驾驶台遥控仿真系统

虚拟驾驶台遥控仿真系统用虚拟现实软件平台生成虚拟船桥控制室、虚拟驾控台、操舵仪、雷达等航行设备。可操纵驾控台中的虚拟操舵仪舵轮、虚拟车钟、虚拟按钮等完成与物理驾控台同样的对船舶航向和柴油主机三维模型的操作(伴有立体声响效果),控制台上各种仪表可实时显示。当转换到物理盘台实际操纵时,虚拟车钟、按钮等跟踪物理盘台的操纵。图1－2为虚拟船舶驾驶台的一个场景。

图1-2 虚拟船舶驾驶台

2) 虚拟机舱集控室

虚拟机舱集控室仿真系统应用虚拟现实软件平台生成虚拟集控室、虚拟集控台、虚拟配电板,虚拟仪表板等,可操纵虚拟车钟、虚拟油门杆、虚拟按钮等完成与物理集控台同样的对主机三维模型或柴油发电机组的操作(伴有立体声响效果),控制台上各种仪表可实时显示。在虚拟集控室仿真系统上可实现与虚拟驾驶台遥控类似的操作控制功能,也可实现虚拟盘台间和与物理盘台之间的控制部位相互无扰切换。图1-3所示为虚拟机舱集控室。

图1-3 虚拟机舱集控室

3) 虚拟机舱漫游仿真系统

在大型船舶轮机仿真器中,虚拟机舱漫游仿真系统可实现对设备繁多、管系纵横交错、舱柜层次迭起,具有数层安装甲板,包括辅机舱、锅炉舱、分油机间和控制室等空间的实船机舱的连续立体显示。可实现自动漫游和手动漫游功能。操作者可戴上立体眼镜,在投影机大屏幕或计算机显示器上或在数据头盔上观察到具有"进入"机舱沉浸感的三维立体机舱场景(伴有立体声响效果)。操作者也可以用鼠标器自由选择行动路径,在机舱中任意漫游。图1-4为虚拟机舱漫游系统的仿真场景。

图1-4 虚拟机舱漫游系统的仿真场景

1.6.2 增强现实仿真技术在船舶系统仿真中的应用

增强现实(Augmented Reality,AR)指的是将真实的空间和虚拟的物体模型实时叠加在同一个画面的技术。增强现实系统具有真实与虚拟结合、可实时交互等特点。AR是根据虚拟现实衍生的一门新兴技术,是VR技术的一个重要分支。AR借助显示技术、交互技术、传感技术和计算机图形技术将计算机生成的虚拟物体与用户周围的现实环境融为一体,使用户从感官效果上确信虚拟物体是其周围环境的组成部分。增强现实基于计算机等技术,将原本在现实世界的空间范围中比较难以进行体验的实体信息,实施仿真处理,将虚拟信息内容叠加在真实世界中加以有效应用,并且使这一过程能够被人类感官所感知,从而实现超越现实的感官体验。增强现实技术也是在真实的环境中添加计算机生成图像的技术。在增强现实系统中,更注重虚拟物体与真实环境的配准和跟踪,强调虚拟物体和真实环境的融合效果以及用户能否与系统实时交互。

现实世界和增强环境可以同时交互,用户可以进行数字化操作。随着增强现实技术的成熟,应用程序的数量不断增加,它正在改变我们的购物、娱乐和工作方式。目前,增强现实技术在教育、商业、医疗诊治、城市规划、汽车维修以及导航等领域得到迅速发展。例如,增强现实技术在车辆辅助驾驶领域已经得到广泛应用,运用增强现实技术可为驾驶员提供实时的驾驶和路况数据信息、指示标识和预警提示等。

大型船舶操纵相对于飞行器和汽车而言,其所处环境更复杂,操纵难度大,实时的辅助驾驶信息对驾驶员操船至关重要。在船舶航海领域,驾驶员多是通过船载与航行设备(雷达、船舶自动识别系统(AIS)、电子海图显示与信息系统

(ECDIS)等)获取目标船参数以及航行参数。如果驾驶员能够在保持正常瞭望的状态下,方便地获取航行所需的相关信息,则可为船舶驾驶提供更好的安全保障。研制生成基于增强现实技术的船舶值班瞭望辅助仿真系统,将增强现实抬头显示(Augmented Reality – head up Display,AR – HUD)技术运用到船舶值班瞭望中,方便驾驶员观察船舶航行避碰的辅助实时航行关键信息,将有利于实现由船载系统、岸基系统和数字通信链接组成的综合 E – 航海目标与船舶操纵智能化。该 AR 应用系统借助 AIS 数据获取目标船方位,根据本船与目标船的位置关系,进行三维重建,根据目标识别算法,以此来确定增强信息的显示位置,借助 AR 智能眼镜,通过实验设置系统方位误差阈值,实现目标船虚拟图像与真实世界目标船的融合,体现出增强现实的效果。将 AR – HUD 技术应用于船舶航行辅助瞭望,可以把相互独立的卫星导航系统(GPS、北斗卫星导航系统等)、AIS 系统以及雷达等船载观通设备信息联系起来,实现目标船数据信息的融合处理,通过增强现实技术和传统抬头显示技术的结合,实现虚拟图像与目标船现实场景的融合,使驾驶员在平视状态下获取目标船信息,快速地做出船舶避碰决策计划,有助于降低船舶碰撞危险。这将为船舶智能驾驶和 E – 航海带来新的体验与技术思路。

在航海驾驶虚拟与增强现实仿真系统中,用户通过自身感官系统体验到一个完全虚拟的场景,以虚拟场景作为参照物,达到用户与虚拟环境的交互同步性。实现真实世界目标船与目标船虚拟信息的配准,可验证增强现实技术应用在船舶值班辅助瞭望的可行性。

增强现实仿真技术当前正在被探索应用于船舶导航助航的多个领域,包括但不限于:

(1) 航行信息增强显示;
(2) 航道侧面标志的增强显示;
(3) 航道边线的增强显示;
(4) 船舶视野盲区下小型船舶的增强显示;
(5) 船舶泊位及回旋水域指示;
(6) 船舶航行预警。

参 考 文 献

[1] 康凤举. 现代仿真技术与应用[M]. 2 版. 北京:国防工业出版社,2006.
[2] 吴旭光. 计算机仿真技术[M]. 2 版. 北京:化学工业出版社,2008.
[3] 肖田元,范文慧. 系统仿真导论[M]. 2 版. 北京:清华大学出版社,2010.
[4] 王扬,郭晨,章晓明. 现代仿真器技术[M]. 北京:国防工业出版社,2012.
[5] 李淑英. 船舶动力装置仿真技术[M]. 哈尔滨:哈尔滨工程大学出版社,2013.

[6] 郭晨,等. 船舶智能控制与自动化系统[M]. 北京:科学出版社,2018.
[7] Law A M,Kelton W D. Simulation Modeling and Analysis[M]. 3rd ed. New York:McGraw-Hill,2000.
[8] Gassandras C G,Lafortune S. Introduction to Discrete Event Systems[M]. Dordrecht:Kluwet Academic Publishers,1999.
[9] Uhrmacher Adelinde M,Weyns D. Multi-Agent Systems:Simulation and Applications[M]. Boca Raton:CRC Press,2018.
[10] Zeigler B P. Multifaceted Modeling and Discrete Event Simulation[M]. London:Academic Press,1990.
[11] Sokolowski,John A,Banks,Catherine M. Principles of Modeling and Simulation:A Multidisciplinary Approach[M]. Hoboken:John Wiley and Sons,2008.
[12] 郝培锋. 计算机仿真技术[M]. 北京:机械工业出版社,2009.
[13] 何江华. 计算机仿真[M]. 合肥:中国科学技术大学出版社,2010.
[14] 刘武艺,杨神化,索永峰,等. AR-HUB技术在船舶值班瞭望中的应用[J]. 集美大学学报,2020,25(1):32-37.
[15] 王精业. 仿真科学与技术原理[M]. 北京:电子工业出版社,2012.
[16] 黄柯棣. 系统仿真技术[M]. 长沙:国防科技大学出版社,1998.
[17] 熊光楞. 连续系统仿真与离散事件系统仿真[M]. 北京:清华大学出版社,1991.
[18] 王涌天,陈靖,程德文. 增强现实技术导论[M]. 北京:科学出版社,2015.
[19] 胡小强. 虚拟现实技术基础与应用[M]. 北京:北京邮电大学出版社,2009.
[20] 汪成为,高文,王行仁. 灵境(虚拟现实)技术的理论、实现及应用[M]. 北京:清华大学出版社,1996.

第 2 章　连续与离散系统的数学模型及数字仿真

一般来说,系统可以划分为线性系统、非线性系统、静态系统、动态系统、确定性系统、随机系统和模糊系统、集中参数系统、分布参数系统、连续系统、离散时间系统方程、连续/离散混合系统、定常(时不变)系统和非定常(时变)系统。这些系统一般可以通过线性方程(代数方程、微分方程、差分方程、传递函数)、结构图、偏微分方程、灰度函数、隶属度函数等表示。本章主要研究以下三类集中参数系统的建模与仿真:连续时间系统、离散时间系统和连续/离散混合系统。为了对这三类系统进行有效研究,首先需要建立系统数学模型,然后应用数值解法通过在计算机上编程解算得到数字仿真结果。可见,计算机仿真技术不但是科学研究的有力工具,也是分析综合实际工程或非工程系统的研究方法和有力手段。

2.1　连续/离散时间系统的建模

建立有效的系统数学模型,可以实现对实际系统的探究、理解、预测、设计,或与实际系统的某一部分进行交互。通过建立仿真模型对于实际系统进行研究的方式,相比进行系统物理试验,在节约成本、降低风险、提高效率等方面具有明显的优越性。本节将分别讨论对连续时间系统、离散时间系统及连续/离散混合系统的建模和模型校验。

2.1.1　连续/离散时间系统的定义

为了更好地理解连续/离散时间系统数学模型的定义,首先给出一般形式的系统模型集合结构如下:

$$S = (T, X, \Omega, Q, Y, \delta, \lambda) \tag{2-1}$$

式中:T 为时间基,是描述系统变化的时间坐标,当 T 为整数时,系统 S 为离散时间系统,当 T 为实数时,系统 S 为连续时间系统;$X \in \Re^n$ 为输入集,当 T 在一段时间内为整数,一段时间为实数时,系统 S 为连续/离散混合时间系统;Ω 为输入集,是 (X, T) 的一个子集;Q 为内部状态集;$\delta: Q \times \Omega \to Q$ 为状态转移函数;Y 为输出集;$\lambda: Q \times X \times T \to Y$ 是输出函数。事实上,很少有系统是绝对的连续系统或绝对的离散系统,但是对于一般系统而言,由于连续或离散变化部分占据了主导地位,因而,将系统划分为连续时间系统或离散时间系统;当两者均不能够占据主导地位时,该

系统为连续/离散混合系统。当 $T=0$ 时,该系统变为时不变集中参数连续系统,模型的一般形式可以简化为

$$S=(X,\Omega,Q,Y,\delta,\lambda) \qquad (2-2)$$

从另一个方面,当系统 S 满足 $S=(X,Q,Y,\lambda)$ 时,称为静态系统数学模型;当系统 S 满足 $S=(T,\Omega,\delta)$ 时,称为动态系统数学模型。由此可知,根据对系统的不同研究目标,把上述描述的模型划分为3种类型:输入-输出型、状态结构型和分解结构型。输入-输出型是通过从输入-输出的轨迹对偶所构成的集合中导出该系统的数学模型,主要有微分方程和传递函数数学模型。状态结构型是通过确定系统状态和状态转移函数得到该系统的数学模型,如系统状态空间表达式数学模型。最后,分解结构型是通过把系统分解为若干个相互关联的子部分,各个子部分可以是第一种和第二种模型的任意一种,进而可以得到系统的数学模型。

2.1.2 连续时间系统的建模方法

2.1.1 节给出了3类典型集中参数系统的数学模型描述形式,那么,接下来的问题就是如何针对不同的集中参数系统建立有效的数学模型。针对不同的系统有不同的建模方法,如采用计算机辅助建模对大规模集成电路、多体系统等建模;采用神经网络、模糊逻辑、人工智能辅助建模方法等对结构已知而系统参数未知的系统建模。一般而言,对于任意一个系统都可以通过以下3种典型的建模方法获得其数学模型:机理建模(白箱模型)、系统辨识建模(黑箱模型)和混合建模(灰箱模型)。有些文献中,把基于系统机理的建模方法称为分析法或源于理论研究的演绎法建模,把系统辨识建模方法称为源于实验的归纳建模法。

机理建模是对系统各部分的运动机理进行分析,根据它们所遵循的物理规律或化学规律列写相应的运动学和动力学方程,然后经过合理分析简化建立起描述系统各物理量动、静态变化性能的数学模型。可见,机理建模法主要是通过理论分析推导方法建立系统模型,通常情况下,用微分方程的形式表示。建立机理模型应注意所研究系统模型的线性化问题。自然界中,纯线性系统是不存在的。大多数情况下,实际控制的系统由于种种因素的影响,都存在非线性现象,如机械传动中的死区、间隙、电器系统中的磁路饱和等,严格地说,都属于非线性系统,只是其非线性程度有所不同。在一定条件下,可以通过合理的简化、近似,用线性系统模型近似描述非线性系统,其优点在于可利用线性系统许多成熟的计算分析方法和特征,使控制系统的分析和设计更为简单方便且易于实现。但也应指出,线性化处理方法并非对所有控制系统都适用,对于包含本质非线性环节的系统需要采用特殊的研究方法。

在实际系统中,多数情况下只能已知模型结构特征而不能确定具体的参数,甚至有些时候模型的结构和参数都不知道,因而需要引入系统辨识建模。系统辨识建模是通过测量被研究系统在人为输入作用下的输出响应,或正常运行时的输入、

输出数据记录,加以必要的数据处理和数学计算,以估计出系统的数学模型的一种建模方法,其实质上是一种测试建模法。用辨识方法所建立的模型是黑箱模型,它描述的是由输入-输出信息所反映过程的外部特性。换言之,黑箱模型指的是输入-输出模型,在频域上表现为传递函数,而在时域上则表示为微分方程。除机理建模和系统辨识建模两种方法外,控制系统还有这样一类问题,既对内部结构和特性有部分了解,但又难以用机理方法表述出来,这时需要把机理建模和辨识建模两种方法有机结合起来,在模型结构建立上应用机理方法,而在模型参数的确定方面则采用辨识方法,这种方法称为混合模型法。它是介于白箱建模和黑箱建模方法之间的一种灰箱建模方法。

上面介绍了3种建立系统数学模型的方法,接下来给出列写系统运动方程式的一般步骤:首先,分析系统的工作原理和系统中各变量间的关系,确定出待研究系统的输入量和输出量,设一些中间变量;其次,根据支配系统动态特性的定律,列写组成系统各元件的运动方程式;最后,由组成系统的方程组中消去中间变量,求出描述系统输入量和输出量间函数关系的方程式,并将该方程式化成标准形式。所谓标准形式,是指将输入量及其各阶导数放在方程的右边,而将输出量及其各阶导数放在方程的左边。

2.1.3 连续时间系统的数学模型

连续时间系统数学模型的描述形式主要有高阶微分(差分)方程、传递函数、微分(差分)状态空间方程、结构图表示等,其中因前2种微分方程和传递函数模型仅能够表示出系统输入-输出间的变化关系,所以又称为外部系统模型;微分(差分)状态空间表达式因可以表征系统内部状态变化过程,所以又称为内部系统模型。上述4种系统数学模型的表示形式分别如下:

1) 微分方程

设连续系统的输入量为 $u(t)$,输出量为 $y(t)$,设它们之间的关系可描述为 n 阶微分方程的形式如下:

$$a_n \frac{d^n y(t)}{dt^n} + \cdots + a_1 \frac{dy(t)}{dt} + a_0 y(t) = b_m \frac{d^m u(t)}{dt^m} + \cdots + b_1 \frac{du(t)}{dt} + b_0 u(t) \quad (m \leq n)$$

(2-3)

式中:系数 $a_0, a_1, \cdots, a_n$ 与 $b_0, b_1, \cdots, b_m$ 若为常数,则称该系统为常微分方程;若这些系数与时间 t 有关,则称该系统为时变微分方程。数学模型式(2-3)可以用模型参数的形式表征为:输出系数向量 $\boldsymbol{A} = [a_0, a_1, \cdots, a_n]$,$n+1$ 维;输入系数向量 $\boldsymbol{D} = [b_0, b_1, \cdots, b_m]$,$m+1$ 维;输出变量导数阶次 n;输入变量导数阶次 n。使用模型参数 $\boldsymbol{A}$ 和 $\boldsymbol{D}$ 可以简便地表示出一个连续系统的微分方程形式。微分方程模型是连续控制系统其他数学模型表达形式的基础,接下来所要讨论的系统模型表达形式都是在此基础上发展而来的。

2）传递函数

对式（2-3）两边取拉普拉斯变换，并假设 $y(t)$ 和 $u(t)$ 及其各阶导数的初值均为零，则可得

$$a_n s^n Y(s) + \cdots + a_1 s Y(s) + a_0 Y(s) = b_m s^m U(s) + \cdots + b_0 U(s) \quad (2-4)$$

于是有系统的传递函数如下：

$$G(s) = \frac{Y(s)}{U(s)} = \frac{b_m s^m + b_{m-1} s^{m-1} + \cdots + b_1 s + b_0}{a_n s^n + a_{n-1} s^{n-1} + \cdots + a_1 s + a_0} \quad (2-5)$$

系统式（2-5）的模型参数可表示为：传递函数分母多项式的系数向量 $\boldsymbol{A} = [a_0, a_1, \cdots, a_n]$，$n+1$ 维；传递函数分子多项式的系数向量 $\boldsymbol{B} = [b_0, b_1, \cdots, b_m]$，$m+1$ 维。此外，传递函数可以用零极点增益的形式表示，如果将式（2-5）中分子、分母有理多项式分解为因式连乘形式，则可得

$$G(s) = k \frac{(s-z_1)(s-z_2)\cdots(s-z_m)}{(s-p_1)(s-p_2)\cdots(s-p_n)} = k \frac{\prod_{i=1}^{m}(s-z_i)}{\prod_{j=1}^{n}(s-p_j)} \quad (2-6)$$

式中：k 为系统的零极点增益；$z_i(i=1,2,\cdots,m)$ 为系统的零点；$p_i(i=1,2,\cdots,n)$ 为系统的极点。z_i 和 p_i 可以是实数，也可以是复数，因此，称式（2-6）为系统传递函数零极点表达形式。系统式（2-6）的模型参数表示为：系统零点向量 $\boldsymbol{Z} = [z_1, z_2, \cdots, z_m]$，$m$ 维；系统极点向量 $\boldsymbol{P} = [p_1, p_2, \cdots, p_n]$，$n$ 维；系统零极点增益为 k，标量。所以该系统可以简记为 $(\boldsymbol{Z}, \boldsymbol{P}, k)$。

3）状态空间表达式

状态空间表达式为描述系统的内部特性，需要引入系统状态变量。动态系统的状态是指能够完全描述系统时域性能的最小一组变量，用向量 $\boldsymbol{X}$ 表示。由现代控制理论可知，n 阶控制系统的状态空间表达式由状态方程和输出方程组成如下：

$$\begin{cases} \dot{\boldsymbol{X}} = \boldsymbol{AX} + \boldsymbol{Bu} \\ \boldsymbol{Y} = \boldsymbol{CX} + \boldsymbol{Du} \end{cases} \quad (2-7)$$

式中：$\boldsymbol{X} = [x_1, x_2, \cdots, x_n]$ 为 n 维状态向量；$\boldsymbol{u}$ 为 r 维输入向量；$\boldsymbol{Y}$ 为 m 维输出向量；$\boldsymbol{A}_{n \times n}$ 为系统状态矩阵；$\boldsymbol{B}_{n \times r}$ 为输入矩阵；$\boldsymbol{C}_{m \times n}$ 为输出矩阵；$\boldsymbol{D}_{n \times r}$ 为直传矩阵。因此，该系统模型可以简记为 $(\boldsymbol{A}, \boldsymbol{B}, \boldsymbol{C}, \boldsymbol{D})$，其初始状态 $\boldsymbol{X}_0$ 为 n 维向量。应该指出，控制系统状态方程的表达式形式不是唯一的，就典型形式而言，有能控标准型、能观标准型、约当标准型等。

4）结构图表示

结构图是系统中每个元件或环节的功能和信号流向的图解表示，比较直观，对

单输入、单输出线性系统可通过结构图变换很容易得出整个系统的传递函数。图 2-1 所示为一线性系统的结构图。

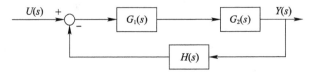

图 2-1 线性系统结构图

2.1.4 系统数学模型的转化

如前述,高阶微分方程可经拉普拉斯变换为系统传递函数形式,从而可实现系统模型间的相互转换。为了便于计算机对连续系统进行数值仿真,系统的数学模型要转换成一阶微分方程组,即状态空间表达式。因此,本部分数学模型间的转换主要讨论传递函数如何转换到系统状态空间表达式。根据已知的系统传递函数或传递函数矩阵求相应的状态方程称为实现问题。同样,对于一个可实现的传递函数或传递函数矩阵其实现方式是不唯一的。下面介绍 4 种典型的实现方式。

1)可控标准型

设一系统的传递函数为

$$G(s)=\frac{Y(s)}{U(s)}=\frac{b_{n-1}s^{n-1}+b_{n-2}s^{n-2}+\cdots+b_1 s+b_0}{s^n+a_{n-1}s^{n-1}+\cdots+a_1 s+a_0} \quad (2-8)$$

将式(2-8)改写为

$$G(s)=\frac{1}{s^n+a_{n-1}s^{n-1}+\cdots+a_1 s+a_0}(b_{n-1}s^{n-1}+b_{n-2}s^{n-2}+\cdots+b_1 s+b_0)=\frac{Z(s)}{U(s)}\frac{Y(s)}{Z(s)}$$

$$(2-9)$$

令

$$\frac{Z(s)}{U(s)}=\frac{1}{s^n+a_{n-1}s^{n-1}+\cdots+a_1 s+a_0} \quad (2-10)$$

$$\frac{Y(s)}{Z(s)}=b_{n-1}s^{n-1}+b_{n-2}s^{n-2}+\cdots+b_1 s+b_0 \quad (2-11)$$

将式(2-10)和式(2-11)取拉普拉斯反变换,可得

$$\frac{d^n z(t)}{dt^n}+a_{n-1}\frac{d^{n-1}z(t)}{dt^{n-1}}+\cdots+a_1\frac{dz(t)}{dt}+a_0 z(t)=u(t) \quad (2-12)$$

$$y(t)=b_{n-1}\frac{d^{n-1}z(t)}{dt^{n-1}}+\cdots+b_1\frac{dz(t)}{dt}+b_0 z(t) \quad (2-13)$$

取状态变量 $x_1=z, x_2=\dot{z},\cdots,x_n=z^{(n-1)}$,则系统可控标准型实现为

$$\begin{cases} \dot{X} = AX + Bu \\ y = CX \end{cases} \qquad (2-14)$$

式中

$$A = \begin{bmatrix} 0 & 1 & 0 & \cdots & 0 \\ 0 & 0 & 1 & \cdots & 0 \\ \vdots & \vdots & \vdots & & \vdots \\ -a_0 & -a_1 & -a_2 & \cdots & -a_{n-1} \end{bmatrix}, \quad B = \begin{bmatrix} 0 \\ 0 \\ \vdots \\ 1 \end{bmatrix}, \quad C = \begin{bmatrix} b_0 & b_1 & \cdots & b_{n-1} \end{bmatrix}$$

2）可观标准型

对式(2-8)取一组状态变量如下：

$$\begin{cases} x_n = y \\ x_{n-1} = \dot{y} + a_{n-1}y - b_{n-1}u = \dot{x}_n + a_{n-1}x_n - b_{n-1}u \\ x_{n-2} = \ddot{y} + a_{n-1}\dot{y} + a_{n-2}y - b_{n-1}\dot{u} - b_{n-2}u = \dot{x}_{n-1} + a_{n-2}x_n - b_{n-2}u \\ \quad \vdots \\ x_1 = y^{(n-1)} + a_{n-1}y^{(n-2)} + \cdots + a_1 y - b_{n-1}u^{(n-2)} - \cdots - b_1 u = \dot{x}_2 + a_1 x_n - b_1 u \\ x_0 = y^{(n)} + a_{n-1}y^{(n-1)} + \cdots + a_0 y - b_{n-1}u^{(n-1)} - \cdots - b_1 \dot{u} - b_0 u = \dot{x}_1 + a_0 x_n - b_0 u \end{cases}$$

$$(2-15)$$

将式(2-15)写成矩阵形式如下：

$$\begin{cases} \dot{X} = AX + Bu \\ y = CX \end{cases} \qquad (2-16)$$

式中

$$A = \begin{bmatrix} 0 & 0 & \cdots & 0 & -a_n \\ 1 & 0 & \cdots & 0 & -a_{n-1} \\ 0 & 1 & \cdots & 0 & \vdots \\ \vdots & \vdots & & 0 & -a_2 \\ 0 & 0 & \cdots & 1 & -a_1 \end{bmatrix}, \quad B = \begin{bmatrix} b_0 \\ b_1 \\ \vdots \\ b_{n-1} \end{bmatrix}, \quad C = \begin{bmatrix} 0 & 0 & \cdots & 1 \end{bmatrix}$$

式(2-16)即为系统模型的可观标准型实现。

3）对角标准型

若传递函数的特征方程如下：

$$s^n + a_{n-1}s^{n-1} + \cdots + a_1 s + a_0 = 0 \qquad (2-17)$$

有 n 个互异特征值 $\lambda_1, \lambda_2, \cdots, \lambda_n$，将该系统的传递函数 $G(s)$ 展开成部分分式相乘的形式如下：

$$G(s) = \frac{c_1}{s-\lambda_1} + \frac{c_2}{s-\lambda_2} + \cdots + \frac{c_n}{s-\lambda_n} \tag{2-18}$$

式中

$$c_i = \lim_{s \to \lambda_i}(s-\lambda_i)G(s) \quad (i=1,2,\cdots,n)$$

令

$$\frac{x_1(s)}{u(s)} = \frac{1}{s-\lambda_1}, \cdots, \frac{x_n(s)}{u(s)} = \frac{1}{s-\lambda_n} \tag{2-19}$$

对式(2-19)进行拉普拉斯变换，并且取 $x_1, x_2, \cdots, x_n$ 为系统状态变量，则可得到系统模型的对角标准型实现如下：

$$\begin{cases} \dot{X} = AX + Bu \\ y = CX \end{cases} \tag{2-20}$$

式中

$$A = \mathrm{diag}[\lambda_1 \quad \lambda_2 \quad \cdots \quad \lambda_n], \quad B = [1 \quad 1 \quad \cdots \quad 1], \quad C = [c_1 \quad c_2 \quad \cdots \quad c_n]$$

值得指出的是，该对角标准型实现是接下来介绍的约当标准型实现的一个特例。

4）约当标准型

若传递函数的特征方程有重根，则其部分分式展开比较复杂，下面用一个例子来说明当特征方程有重根时的状态方程实现。设 λ_1 为 r 重特征值，其余 $(n-r)$ 各特征值互异，则 $G(s)$ 的部分分式形式为

$$G(s) = \frac{c_{11}}{(s-\lambda_1)^r} + \frac{c_{12}}{(s-\lambda_1)^{r-1}} + \cdots + \frac{c_{1r}}{s-\lambda_1} + \frac{c_{r+1}}{s-\lambda_{r+1}} + \cdots + \frac{c_n}{s-\lambda_n} \tag{2-21}$$

式中

$$c_{1i} = \frac{1}{(i-1)!}\lim_{s \to \lambda_1}\frac{\mathrm{d}^{i-1}}{\mathrm{d}s^{i-1}}[(s-\lambda_1)^r G(s)] \quad (i=1,2,\cdots,r)$$

$$c_j = \lim_{s \to \lambda_j}(s-\lambda_j)G(s) \quad (j=r+1,r+2,\cdots,n)$$

令 $\dfrac{x_1(s)}{u(s)} = \dfrac{1}{(s-\lambda_1)^r}, \dfrac{x_2(s)}{u(s)} = \dfrac{1}{(s-\lambda_1)^{r-1}}, \cdots, \dfrac{x_r(s)}{u(s)} = \dfrac{1}{(s-\lambda_1)}, \dfrac{x_j(s)}{u(s)} = \dfrac{1}{s-\lambda_j}$

$(j=r+1,\cdots,n)$，取 $x_1, x_2, \cdots, x_n$ 为一组系统状态变量，则可以得到系统约当标准型实现如下：

$$\begin{cases} \dot{X} = AX + Bu \\ y = CX \end{cases} \quad (2-22)$$

式中

$$A = \begin{bmatrix} \lambda_1 & 1 & & & & & & 0 \\ & \lambda_1 & 1 & & & & & \\ & & \ddots & \ddots & & & & \\ & & & \ddots & 1 & & & \\ & & & & \lambda_1 & & & （第 r 行）\\ & & & & & \lambda_{r+1} & & \\ & & & & & & \ddots & \\ 0 & & & & & & & \lambda_n \end{bmatrix}$$

$$B = \begin{bmatrix} 0 & 0 & \cdots & 0 & 1 & 1 & \cdots & 1 \end{bmatrix}^T$$

$$C = \begin{bmatrix} c_{11} & c_{12} & \cdots & c_{1r} & c_{r+1} & \cdots & c_n \end{bmatrix}$$

值得指出的是,系统的状态变量非唯一,选取不同的状态变量将会得到不一样的系统状态空间模型。另外,把传递函数或传递函数矩阵转换为状态方程需要考虑转变后状态方程的初始值问题。为了简化推导过程,上述 4 种标准型的实现问题均没有考虑系统初始值不为零的情况,即他们均只考虑了系统状态初始值均为零的情况。如果系统初始条件不为零,则需要采用伴随方程法表示出系统状态变量与原系统输入 – 输出变量及其高阶导数之间的关系,从而可以得到系统状态变量的初始值。

2.1.5 面向结构图的系统方程

上述介绍了传递函数矩阵转化为状态方程的 4 种实现类型,考虑到结构图在实际工程中的广泛使用,接下来介绍如何把系统结构图转化为系统状态方程形式。把复杂的系统结构图转化为状态方程时,可考虑在转化前通过手工对结构图化简,从而使得模型简化。但这样会存在如下问题:对于复杂的系统结构图,内部通常存在相互的交叉耦合、局部回环等情况,考虑到有时需要得到结构图中某些环节的输出变量的变化情况,若对原结构图通过手工化简,则这些环节可能被消去或被合并,转化后的状态方程中将得不到这些环节的输出变量。另外,一般结构图中各环节间存在着串联、并联及反馈连接等任何连接形式,而且组成结构图的各环节并不一定全是典型环节,结构图描述的也可能是多输入、多输出系统。因此,把结构图转换为系统状态方程时,应使其不改变系统原结构图,以便对系统进行性能分析与设计。下面介绍针对复杂连接的系统结构图,在事先不对其进行任何手工简化的情况下,以连接矩阵表示复杂系统中的连接关系,将其转换为闭环系统状态方程,使得对复杂连接的控制系统的仿真变得易于实现。设系统结构图共由 M 个动态环节组成,第 i 个环节的传递函数为 $G_i(s)$。以下是把复杂系统结构图转化为状态方程的一般步骤。

(1) 各环节的状态方程和输出方程。根据上一节介绍的将系统传递函数转化为系统状态方程的方法,可得系统各环节的状态方程和输出方程如下:

$$\begin{cases} \dot{X}_i = A_i X_i + B_i u_i \\ z_i = C_i X_i + D_i u_i \end{cases} \quad (2-23)$$

式中:$i=1,2,\cdots,M$;X_i 为第 i 个环节状态变量;u_i 为第 i 个环节的输入变量;z_i 为第 i 个环节的内部输出变量。

(2) 系统状态方程和内部输出方程。将各环节的状态方程及各环节输出方程依次放在一起组成系统方程如下:

$$\begin{cases} \dot{X} = \tilde{A} X + \tilde{B} u \\ z = \tilde{C} X + \tilde{D} u \end{cases} \quad (2-24)$$

式中

$$X = \begin{bmatrix} X_1 & X_2 & \cdots & X_M \end{bmatrix}^{\mathrm{T}}, \quad u = \begin{bmatrix} u_1 & u_2 & \cdots & u_M \end{bmatrix}^{\mathrm{T}}, \quad z = \begin{bmatrix} z_1 & z_2 & \cdots & z_M \end{bmatrix}^{\mathrm{T}}$$

$$\tilde{A} = \begin{bmatrix} A_1 & & & 0 \\ & A_2 & & \\ & & \ddots & \\ 0 & & & A_M \end{bmatrix}, \quad \tilde{B} = \begin{bmatrix} B_1 & & & 0 \\ & B_2 & & \\ & & \ddots & \\ 0 & & & B_M \end{bmatrix}$$

$$\tilde{C} = \begin{bmatrix} C_1 & & & 0 \\ & C_2 & & \\ & & \ddots & \\ 0 & & & C_M \end{bmatrix}, \quad \tilde{D} = \begin{bmatrix} D_1 & & & 0 \\ & D_2 & & \\ & & \ddots & \\ 0 & & & D_M \end{bmatrix}$$

(3) 各环节间的关联矩阵。各环节间的关联可用矩阵方程表示为

$$u = Kz + K_I U \quad (2-25)$$

式中:K 表示各环节的输入 u_i 与其他环节输出 z_i 之间的连接关系;K_I 表示某一外部输入 U 与 M 个环节的输入 $u_i(i=1,2,\cdots,M)$ 之间的关系;U 为一外部输入向量。若第 j 个环节的输出为第 i 个环节的输入之一,则 $K_{ij}=1$,否则 $K_{ij}=0$,这样就可根据系统结构图建立起组成系统各环节的内部输入向量 u 与各环节的内部输出向量 z 及系统的外部输出变量 U 之间的连接关系。

（4）系统闭环状态方程。根据已知系统结构图中各环节次序，写出整个系统的输出方程如下：

$$y = Qz + TU \qquad (2-26)$$

式中：Q 表示系统响应与各环节输出之间的关系矩阵；T 表示系统响应输出与外部输入之间的关系矩阵。由式(2-21)和式(2-22)得到系统矩阵方程式如下：

$$\begin{cases} \dot{X} = \tilde{A}X + \tilde{B}u \\ z = \tilde{C}X + \tilde{D}u \\ u = Kz + K_I U \\ y = Qz + TU \end{cases} \qquad (2-27)$$

从(2-27)中消去 z 和 u 可得在输入 R 下闭环系统状态方程和各环节内部输出方程如下：

$$\begin{cases} \dot{X} = AX + BU \\ y = \hat{C}X + \hat{D}U \end{cases} \qquad (2-28)$$

式中

$$A = \tilde{A} + \tilde{B}K(I - \tilde{D}K)^{-1}\tilde{C}$$

$$B = \tilde{B}[K(I - \tilde{D}K)^{-1}\tilde{D}K_I + K_I]$$

$$\hat{C} = Q(I - \tilde{D}K)^{-1}\tilde{C}$$

$$\hat{D} = Q(I - \tilde{D}K)^{-1}\tilde{D}K_I + T$$

（5）系统闭环输出方程。用 K_0 表示系统输出 V 与系统输出 y 之间的连接关系，则依上述结果，便可得出系统在输入 R 与输出 V 下的系统输出方程为

$$V = K_0 y = CX + DR \qquad (2-29)$$

式中

$$C = K_0\hat{C}, \quad D = K_0\hat{D}$$

从而可以得出系统输入 R 与输出 V 间的闭环系统状态空间表达式如下：

$$\begin{cases} \dot{X} = AX + BR \\ V = CX + DR \end{cases} \qquad (2-30)$$

若系统的指定输出信号与外部输入信号直接相连，则可将它们之间的连接关系视为存在一个 $G(s) = 1$ 的环节，再用上述的方法进行处理。

2.1.6 离散时间系统及连续/离散混合系统的建模

根据 2.1.1 节给出的一般系统描述形式 $S=(T,X,\Omega,Q,Y,\delta,\lambda)$,当时间 T 为整数时,表示离散时间系统。此时,该离散时间系统的输入量、输出量及其内部状态量都是时间的离散函数,即为与 T 有关的时间序列 $\{u(Tk)\}$、$\{y(Tk)\}$、$\{x(Tk)\}$,其中 $u \in \Omega, x \in X, y \in Y$。一般习惯上把 T 省略,从而得到 $\{u(k)\}$、$\{y(k)\}$ 和 $\{x(k)\}$。相比于连续时间系统,离散时间系统有差分方程、脉冲传递函数、权序列、离散状态空间模型 4 种系统模型描述形式。

1) 差分方程模型

任一系统的差分方程表达式可表示如下:

$$a_0 y(n+k) + a_1 y(n+k-1) + \cdots + a_n y(k) = b_1 u(n+k-1) + \cdots + b_n u(k) \tag{2-31}$$

不失一般性地,假设 $a_0 = 1$,引入后移算子 q^{-1},$q^{-1}y(k)=y(k-1)$,则式(2-31)可以进一步化简如下:

$$\sum_{i=0}^{n} a_i q^{-i} y(n+k) = \sum_{j=1}^{n} b_j q^{-j} u(n+k) \tag{2-32}$$

2) 脉冲传递函数

若系统的初始条件为零,即 $y(k)=u(k)=0, k \leq 0$,则对式(2-31)两边取 z 变换,可得

$$(a_0 + a_1 z^{-1} + \cdots + a_n z^{-n}) Y(z) = (b_1 z^{-1} + \cdots + b_n z^{-n}) U(z) \tag{2-33}$$

从而可以得到系统的脉冲传递函数如下:

$$G(z) = \frac{Y(z)}{U(z)} = \frac{\sum_{j=1}^{n} b_j z^{-j}}{\sum_{i=0}^{n} a_i z^{-i}} \tag{2-34}$$

由此可见,在系统初始条件均为零的情况下,z^{-1} 与 q^{-1} 等价。

3) 权序列

对一初始条件为零的系统施加一单位脉冲序列 $\delta(k)$,则其响应称为该系统的全权序列 $\{h(k)\}(k=1,2,\cdots)$。脉冲序列 $\delta(k)$ 可以表示为

$$\delta(k) = \begin{cases} 1, & k=0 \\ 0, & k \neq 0 \end{cases} \tag{2-35}$$

因此,对于输入序列 $u(k)(k=1,2,\cdots)$,可以根据输入序列和权序列的卷积和,得到此时系统响应信号 $y(k)$ 如下:

$$y(k) = \sum_{i=0}^{k} u(i)h(k-i) \quad (2-36)$$

从而可以得到离散系统传递函数式(2-34)与其权序列有如下关系：

$$Z\{h(k)\} = G(z) \quad (2-37)$$

由式(2-37)可以得到系统权序列与其脉冲传递函数系数间的关系。同样地,跟连续时间模型类似,上述3种模型只描述了系统的输入序列与输出序列间的关系,因此,它们又统称为系统外部模型。然而,运用计算机进行仿真时,需要使用系统的内部模型,即系统离散状态空间模型。所以,接下来介绍离散系统的状态空间模型表达式。

4）离散状态空间模型

针对系统式(2-31),假设 $\sum_{j=1}^{n} b_j q^{-j} x(n+k) = u(k)$,$q^{-j}x(n+k) = x_{n-j+1}(k)$,$x(n+k) = x_n(k+1)$,且令 $a_0 = 1$,从而可以得到该系统的离散状态空间模型如下：

$$x(k+1) = \boldsymbol{F}x(k) + \boldsymbol{G}u(k) \quad (2-38)$$

$$y(k) = \sum_{j=1}^{n} b_j q^{-j} x(n+k) = \sum_{j=1}^{n} b_j x_{n-j+1}(k) = \boldsymbol{\Gamma} x(k) \quad (2-39)$$

式中

$$\boldsymbol{F} = \begin{bmatrix} 0 & 1 & 0 & \cdots & 0 \\ 0 & 0 & 1 & \cdots & 0 \\ \vdots & \vdots & \vdots & & \vdots \\ -a_n & -a_{n-1} & -a_{n-2} & \cdots & -a_1 \end{bmatrix}, \boldsymbol{G} = \begin{bmatrix} 0 \\ 0 \\ \vdots \\ 1 \end{bmatrix}, \boldsymbol{\Gamma} = \begin{bmatrix} b_n & b_{n-1} & \cdots & b_1 \end{bmatrix}$$

针对线性定常系统,除了直接建立离散时间系统数学模型,也可以直接通过对连续时间系统离散化得到离散时间系统的模型,即应用 z 变换把连续传递函数转变为脉冲传递函数。如果是时变系统,则不可以采用这种方法；针对该问题可以参阅相关文献。

5）连续/离散混合系统的建模

关于连续/离散混合系统的建模问题,针对已知结构图的混合系统,解决思路就是：首先根据混合系统的结构图建立系统的 z 传递函数；然后把建立的 z 传递函数转化为系统状态空间模型,从而方便进行计算机仿真。如果不知系统的结构图,则需要根据2.1.2节介绍的3种建模方法及计算机辅助等方法建立混合系统的结构图。

建立混合系统的 z 传递函数模型,需要注意的是系统采样开关的位置。因为混合系统模型的连续模型部分转化为离散模型时很大程度上受到采样开关位置的影响。典型的连续/离散混合系统 z 传递函数建模法有串联环节的 z 传递函数、并联环节的 z 传递函数和闭环系统的 z 传递函数方法。由于 z 传递函数仅仅是离散或连续/离散混合系统的输入－输出类型的外部数学模型,所以为了对所建立的系统模型进行仿真研究,需要考虑把 z 传递函数转换为系统状态结构形式的内部数学模型,主要有并联程序法和嵌套程序法两种方法。同样地,如果离散时间系统是用差分方程的形式表示的,也可以转换为离散系统的状态结构模型。

2.1.7 模型的简化及可信性

在实际应用中,为了简化模型设计,通常假设或直接忽略那些对系统影响较小的部分或因素。从另外一个方面考虑,如果已经建立了线性定常系统的状态空间模型或者传递函数模型,则仍然可以采用相关的方法对所建立的模型进一步化简。进行模型简化的先后原则是:准确性、稳定性、简便性。系统状态空间方程的简化方法可以分为集结法和摄动法两类。下面简要说明这两类化简方法。

集结法又可以进一步分为状态集结法和模态集结法。状态集结法是把原模型的主要特征集结到简化的模型上,其核心问题是如何确定系统状态集结矩阵。解决这个问题的方法有广义矩阵法和可控矩阵法。模态集结法(也称为模态法或优势极点法)是通过线性变换把原系统转化为模态形式,并把主要模态保留在简化后的模型上,其核心问题是如何进行模态集结。针对这个问题有多种方法,常用的有戴维森法和奇达巴拉法。另外一种模型化简方法,摄动法是采用某种方法把系统中的某些相互作用(耦合)去掉(解耦),实现将一个复杂的系统变成若干个相互独立的较简单的系统。这类方法又可以进一步划分为弱耦合模型的摄动法与强耦合作用的摄动法。

除了对于系统状态空间方程进行化简,系统传递函数模型也可以进行化简。显然,使用前面小节介绍的传递函数转化为状态空间方程的方法可以直接采用上述针对状态空间模型的化简方法。当然,也有方法对传递函数描述的系统模型直接进行化简。这类方法主要有 Pade 逼近法、连分式法和结合劳斯判据的混合方法。值得注意的是,前两种方法不能确保简化后的模型与原模型具有一样的稳定性。导致这一问题的原因是,他们简化过程中同时使用了传递函数的分子和分母。最后一种方法,结合劳斯判据的混合方法正是为解决该问题而提出的,所以其突出优点就是能够使得简化后的模型与原模型具有同样的稳定性;甚至在原模型不稳定时,使用该方法简化后的模型也会稳定。

建立模型后,首要的任务就是对所建立的模型进行可信性验证。对模型进行有效的验证,不仅是对前期系统建模工作的检验,更是顺利进行接下来数字仿真研究的基础。一个可信的系统模型具有 3 个特征:模型与原型之间具有类比性、模型在一定条件下可以替代原型、对模型的仿真研究结果适用于原型。根据建模方法的不同,模型可信性验证方法也有区别。若采用基于机理的建模方法,则所建模型的可信性将主要取决于先验知识的可信性,因而,需要检验建模的前提、约束和边界条件等方面的正确性。若采用辨识法建模,首先应检查辨识程序是否按照正确的逻辑和数学方法进行的。如果这些条件都满足,再将收集到的真实系统的信息与模型产生的信息进行比较,从而确定所建立模型的可信性。

根据实施模型可信性检验时是否需要执行模型,可以把检验方法分为静态分析方法(如数理统计技术)和动态测试方法(如频率及谱值分析)。第一种数理统计技术主要是通过对实验数据特性的分析,如样本独立性、平稳性、样本容量等,得出系统统计分析结果是否可信。第二种频率及谱值分析主要是依据平稳随机过程或广义平稳随机过程的频谱集中地反映过程本身在频域中的统计特性,从而可以通过分析仿真输出频谱与实际系统频谱之间的一致性,进而得到所建模型的可信性。谱分析虽然避免了在假设检验和统计判断中的限制问题(样本独立性、样本容量足够大),但是由此也带来一些问题,如谱分析的对象应是2阶平稳过程,而实际系统可能不满足;从时域到频域转换时,不可避免地要丢失信息;使谱分析计算量大。随着新生科学技术的快速发展,如人工智能等,推动了系统模型可信性验证往新的研究方向发展,如大型复杂系统的建模理论、方法和验证以及自主智能系统的建模理论、方法和验证等。

2.2 连续时间系统的仿真

本节主要讨论经典的连续时间系统数字仿真原理和方法。对连续时间系统在计算机上进行数字仿真,首先要通过系统离散化原理把系统离散化为计算机能接受的系统描述形式,然后采用数值积分等方法进行数字仿真研究。连续系统离散化原理可从理论上证明连续系统的模型离散化后仍然能够代表原模型。注意:这里的离散是指同时对连续系统模型的数值和时间进行离散化。离散化会产生系统误差,这里的系统误差主要是由计算机字长有限引入的舍入误差和数值积分算法产生的误差。根据连续时间系统模型和其离散模型间的相似原理,数值积分方法可满足稳定性、准确性和快速性要求。接下来将介绍数值积分法、离散相似法和快速数值仿真方法。

2.2.1 数值积分法

根据上一节的介绍,我们已经知道一个连续系统的数学模型可以用高阶微分方程或传递函数表示,也可以用状态空间表达式或结构图表示,而且这些系统模型均可以化为一阶微分方程组,即系统状态方程的形式。连续系统数学仿真的数值积分法(或称为数值解法)就是对常微分方程(组)建立离散形式的数学模型——差分方程,并求出其数值解。下面将依次介绍数值积分法的基本原理、龙格-库塔(Runge-Kutta,PK)数值积分算法及数值积分算法的选择。

1）数值积分法的基本原理

在生产实际和科学研究中，所遇到的微分方程往往较复杂，在很多情况下不可能给出方程的解析表达式，通常都是在计算机上求取数值解。数值积分就是常用的计算机求解方法，解决在系统初值已知的情况下，通过对 $f(t,y)$ 进行近似积分，求得 $y(t)$ 数值解，数学上称为微分方程初值问题的数值方法。所谓数值解法，就是寻求初值问题的解在一系列离散点 $t_1,t_2,\cdots,t_n,t_{n+1}$ 上的近似值 $y_1,y_2,\cdots,y_n$，y_{n+1}（即数值解）。相邻两个离散点的间距 $h=t_{n+1}-t_n$，称为计算步长或步距。在数值积分计算过程中，步长不发生变化，则称为定步长，如果步长随计算过程发生变化，则称为变步长。数值积分法的主要问题归结为如何对函数 $f(t,y)$ 进行数值积分，求出该函数定积分的近似解。为此，首先要把一个连续变量问题用数值积分法化成离散变量问题，即求解近似的差分方程的初值问题，然后根据已知的初始条件 y_0，逐步地递推计算出以后各时刻的数值 y_i。采用不同的递推算法，就得到了不同的数值积分方法。常用的方法有单步法和多步法 2 类。单步法主要有欧拉法、梯形法、龙格－库塔数值积分方法等；多步法是在单步法基础上发展而来的。考虑单步法中计算 y_{n+1} 之前实际上已经求出了一系列的近似值 $y_0,y_1,\cdots,y_n$ 和 f_0，$f_1,\cdots,f_n$，如果能充分利用前面多步的信息来计算 y_{n+1}，则既能加快仿真速度又会获得较高的精度，这就是设计多步法仿真的基本思想。具体而言，多步法基本都是利用一个多项式与系统变量的某些已知值和它们的导数值相匹配。多步数值积分法有阿达姆氏（Adams）显式和隐式法、预估－校正公式等；考虑本书主要的仿真方法为单步法，所以本节将不再具体介绍这些多步法的求解步骤。

为了更好地理解数值积分方法，接下来首先介绍几个数值积分算法的基本概念。单步法与多步法：数值积分法采用的都是递推公式，当只由前一时刻的数值 y_n 就能求得后一时刻的数值 y_{n+1} 时称为单步法，并且为自启动算法；反之，如果计算 y_{n+1} 需要用到 t_n 以及过去的 $t_{n-1},t_{n-2},\cdots,t_0$ 某些时刻 y 的数据时，则称为多步法。由于多步法计算 y_{n+1} 需要 $t_n,t_{n-1},t_{n-2},\cdots,t_0$ 不同历史时刻值，开始时必须使用其他计算方法获得这些值，所以它不是自启动的算法。因多步法算式利用微分方程信息量大，因而比单步法更精确。显示与隐式公式：在计算 y_{n+1} 时所用到的数据均已算出来，称为显式公式；相反，在算式中隐含有未知量，则称为隐式公式。在使用隐式公式时，需要有另一显式公式估计未知量 y_{n+1} 的初值，然后，再用一个隐式公式进行迭代计算，该方法称为预估－校正法，显然，这种方法也不是自启动的算法。由此可见，显式易于计算，利用前几步计算结果，即可递推求解下步结果；隐式计算需要迭代计算，故隐式精度高，对误差有较强的抑制作用。因此，尽管隐式公式计算过程复杂，但有时由于其他因素，如精度要求，特别是稳定性的考虑，必须采用隐式的算法。截断误差：因采用泰勒级数展开法求解数值积分，为了简化分析，假定前一步得到的结果 y_n 是准确的，则用泰勒级数求得 y_n 处的精确解为

$$y(t_{n+1}) = y(t_n + h) = y(t_n) + h\dot{y}(t_n) + \frac{1}{2!}h^2\ddot{y}(t_n) + \cdots + \frac{1}{r!}h^r y^{(r)}(t_n) + o(h^{r+1})$$

(2-40)

如果从式(2-40)精确解中取前几项来近似计算 $y(t_{n+1})$，省略后面的所有项，则每步由此引入的误差称为局部截断误差(简称为截断误差)。不同的数值解法，其局部截断误差也不同。一般而言，若截断误差为 $o(h^{r+1})$，则称它有 r 阶精度，即该方法是 r 阶的，所以阶数可以作为衡量数值解法精确度的一个重要标志。截断误差的阶次越高，其求解的精度越高。舍入误差：由于计算机的字长有限，数字不能表示得完全精确，在计算过程中不可避免地产生的"凑整误差"，称为舍入误差。这种舍入误差与积分步长 h 成反比，这是因为对于给定的积分时间，使用更小的步长，意味着更多的积分步数，将导致舍入误差增大，而且这种误差会逐步积累。产生舍入误差的因素较多，除了与计算机字长有关以外，还与计算机所使用的数字系统、数的运算次序以及计算 $f(t,y)$ 所用的子程序的精确度等因素有关。考虑欧拉法和梯形法均可以融合到龙格-库塔方法中，所以接下来将主要介绍龙格-库塔法。

2) 龙格-库塔数值积分算法

由前面分析可知，将泰勒展开式多取几项以后截断，能提高截断误差的阶次，便可提高算法的精度。然而，直接采用泰勒级数展开方法要计算函数 f 的高阶导数，运用起来很不方便。德国数学家 C. Runge 和 M. W. Kutta 两人先后提出了间接利用泰勒展开式的方法，即用几个点上函数 f 值的线性组合来代替 f 的各阶导数，然后按泰勒公式展开确定其中的系数。这样既可避免计算高阶导数，又可提高数值积分的精度，这就是 RK 法的基本思想。RK 法包含显式、隐式和半隐式等方法。根据在仿真中的应用情况，下面将分别介绍显式 RK 法、变步长 RK 法、实时 RK 法和 RK 法的稳定性。

(1) 显式龙格-库塔公式。显式 RK 法的一般公式如下：

$$y_{n+1} = y_n + \sum_{i=1}^{r} W_i k_i \qquad (2-41)$$

式中：k_i 为不同点的导数 f 和步长 h 的乘积，$k_i = hf(t_n + c_i h, y_n + \sum_{j=1}^{i-1} a_{ij} k_j)$，$c_i$ 和 a_{ij} 为待定系数，$c_i = 1, 2, \cdots, r$；W_i 为待定的权因子；r 为使用的 k 值的个数(即阶数)。

当 $r=1$ 时，$k_1 = hf(t_n, y_n)$，此时 $W_1 = 1$，即为欧拉公式 $y_{n+1} = y_n + hf(t_n, y_n)$；从而可知，欧拉法实质上是用一条折线来逼近精确解曲线，因此欧拉法又称为折线法或矩形法。此外，通过定积分亦可获得欧拉公式。欧拉法为单步法，可自启动。它的优点是方法简单，计算量小，但精度比较低。为了提高精度，唯一的办法是减少步距，但是由于计算机字长有限，计算中免不了产生舍入误差。步距小，不仅计算量大了,而且由于计算次数加多,舍入误差也加大,因此计算精度很难提高,导致这种方法在要求仿真精度较高时很少采用。

当 $r=2$ 时,式(2-41)可表示如下:

$$y_{n+1} = y_n + hw_1 f(t_n, y_n) + hw_2 f(t_n + c_2 h, y_n + a_{21} k_1) \quad (2-42)$$

把 $f(t_n + c_2 h, y_n + a_{21} k_1)$ 在 (t_n, y_n) 处进行2阶泰勒级数展开可得

$$y_{n+1} = y_n + hw_1 f(t_n, y_n) + hw_2 \left(hf(t_n, y_n) + c_2 h \frac{\partial f(t_n, y_n)}{\partial t} + a_{21} k_1 \frac{\partial f(t_n, y_n)}{\partial y} \right) \quad (2-43)$$

将 $y(t_n + h)$ 在 t_n 点进行2阶泰勒级数展开可得

$$y(t_n + h) = y(t_n) + hf(t_n, y_n) + \frac{h^2}{2!} \left[\frac{\partial f(t_n, y_n)}{\partial t} + f(t_n, y_n) \frac{\partial f(t_n, y_n)}{\partial y} \right] \quad (2-44)$$

逐项比较式(2-43)和式(2-44)的系数,得到

$$W_1 + W_2 = 1, \quad W_2 c_2 = \frac{1}{2}, \quad W_2 a_{21} = \frac{1}{2} \quad (2-45)$$

因为待定系数个数超过方程个数,必须先设定一个系数,然后求得其他系数,所以取 $c_2 = 1$,则 $a_{21} = 1, W_1 = W_2 = \frac{1}{2}$,相应地,式(2-43)为

$$y_{n+1} = y_n + \frac{1}{2}(k_1 + k_2) \quad (2-46)$$

式中: $k_1 = hf(t_n, y_n)$; $k_2 = hf(t_n + h, y_n + k_1)$。

该数值解是基于 $y(t)$ 的泰勒级数在2阶导数以后截断求得的,故称为2阶RK法。同样地,如果取 $c_2 = \frac{1}{2}$ 或 $c_2 = \frac{2}{3}$,则可以得到另外两个典型的常用数值积分算法。需要指出的是,在实际计算之中,并不一定要取平均值,而可以采用加权平均。如果在每一步中多取几个点,分别求出其斜率 $k_1, k_2, \cdots, k_n$,然后取不同的加权,则得到公式 $k_w = W_1 k_1 + W_2 k_2 + \cdots + W_r k_r = \sum_{i=1}^{r} W_i k_i$,这也就是RK采用的加权算法。

当 $r=3$ 时,可得到3阶RK公式如下:

$$y_{n+1} = y_n + \frac{h}{4}(k_1 + 2k_3) \quad (2-47)$$

式中: $k_1 = f(t_n, y_n)$; $k_2 = f\left(t_n + \frac{h}{3}, y_n + \frac{h}{3} k_1\right)$; $k_3 = f\left(t_n + \frac{2}{3} h, y_n + \frac{2}{3} k_2\right)$。

当 $r=4$ 时,可得到著名的4阶RK公式(亦称为经典RK公式)如下:

$$\begin{cases} y_{n+1} = y_n + \dfrac{1}{6}(k_1 + 2k_2 + 2k_3 + k_4) \\ k_1 = hf(t_n + y_n) \\ k_2 = hf\left(t_n + \dfrac{h}{2}, y_n + \dfrac{1}{2}k_1\right) \\ k_3 = hf\left(t_n + \dfrac{h}{2}, y_n + \dfrac{1}{2}k_2\right) \\ k_4 = hf(t_n + h, y_n + k_3) \end{cases} \quad (2-48)$$

4 阶 RK 截断误差的阶数为 $o(h^5)$，该方法也是数字仿真中最常用的一种方法。它每步需要对 f 进行 4 次计算，因而计算量比较大，但其计算精度较高。仿真中，在比较不同算法的计算精度时，常以 4 阶法的计算结果作为标准。从以上介绍可以看出，选择不同的加权系数，可以得到多种 RK 法。RK 法为单步法，因其可自启动，所以容易实现变步长运算。另外，欧拉法、梯形法都能统一在 RK 法计算公式中，其局部截断误差分别正比于 h^2、h^3 和 h^5。从理论上讲，可以构造任意高阶的计算方法，但是精度的阶数与计算函数值 f 的次数之间的关系并非等量增加的，如表 2-1 所列。

表 2-1 函数 f 的计算次数与精度阶数的关系

每一步计算 f 的次数	2	3	4	5	6	7	$n \geq 8$
精度阶数	2	3	4	4	5	6	$n-2$

由表 2-1 可见，经典 RK 法有其优越性，而 4 阶以上的 RK 公式，所需计算的 f 值的次数要比阶数多，将大大增加计算工作量，从而限制了更高阶 RK 法的应用。对于大量的实际问题，4 阶 RK 公式已可满足对仿真精度的要求，所以得到广泛应用。

（2）变步长龙格-库塔法。以上介绍的是固定步长的龙格-库塔法。怎样选取合适的步长，这在实际计算中是很重要的，h 太大不能达到预期的精度要求，h 太小将增加不必要的工作量，舍入误差也会增加。为了保证能获得规定的精度要求，而计算量又尽可能小，最好能对步长实现自动控制，即采用变步长的方法。以下分两步介绍变步长 RK 算法的计算过程。

第一步：误差估计。实现步长自动控制的前提是要有一个局部误差估计公式。为了得到每一步局部误差的估计值，可以用 2 种不同阶次（一般是低一阶的 RK 公式）同时计算 y_{n+1} 并取它们的差。要使计算量最少，可以通过巧妙选择 RK 系数，要求两个公式的 k_i 相同，使得一些中间结果对 2 种 RK 公式都通用，则 2 个公式的计算结果之差就可以作为误差估计。在这方面，第一个 4 阶变步长方法是 Merson 在 1957 年给出的龙格-库塔-默森（Runge-Kutta-Merson，RKM）法，其属于 4 阶 5 级公式，表达式如下：

$$y_{n+1} = y_n + \frac{h}{6}(k_1 + 4k_4 + k_5) \tag{2-49}$$

式中

$$k_1 = f(t_n, y_n)$$

$$k_2 = f\left(t_n + \frac{h}{3}, y_n + \frac{h}{3}k_1\right)$$

$$k_3 = f\left(t_n + \frac{h}{3}, y_n + \frac{h}{6}(k_1 + k_2)\right)$$

$$k_4 = f\left(t_n + \frac{h}{2}, y_n + \frac{h}{8}(k_1 + 3k_3)\right)$$

$$k_5 = f\left(t_n + \frac{h}{2}, y_n + \frac{h}{2}(k_1 - 3k_3 + 4k_4)\right)$$

该方法的计算步长可以通过每步计算输出值 y_{n+1} 的误差估计大小进行控制。误差估计是通过式(2-49)与其3阶4级公式做差求得的,表达式如下:

$$\hat{y}_{n+1} = y_n + \frac{h}{6}(3k_1 - 9k_3 + 12k_4) \tag{2-50}$$

从而可以得到其每步的误差估计公式如下:

$$E_n = \hat{y}_{n+1} - y_{n+1} = \frac{h}{6}(2k_1 - 9k_3 + 8k_4 - k_5) \tag{2-51}$$

该算法是4阶精度3阶误差估计,因此称为RKM3-4法。该方法的优点是绝对稳定域和一般的RK4法相近似,在实轴上的稳定域为(-3.54,0);缺点是计算量较大,每步计算5次 f。类似地,还有E. Fehlberg提出的5阶龙格-库塔-费尔别格(Runge-Kutta-Fehlberg,RKF)法、4阶龙格-库塔-夏普法等;因为RKF具有5阶精度4阶误差估计,所以又称为RKF4-5阶公式。

第二步:步长控制。根据每步误差和系统最小误差限 E_{min}、最大误差限 E_{max} 间的关系,以及步长最大值 h_{max} 和最小值 h_{min} 间的关系,可以实现对步长的控制。每步的局部误差可表示如下:

$$RE_n = \frac{E_n}{|y_n| + 1} \tag{2-52}$$

由式(2-52)可知,当 $|y_n|$ 较大时,RE_n 是相对误差;但是当 $|y_n|$ 较小时,RE_n 为绝对误差,从而可以避免当 $|y_n|$ 很小时,RE_n 出现过大的情况。以下是变步长控制的具体策略。

① 当每步局部误差 RE_n 大于预先设定的最大允许误差 E_{max} 时,则缩小步长,一般是将步长减半,并以新的步长重新计算积分值,再进行比较。

② 当误差 RE_n 小于预先设定的最小允许误差 E_{min} 时,则将步长加1倍,以新

步长继续进行下一步计算。

③ 如果步长小于某一下限 $h_{\min}$ 时则不再减半,因为再减小步长将增加仿真时间,并且使舍入误差显著增大。同样地,如果步长大于某一上限 $h_{\max}$ 则不再加大步长。

上述方案也可用以下 3 组关系式表示如下:

① 当 $RE_n > E_{\max}$ 且 $h > h_{\min}$ 时,步长减半。

② 当 $RE_n < E_{\min}$ 且 $h \leq h_{\max}$ 时,步长增加 1 倍。

③ 当 $E_{\min} < RE_n < E_{\max}$ 或 $RE_n < E_{\min}$, $h > h_{\max}$ 或 $RE_n > E_{\max}$, $h < h_{\min}$ 时,步长不变。

这种变步长的仿真方法,虽然每一步计算工作量增加了,但总体考虑往往是合算的。它能很好地解决计算精度与计算工作量之间的矛盾,尤其是当特征根分布很散的情况。上述步长控制策略,是在对分策略的基础上加入了最大和最小步长限制,从而避免了由于步长不断增大或不断减少导致仿真时间增加和舍入误差显著增大的情况。该方法简便易行且每步附加计算量小,但不能达到每步最优。如果想要达到每步最优,可以采用最优步长控制策略,其基本思想是在保持精度的前提下,每个积分步长取最大步长(或称最优步长),这样可以明显减少计算量,但是其必须限制步长的无限放大和缩小。一般步长 h 的最大放缩系数为 10。

(3) 实时龙格-库塔法。有些系统,如人在回路仿真、半实物仿真等,要求仿真模型的运行速度与实际系统的运行速度一致,即为实时仿真。前面介绍的经典 RK4 方法不适用于实时仿真的系统。针对实时仿真系统,需要设计适用于实时仿真要求的龙格库塔方法,如 RK4-5 级实时计算公式如下:

$$y_{n+1} = y_n + \frac{h}{24}(-k_1 + 15k_2 - 5k_3 + 5k_4 + 10k_5) \qquad (2-53)$$

式中

$$k_1 = f(t_k, y_k)$$

$$k_2 = f\left(t_n + \frac{h}{5}, y_n + \frac{h}{5}k_1\right)$$

$$k_3 = f\left(t_n + \frac{2h}{5}, y_n + \frac{2h}{5}k_1\right)$$

$$k_4 = f\left(t_n + \frac{3h}{5}, y_n - \frac{2h}{5}k_1 + hk_2\right)$$

$$k_5 = f\left(t_n + \frac{4h}{5}, y_n + \frac{3h}{10}k_1 + \frac{h}{2}k_4\right)$$

该方法的显著特点就是:通过将每个仿真步划分为 5 个均等的子步,而且每个子步均能够实现对外部输入实时采样,从而保证了系统实时输出,即达到了系统实时仿真的要求。

（4）龙格-库塔法的数值稳定性分析。数值稳定性是数值积分法中非常重要的概念。数值积分法求解微分方程,实质上是将给定的微分方程变换为差分方程,然后以差分方程为递推公式从初值开始,逐步进行迭代运算。在将微分方程差分化的过程中,有可能使原来稳定的系统变为不稳定系统。因此,可以说数值积分算法本身从原理上就不可避免地存在着误差,并且在计算机逐点计算时,初始数据的误差、计算过程的舍入误差等都会使误差不断积累,如果这种误差积累能够得到抑制,不会随计算时间增加而无限增大,则可以认为相应的计算方法是数值稳定的,反之则是数值不稳定的。此外,如果计算步长(即采样周期)选择得不合理,有可能使数字仿真出现不稳定的结果。下面我们对数值稳定性问题作些简要讨论。

差分方程的解与微分方程的解类似,均可分为特解和通解两部分。事实上,与稳定性有关的,仅是系统方程的通解,它取决于差分方程的特征根是否满足稳定性要求,即其特征根的模均小于1。对一般常系数微分方程,其$f(t,y)$的表达形式多种多样,没有一个统一的式子来描述,所以很难得到能适应所有微分方程的数值稳定性判定法。通常使用检验方程判断积分算法的稳定性。考虑检验方程$\dot{y}=f(t,y)=\lambda y$,其中λ为检验方程的定常复系数,即$\lambda=\alpha+i\beta$,其实部$Re(\lambda)=\alpha<0$,以保证检验方程是稳定的,从而才能研究数值算法的稳定性。该检验方程可以说是常微分方程中最简单的形式,用它来判断一个数值算法是否稳定很能说明问题。如果一个数值方法连这样简单的方程都不能适应,不能保证其绝对稳定性,则求解一般方程也不会稳定。如果能保证其绝对稳定性,虽然不能说求解一般方程也会绝对稳定,但该算法的适应性肯定要好得多。

采用上述思路,简单分析龙格-库塔公式的稳定性。考虑1阶微分方程$\dot{y}=\lambda y$,对其进行泰勒级数展开可得

$$y_{n+1} = y_n + \sum_{j=1}^{r} \frac{h^j}{j!} y_n^{\ j} + o(h^{r+1}) \qquad (2-54)$$

当$\dot{y}=\lambda y$时,有$y^j=\lambda^j y$,将其代入式(2-54)可得

$$y_{n+1} = \left[1 + \lambda h + \frac{1}{2!}(\lambda h)^2 + \cdots + \frac{1}{r!}(\lambda h)^r\right] y_n + o(h^{r+1}) \qquad (2-55)$$

令$\bar{h}=\lambda h$,将其代入式(2-55)得到该1阶系统稳定的条件如下:

$$y_{n+1} = \left[1 + \lambda h + \frac{1}{2!}(\lambda h)^2 + \cdots + \frac{1}{r!}(\lambda h)^r\right] y_n + o(h^{r+1}) \qquad (2-56)$$

根据式(2-56)的稳定条件,在表2-2中给出了$r(r=1,2,3,4)$阶RK公式的稳定条件。

表2-2 各阶龙格-库塔公式的稳定区域

r	λ_1	实区间
1	$1 + \bar{h}$	$(-2, 0)$
2	$1 + \bar{h} + \frac{1}{2}\bar{h}^2$	$(-2, 0)$
3	$1 + \bar{h} + \frac{1}{2}\bar{h}^2 + \frac{1}{6}\bar{h}^3$	$(-2.51, 0)$
4	$1 + \bar{h} + \frac{1}{2}\bar{h}^2 + \frac{1}{6}\bar{h}^3 + \frac{1}{24}\bar{h}^4$	$(-2.78, 0)$

在使用 RK 公式时，选取步长应使 $\bar{h}$ 落在稳定区域内；否则，在计算中会产生很大的误差，从而得到不稳定的数值解。例如，用 4 阶 RK 法解下面的微分方程 $\dot{y} = -20y, y(0) = 1$，取步长为 0.1 和 0.2 进行计算，微分方程的特征根 $\lambda = -20 < 0$，故其解析解是稳定的；当 $h = 0.1$ 时，$h\lambda = -2$ 的数值解也是稳定的。但 $h = 0.2$ 时数值解就不稳定了，因为这时 $h\lambda = 0.2 \times (-20) = -4$，此数值在稳定区间以外，所以数值解不能收敛。这种对积分步长有限制的数值积分法称为条件稳定积分法。另外，还可以看出，步长的大小除了与所选用的阶数有关以外，还与方程本身的性质有关。从 4 阶龙格-库塔法稳定条件 $h\lambda = -2.78$ 中可以得出，系统的特征根越大，需要的积分步长就越小，这一点可作为选择步长 h 的根据。

3) 数值积分算法的选择

以上介绍了几种 RK 数值积分方法。为了能正确地应用数值积分法对连续系统进行数字仿真，必须针对具体问题，合理地选择积分算法。一般说来，应考虑的因素有计算精度、计算速度和数值稳定性。

（1）精度要求。应用数值积分法对连续系统进行数字仿真，其仿真精度主要受截断误差、舍入误差和积累误差的影响。它们与仿真所用的数值积分方法的阶次、仿真步长、计算时间以及所使用的计算机的字长等有关。在计算步长相同的条件下，积分方法的阶次越高，则截断误差就越小；在同阶算法中，多步法又比单步法的精度高，而其中隐式算法的精度又高于显式算法。因此，当需要高精度的仿真时，通常可采用高阶的多步隐式算法，并可采用较小的积分步长来提高仿真精度。但是，积分步长的减小，必然要增加迭代次数，增大计算工作量，随之又会增大舍入误差和积累误差。总之，应当根据所要求的精度，合理地选择积分方法、阶数和步长。在进行具体计算时，并不是说方法的阶数越高，步长越小，效果就越好。经验表明，低精度问题最好用低阶方法来处理。另外，数字仿真的总误差与步长的关系不是单调函数，而是一个具有极值的函数，如图 2-2 所示。假设积分方法已经确定，在选取积分步长时，需要考虑的一个重要因素就是仿真系统的动态响应。如果系统的动态响应较快，导数变化较为激烈，则应选高阶的数值计算方法，而且步长也应取得较小。为了保证计算的稳定性，步长 h 一般应限制在最小时间常数（相当于最大特征值的倒数)的数量级。

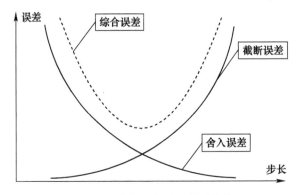

图 2-2 步长 h 与误差关系曲线

（2）计算速度。计算速度决定于计算的步数及每一步积分所需的时间。每步的计算时间又与积分方法有关，这主要取决于计算导数的次数。在数值解中，最费时的部分是积分变量导数的计算，4 阶 RK 法在每一步中都要计算 4 次导数，费时较多。在典型的预估-校正法中，为了进行预估，每步只要求计算 1 次导数（在 t_n 处）；为了校正，一般也只要求计算 1 次导数（在 t_{n+1} 处）。在显式 Adams 法中，每步只要求计算 1 次导数就行了，计算速度明显加快。因此，在导数方程很复杂、计算量较大、精度高的问题中，可采用 Adams 预估-校正法。为加快计算速度，在积分方法已确定的条件下，应在保证精度要求的前提下，尽可能选用较大的步长，以缩短积分时间。

（3）数值稳定性。保证数值解的稳定性，是进行数字仿真的先决条件；否则，计算结果将失去实际意义。从数值求解的稳定性看，同阶的 RK 法较显式 Adams 法要好，但又不如同阶的隐式 Adams 法。例如，4 阶 RK 法的实稳定域为 -2.78，而显式 Adams 法的实稳定域只有 -0.33，在 3 阶以下隐式的 Adams 法有较好的稳定性。所以，从数值稳定性的角度看最好避免使用显式 Adams 法。对于刚性系统，选择数值积分方法时，应特别考虑到问题对稳定性的要求，并按相应的方法处理。总之，在数值方法的选择上有很大的灵活性，要根据具体情况而定。在导数计算量不大而精度要求又不很高时，4 阶 RK 法是很好的方法；导数求值计算量较大时可采用 Adams 预估-校正法。

4）数值积分算法仿真示例

例 2.1 分别用 2 阶 RK 法和 4 阶 RK 公式解系统微分方程的数值解，系统模型为 $\dot{y} = y - \dfrac{2}{y}x, y(0) = 1$，取步长 $h = 0.2$。

解：由经典的 4 阶 RK 公式，解得

$$y_{n+1} = y_n + \frac{h}{6}(k_1 + 2k_2 + 2k_3 + k_4) \tag{2-57}$$

式中

$$k_1 = y_n + 2\frac{x_n}{y_n}$$

$$k_2 = y_n + \frac{h}{2}k_1 - \frac{2x_n + h}{y_n + hk_1/2}$$

$$k_3 = y_n + \frac{h}{2}k_2 - \frac{2x_n + h}{y_n + hk_2/2}$$

$$k_4 = y_n + hk_3 - \frac{2(x_n + h)}{y_n + hk_3}$$

由 2 阶 RK 法公式,解得

$$y_{n+1} = y_n + \frac{h}{2}(k_1 + k_2) \qquad (2-58)$$

式中

$$k_1 = y_n - \frac{2x_n}{y_n}$$

$$k_2 = y_n + hk_1 - \frac{2(x_n + h)}{y_n + hk_1}$$

2 阶 RK 法、4 阶 RK 法和准确解的比较结果如表 2-3 所列。

表 2-3 RK 法和准确解的比较表

节点	2 阶 RK 法	4 阶 RK 法	准确解 $y = \sqrt{1+2x}$
0	1	1	1
0.2	1.186667	1.183229	1.183216
0.4	1.348312	1.341667	1.341641
0.6	1.493704	1.483281	1.483240
0.8	1.627861	1.612514	1.612452
1.0	1.754205	1.732142	1.732051

2.2.2 离散相似法

用于连续系统的数字仿真方法可以分为 2 类:一类是数值积分法;另一类是离散相似法。2.2.1 节介绍了采用数值积分方法对连续系统进行数值积分仿真的原理和方法。这些方法比较成熟,在数值仿真中广为应用,不仅方法种类众多,而且有较强的理论性,其计算精度比较高,但近似计算公式比较复杂,因而计算量比较大,计算速度比较慢,通常在纯数字仿真中应用。从另外一个角度,用数字计算机对一个连续系统进行数字仿真时,即使采用数值积分的方法,其实质已经将这个系统看作一个离散时间系统了。也就是说,我们只能计算到各个状态量在各计算步距点上的数值,它们是一些时间离散点的数值。本节将介绍的离散相似法是一种模型变换的方法,即首先将连续系统离散化,然后对等效的离散化模型进行计算。离散相似法具有明显的物理含义,很容易为仿真工程技术人员接受,而且近似计算公式比较简单,计算量小,便于在计算机上快速求解。离散相似法不仅在连续系统数字仿真时可以使用,同时也可以用于数字控制器在计算机上实现。由于连续系统的模型可以用传递函数来表示,也可以用状态空间模型来表示,因此,与连续系统等价的离散模型可以通过两个途径获得:其一是对传递函数作离散化处理得到 z 传递函数(即脉冲传递函数),称为频域离散相似模型;其二是基于系统状态方程离散化,得到时域离散相似模型。

1) 频域离散相似法

(1) 频域离散相似法的基本原理。假设有一连续系统,如图 2-3(a)所示,现用一周期为 T 的采样开关将其输入、输出分别离散化,如图 2-3(b)所示,要求输出 $y^*(t)$ 在采样时刻的值等同于原输出 $y(t)$ 在同一时刻的值。

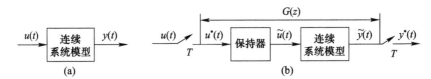

图 2-3 连续系统离散化示意图
(a)连续系统;(b)离散系统。

显然,如果仅仅简单地在原系统的输入、输出端人为地加上一个采样开关,则输出 $y^*(t)$ 是很难和原输出 $y(t)$ 相同的。原因是输入 $x(t)$ 经过采样开关后离散化为 $x^*(t)$,若直接接入原系统,其输出当然不会再保持原来的变化规律。为使输入信号 $x(t)$ 不失真,必须再加一采样保持器(或称为信号重构器),这样就使输入信号在采样间隔仍保持连续性(从频域角度看,就是把因离散化产生的高频分量滤去,保留主频部分)。由于保持器所能延续的规律并不一定能和原输入信号 $x(t)$ 完全一致,因此实际加到连续系统的输入信号 $\tilde{x}(t)$ 一般并不等同于 $x(t)$,而只能是近似相同(从频域角度看,保持器并非理想滤波器,它总有一定的幅值衰减和相位滞后)。由以上分析可知,连续系统经过这样的离散化后得到的模型必然具有一定近似性,其近似程度取决于采样周期 T 和保持器的特性。采用这种方法对连续系统进行离散化的主要步骤如下:

① 首先画出连续系统的结构图。

② 在适当地方加入虚拟采样开关,选择合适的保持器类型。

③ 将原连续系统以及所引入的保持器,通过 z 变换求得系统的脉冲传递函数。

④ 通过 z 反变换求得系统的差分方程。

根据以上步骤即可以实现对于连续系统的频域离散化,为了方便选取合适的保持器类型,接下来将对不同的保持器特性进行分析。

(2) 采样保持器。本部分将从频域的角度介绍对信号保持器的采样周期 T 和信号保持器的要求。参见图 2-4,假定有一连续信号 $e(t)$,若将它通过采样周期为 T 的采样开关,得离散信号 $e^*(t) = \frac{1}{T}\sum_{k=-\infty}^{\infty} e(t)\mathrm{e}^{\mathrm{j}k\omega_s t}$,其中,$\omega_s = 2\pi/T$ 为采样频率。对 $e^*(t)$ 取拉普拉斯变换得到

$$E^*(s) = \frac{1}{T}\sum_{k=-\infty}^{\infty} L[e(t)\mathrm{e}^{\mathrm{j}k\omega_s t}] = \frac{1}{T}\sum_{k=-\infty}^{\infty} E[s - \mathrm{j}k\omega_s] \qquad (2-59)$$

考虑 k 的取值范围为 $(-\infty, +\infty)$,故式(2-59)亦可写成为如下形式:

$$E^*(s) = \frac{1}{T}\sum_{k=-\infty}^{\infty} E[s + \mathrm{j}k\omega_s] \qquad (2-60)$$

用 $\mathrm{j}\omega$ 代替 s,可得 $E^*(\mathrm{j}\omega) = \frac{1}{T}\sum_{k=-\infty}^{\infty} E[\mathrm{j}(\omega + k\omega_s)]$。若 $E(\mathrm{j}\omega)$ 为原函数 $e(t)$ 的频谱,如图 2-4(a)所示,其中 ω_m 为最大频率,则其离散后的信号 $e^*(t)$ 的频谱 $E^*(\mathrm{j}\omega)$ 为一周期性频谱,如图 2-4(b)所示。

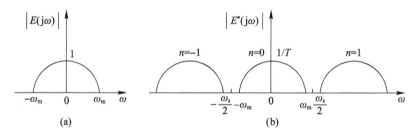

图 2-4 连续信号与离散信号的频谱

由图 2-4 可知,如果 $\omega_s/2 \geq \omega_m$,那么离散信号的频谱中的基波部分($n=0$)将与原连续信号的频谱相同(只是幅度上差 $1/T$)。因此,若 $\omega_s/2 \geq \omega_m$,则离散信号将使原连续信号频谱不发生畸变地恢复出来;若 $\omega_s/2 < \omega_m$,则 $n=0$ 的部分将和 $n=1$ 及 $n=-1$ 的频谱部分重叠,因而导致离散频谱的基波部分不再与原连续信号的频谱相同,此时,离散信号将不能包含原连续信号的全部信息。所以,为使离散模型与连续模型相似,首先要求采样开关的频率 $\omega_s = 2\pi/T$ 大于原信号最大频率 ω_m 的 2 倍。

上述采样过程遵循著名的香农(Shannon)采样定理:对一个具有有限频谱的连续信号($-\omega_m < \omega < \omega_m$)进行采样,只要选择 $\omega_s/2 \geq \omega_m$,通过理想的低通滤波器,就能把原来信号毫无失真地提取出来。事实上,$\omega_s/2 \geq \omega_m$ 是保证相邻两频谱互不重叠的条件。介绍完保持器频域特性后,为了更好地理解实际信号保持器的

特性,接下来将分析理想保持器和实际信号保持器间的区别。

(3) 理想信号保持器与实际信号保持器。根据图 2-4(b),若 $\omega_s/2 \geqslant \omega_m$,则离散信号的频谱没有重叠现象。此时,如果加入一个理想保持器(滤波器),其幅频特性如图 2-5 所示,相频为零度,则能保留主要频谱,即基波部分,滤掉附加的频谱分量,完全恢复连续信号。实际上,这种具有锐截止的频率特性的理想滤波器是不存在的。但是,保持器具有类似这种理想滤波器的性质,所以可以用各种保持器(或称为外推器)来近似它。常用的保持器有零阶保持器、一阶保持器和三角保持器。下面分别叙述3种保持器。

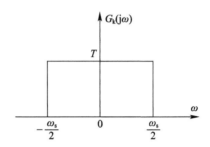

图 2-5 理想信号保持器的频率特性

① 零阶保持器。零阶保持器是将前一个采样时刻 kT 的采样值维持不变,并保持到下一个采样时刻 $(k+1)T$,即在采样间隔中按常数外推,满足 $\tilde{x}(t) = x(kT)(kT \leqslant t \leqslant (k+1)T)$,从而得到零阶保持器的传递函数为

$$G_h(s) = \boldsymbol{L}[g_h(t)] = \frac{1 - \mathrm{e}^{-Ts}}{s} \qquad (2-61)$$

需要指出的是,若输入信号为阶跃信号且满足 $\omega_s/2 \geqslant \omega_m$ 时,零阶保持器能无失真地恢复原信号。该保持器的优点是结构简单、容易实现;缺点是存在相位滞后特性,对仿真模型的稳定性有一定的影响。

② 一阶保持器。1阶保持器是以当前时刻和前一时刻两个采样值为基础进行外推,也即 y 引入了 1 阶差分 $\tilde{x}(t)$,且满足如下关系:

$$\tilde{x}(t) = x(kT + \tau) = x(kT) + \frac{x(kT) - x[(k-1)T]}{T}\tau, \quad kT \leqslant t \leqslant (k+1)T$$

$$(2-62)$$

从而得到 1 阶保持器的传递函数如下:

$$G_h(s) = \boldsymbol{L}[g_h(t)] = T(1 + Ts)\left(\frac{1 - \mathrm{e}^{-Ts}}{Ts}\right)^2 \qquad (2-63)$$

1 阶信号重构器的优点就是能够几乎无失真地恢复斜坡信号输入,缺点就是存在相频延迟。

③ 三角形保持器。上述两种信号保持器对于保持一般输入信号的相频和幅频方面都有较大的误差,为了减少这些误差,现在介绍三角形信号保持器,满足如下关系:

$$\tilde{x}(t) = \tilde{x}(kT + \tau) = x(kT) + \frac{x((k+1)T) - x(kT)}{T}, \quad kT \leqslant t \leqslant (k+1)T$$

(2-64)

从而得到三角保持器的传递函数为

$$G_h(s) = L[g_h(t)] = \frac{e^{Ts}}{T}\left(\frac{1 - e^{-sT}}{Ts}\right)^2$$

(2-65)

三角形保持器的优点是具有较好的低通滤波特性,高频部分幅值很小,并且无相位滞后,因而可以获得比较满意的结果;缺点是不容易实现。因为三角保持器要求在计算 kT 到 $(k+1)T$ 时刻之间的 $\tilde{x}(t)$ 时已知 $x[(k+1)T]$ 的值,有时这是不可能的,所以实际采用的是一种滞后一拍的三角形保持器。

综上所述,我们介绍了3种信号保持器的传递函数及其优、缺点。考虑到实际系统有时很难满足采样定理的要求,而且实际信号保持器不可能无失真地保持原信号,因而必然存在仿真误差,如相位延迟和幅度衰减。所以,考虑在系统模型中引入补偿器来减少由于离散模型而产生的误差。设计补偿器的方法有连续型补偿和离散型补偿。

典型环节的离散相似模型如下:

下面以1阶环节为例推导常用典型环节的离散仿真数学模型。对1阶环节传递函数 $G(s) = \dfrac{Y(s)}{U(s)} = \dfrac{B_0 s + B_1}{A_0 s + A_1}$ 进行离散相似,首先在信号输入输出端加虚拟采样开关,选零阶保持器 $\dfrac{1 - e^{-Ts}}{s}$ 作为信号保持器,如图 2-6 所示。

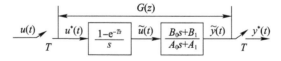

图 2-6 1阶环节的"离散相似"结构框图

可以得到系统脉冲传递函数为

$$G(z) = Z[G_{h0}(s)G(s)] = \frac{z-1}{z}Z\left[\frac{B_0}{A_0 s + A_1} + \frac{B_1}{s(A_0 s + A)}\right]$$

$$= \frac{B_0 A_1(z-1) + A_0 B_1(1 - e^{-aT})}{A_0 A_1(z - e^{aT})}$$

(2-66)

式中:Z 表示进行 z 变换;$a = A_1/A_0$。若令 $A = e^{-aT}, B = B_0/A_0, D = A_0 A_1, C = (A_0 B_1 -$

$A_0B_1\mathrm{e}^{-aT} - B_0A_1)/D$,同时对 $G(z)$ 进行 z 反变换,得到系统差分方程如下:

$$y(k+1) = Ay(k) + Bx(k+1) + Cx(k) \qquad (2-67)$$

如果选择不同的参数 A_0、A_1、B_0 和 B_1,则可以得到积分环节、比例积分环节、惯性环节的系统差分方程。关于求取 2 阶环节的差分方程,可以通过把 2 阶环节转化为经典的 1 阶环节后,再采用上述方法。需要指出的是,如果采用一阶保持器或三角形保持器将会得到不一样的系统差分方程,当然,它们的精度也会相应不同。引入一阶保持器和三角形保持器要比零阶保持器更为精确,但由于零阶保持器比较简单,所以其在实际应用中仍然被常常使用。

2)时域离散相似法

(1)状态方程的离散相似法描述。若系统的原始数学模型以状态方程表示,则应用上节所述离散相似法原理,将系统离散化,求其差分方程组。设连续系统时间状态方程和输出方程分别如下:

$$\dot{\boldsymbol{x}}(t) = \boldsymbol{A}\boldsymbol{x}(t) + \boldsymbol{B}\boldsymbol{u}(t), \quad \boldsymbol{y}(t) = \boldsymbol{C}\boldsymbol{x}(t) + \boldsymbol{D}\boldsymbol{u}(t) \qquad (2-68)$$

对式(2-68)进行离散化处理,如图 2-7 所示。

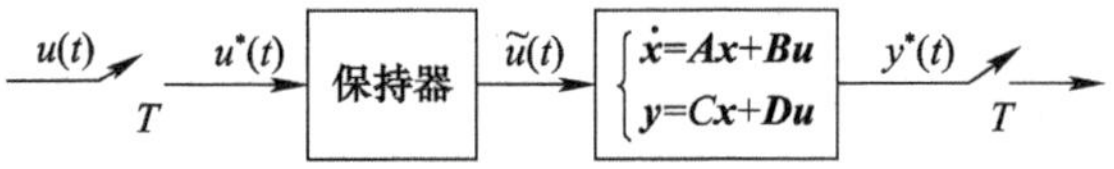

图 2-7 连续系统的离散化

在系统的输入端加上采样开关和保持器,采样周期为 T 且同步。其中:$u(t)$ 是系统输入;$u(k)$ 是加采样开关后,在 kT 时刻的系统输入;$x(k)$ 是在 kT 时刻的系统输出;$\tilde{u}(t)$ 和 $\tilde{x}(t)$ 是等价的连续信号。只要 $\tilde{u}(t)$ 能够精确地表示 $u(t)$,那么,$\tilde{x}(t)$ 也就能足够精确地表示 $x(t)$,这样就能获得与连续信号系统等价的时域离散相似模型。

对式(2-69)两边进行拉普拉斯变换后左乘 $(s\boldsymbol{I} - \boldsymbol{A})^{-1}$ 得到

$$\boldsymbol{x}(s) = (s\boldsymbol{I} - \boldsymbol{A})^{-1}\boldsymbol{x}(0) + (s\boldsymbol{I} - \boldsymbol{A})^{-1}\boldsymbol{B}\boldsymbol{u}(s) \qquad (2-69)$$

设 $\boldsymbol{F}(t) = L^{-1}[(s\boldsymbol{I} - \boldsymbol{A})^{-1}]$,则 $\boldsymbol{F}(t) = \mathrm{e}^{\boldsymbol{A}t}$ 称为系统的状态转移矩阵,将其代入式(2-69)中,可得

$$\boldsymbol{x}(s) = L[\boldsymbol{F}(t)]\boldsymbol{x}(0) + L[\boldsymbol{F}(t)]\boldsymbol{B}\boldsymbol{u}(s) \qquad (2-70)$$

考虑 f 和 g 的卷积公式 $L\left[\int_0^t f(\tau)g(t-\tau)\mathrm{d}\tau\right] = F(s)G(s)$(记作 $f*g$),其中,$L[f(t)] = F(s)$,$L[g(t)] = G(s)$。对式(2-70)进行拉普拉斯反变换,并利用 $f*g$ 卷积公式得到连续系统状态方程的解如下:

$$\boldsymbol{x}(t) = \mathrm{e}^{\boldsymbol{A}t}\boldsymbol{x}(0) + \int_0^t \mathrm{e}^{\boldsymbol{A}(t-\tau)}\boldsymbol{B}\tilde{\boldsymbol{u}}(\tau)\mathrm{d}\tau \qquad (2-71)$$

下面我们接着推导系统离散化后方程的解。系统离散化后,对于 kT 及 $(k+1)T$ 两个依次相连的采样时刻,有

$$x(kT) = e^{A(kT)}x(0) + \int_0^{kT} e^{A(kT-\tau)}B\tilde{u}(\tau)d\tau \qquad (2-72)$$

$$x[(k+1)T] = e^{A(k+1)T}x(0) + \int_0^{(k+1)T} e^{A[(k+1)T-\tau]}B\tilde{u}(\tau)d\tau \qquad (2-73)$$

对式(2-73)做变量代换,可推导出

$$x[(k+1)T] = e^{AT}x(kT) + \int_{kT}^{(k+1)T} e^{A[(k+1)T-\tau]}B\tilde{u}(\tau)d\tau \qquad (2-74)$$

由于式(2-74)右端的积分和 k 无关,故可令 $k=0$,得到

$$x[(k+1)T] = e^{AT}x(kT) + \int_0^T e^{A(T-\tau)}Bd\tau\tilde{u}(kT) \qquad (2-75)$$

下面分别对零阶保持器和三角形保持器情况下的离散状态方程进行讨论。

① 当采用零阶保持器时,相邻两个时刻输入信号保持不变,并且满足 $\tilde{u}(\tau) = u[(k+1)T] = u(kT)$,从而有

$$x[(k+1)T] = e^{AT}x(kT) + \left[\int_0^T e^{A(T-\tau)}Bd\tau\right]u(kT) \qquad (2-76)$$

若令 $F(T) = e^{AT}$,$G(T) = \int_0^T e^{A(T-\tau)}Bd\tau = \int_0^T F(T-\tau)Bd\tau$,得到

$$x[(k+1)T] = F(T)x(kT) + G(T)u(kT) \qquad (2-77)$$

式(2-77)也可简写为 $x(k+1) = F(T)x(k) + G(T)u(k)$。同样地,由式(2-68)可得系统输出的差分方程如下:

$$y(k) = Cx(k) + Du(k) \qquad (2-78)$$

② 当采用三角形保持器时,在2个采样时刻之间 $u(t)$ 为斜坡函数,有

$$\tilde{u}(\tau) = u(kT) + \frac{u((k+1)T) - u(kT)}{T}\tau = u(kT) + \dot{u}(kT)\tau \qquad (2-79)$$

此时,在 kT 与 $(k+1)T$ 时刻之间存在 $\Delta u_k(\tau)$ 并满足 $\Delta u_k(\tau) \approx \dot{u}(kT)\tau$,这将引起 $x(k+1)$ 产生类似的变化量如下:

$$\Delta x(k+1) = \int_0^T e^{A(T-\tau)}B\Delta u_k(\tau)d\tau \approx \int_0^T Te^{A(T-\tau)}Bd\tau \cdot \dot{u}(kT) \qquad (2-80)$$

若令 $G_1(T) = \int_0^T Te^{A(T-\tau)}Bd\tau$,得到

$$x(k+1) = F(T)x(k) + G(T)u(k) + G_1(T)\dot{u}(k) \qquad (2-81)$$

由以上推导可知,利用状态方程进行离散相似法仿真时,主要的问题就是如何根据具体系统计算 $F(T)$、$G(T)$ 和 $G_1(T)$,而它们的计算主要归结为如何计算出

矩阵指数函数 e^{AT}。因为求出 e^{AT} 就可以求得 $F(T)$；之后通过 $\int_0^T e^{A(T-\tau)} B d\tau = \int_0^T e^{A\tau'} B d\tau' = \sum_{i=0}^{\infty} \int_0^T \frac{(A\tau)^i}{i!} d\tau B = \sum_{i=0}^{\infty} \frac{A^i T^{i+1}}{(i+1)!} B$ 求得 $G(T)$。同样地，使用类似的方法可以解得 $G_1(T)$。事实上，一些常用的 1 阶环节和 2 阶环节，它们的 $F(T)$、$G(T)$ 和 $G_1(T)$ 可以很方便地通过直接解析的方法来求解。但是对于高阶系统及多输入/多输出系统求解解析解是很困难的，若要求得到这类系统的离散状态方程，e^{AT} 必须利用数值计算才能得到。接下来将介绍怎样进行矩阵指数函数 $F(T) = e^{AT}$ 的求解。

（2）状态转移矩阵的求解。近似求解矩阵指数函数的方法有很多，如泰勒级数展开法、拉普拉斯变换法、约当标准型法、拉格朗日 - 塞尔维斯行内插公式、Pade 逼近等。考虑篇幅有限，这里只介绍第一种泰勒级数展开法。已知 e^{AT} 可以使用泰勒级数进行展开如下：

$$e^{AT} = \sum_{i=0}^{\infty} (AT)^i / i! \qquad (2-82)$$

根据精度要求只取其前 $(L+1)$ 项如下：

$$\sum_{i=0}^{L} \frac{(AT)^i}{i!} = I + AT\left(I + \frac{AT}{2}\left\{I + \frac{AT}{3}\left[I + \cdots + \frac{AT}{L-1}\left(I + \frac{AT}{L}\right)\right]\right\}\right)$$

$$(2-83)$$

这种方法最简单，但问题也最多，主要是为得到一定的精度，要求取较大的 L（即取尽可能多的项），而 L 大，计算中的舍入误差将变得十分严重。值得注意的是，无论哪种方法，计算 e^{AT} 都需要进行大量矩阵乘法运算，然而，有些时候，级数展开法的收敛性较差，因此，如何加快矩阵指数函数的收敛将具有重要意义。这类加速收敛的方法有等效转移法和缩方与乘方法等。考虑实际工程应用中常常用结构图描述系统，因此，为了方便工程相关人员使用结构图进行系统仿真研究，接下来，我们介绍一些典型环节的离散状态空间表达式。

（3）典型环节的离散状态空间表达式。实际控制系统往往包含很多典型环节，如积分环节、比例 - 积分环节、惯性环节、比例 - 惯性环节等。下面将采用时域离散相似法求取这些典型环节的离散状态空间表达式，即求得离散系统矩阵 $F(T)$、$G(T)$ 和 $G_1(T)$ 的解析解。

考虑系统 $\frac{y(s)}{u(s)} = \frac{C + Ds}{A + Bs}$，当 A、B、C 和 D 均不为零时，该系统可表示为 $\frac{y(s)}{u(s)} = \frac{K(s+b)}{s+a}$，其状态方程和输出方程为 $\begin{cases} \dot{x} = -ax + Ku \\ y = (b-a)x + Ku \end{cases}$，则 $F(T) = e^{-aT}$，$G(T) = \frac{K}{a}(1 - e^{-aT})$，从而可得比例 - 惯性环节离散状态方程和输出方程如下：

$$x(k+1) = e^{-aT}x(k) + \frac{K}{a}(1-e^{-aT})u(k), \quad y(k) = (b-a)x(k) + Ku(k)$$

$$(2-84)$$

当 $A=0, D=0$ 时,该系统变为 $\frac{y(s)}{u(s)} = \frac{K}{s}$,同样地,得到积分环节的离散状态方程和输出方程如下:

$$x(k+1) = x(k) + KTu(k), y(k) = x(k) \quad (2-85)$$

当仅 $A=0$ 时,该系统变为 $\frac{y(s)}{u(s)} = K_1 + \frac{K}{s}$,同样地,得到比例 - 积分环节离散后的系统状态方程和输出方程为

$$x(k+1) = x(k) + KTu(k), \quad y(k) = x(k) + K_1 u(k) \quad (2-86)$$

当 $D=0$ 时,该系统变为 $\frac{y(s)}{u(s)} = \frac{K}{s+a}$,同样地,得到惯性环节离散后的系统状态方程和输出方程如下:

$$x(k+1) = e^{-aT}x(k) + \frac{K}{a}(1-e^{-aT})u(k), \quad y(k+1) = x(k+1) \quad (2-87)$$

(4) 离散相似法进行数字仿真示例。

例 2.2 假设有一系统,如图 2-8 所示。由图可知,该系统的开环部分由一个非线性环节(饱和环节)及一个线性环节 $\frac{K}{s(s+1)}$ 所组成。接下来用离散相似法进行仿真过程设计。

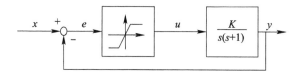

图 2-8 被仿真的系统结构图

解:已知线性部分状态方程为 $\dot{\boldsymbol{x}} = \boldsymbol{A}\boldsymbol{x} + \boldsymbol{B}\boldsymbol{u}, y = \boldsymbol{C}\boldsymbol{x}$,式中,$\boldsymbol{A} = \begin{bmatrix} 0 & 0 \\ 1 & -1 \end{bmatrix}$,$\boldsymbol{B} = \begin{bmatrix} K \\ 0 \end{bmatrix}, \boldsymbol{C} = \begin{bmatrix} 0 & 1 \end{bmatrix}$。考虑如下公式:

$$e^{AT} = \boldsymbol{L}^{-1}[(s\boldsymbol{I} - \boldsymbol{A})^{-1}], \quad s\boldsymbol{I} - \boldsymbol{A} = \begin{bmatrix} s & 0 \\ -1 & s+1 \end{bmatrix} \quad (2-88)$$

可以得到

$$(s\boldsymbol{I}-\boldsymbol{A})^{-1} = \begin{bmatrix} \frac{1}{s} & 0 \\ \frac{1}{s(s+1)} & \frac{1}{s+1} \end{bmatrix}, \quad \boldsymbol{L}^{-1}[(s\boldsymbol{I}-\boldsymbol{A})^{-1}] = \begin{bmatrix} 1 & 0 \\ 1-\mathrm{e}^{-T} & \mathrm{e}^{-T} \end{bmatrix}$$

$$\boldsymbol{G}(t) = \int_0^T \boldsymbol{F}(T-\tau)\boldsymbol{B}\mathrm{d}\tau = \int_0^T \begin{bmatrix} K \\ K(1-\mathrm{e}^{-(T-\tau)}) \end{bmatrix} \mathrm{d}\tau = \begin{bmatrix} KT \\ K(T+1-\mathrm{e}^{-T}) \end{bmatrix}$$

由式(2-88)可以得到线性动态环节的离散状态方程如下：

$$\begin{bmatrix} x_1(k+1) \\ x_2(k+1) \end{bmatrix} = \begin{bmatrix} 1 & 0 \\ 1-\mathrm{e}^{-T} & \mathrm{e}^{-T} \end{bmatrix} \begin{bmatrix} x_1(k) \\ x_2(k) \end{bmatrix} + \begin{bmatrix} KT \\ K(T+1-\mathrm{e}^{-T}) \end{bmatrix} u(k) \quad (2-89)$$

其中

$$\mathrm{e}^{-T} = \sum_{i=0}^{\infty} (-T)^i / i!$$

2.2.3 快速数字仿真及控制系统参数优化

我们已经介绍了数值积分法和离散相似法两种连续系统进行数字仿真的基本原理。一般来讲，这些方法要达到一定的计算精度，所要求的计算量是比较大的，如果要求进行实时仿真(如应用于仿真器)，就必须加大计算步距，或使每一步的计算量减少，或者是加快计算的速度。为了在计算步距较大的情况下仍能保持一定的精度，以及为了减少每一步的计算量，就要改进仿真方法，这就是快速数字仿真所要解决的问题。本节将介绍几种比较常用的方法，以便在遇到实际仿真问题时，可根据实际问题的要求和特点来选择不同的快速仿真方法。

1) 替换法

从 $G(s)$ 直接导出与它相匹配的 $G(z)$ 有两种方法：一种是替换法；另一种是根匹配法，即设法找到一个 $G(z)$，使其具有与 $G(s)$ 相同的零极点。替换法的基本思想是：设法找到 s 域(连续域)与 z 域(离散域)的某种对应关系；然后将 $G(s)$ 中的变量 s 替换成变量 z，由此得到与连续系统传递函数 $G(s)$ 相对应的离散系统的脉冲传递函数 $G(z)$；进而由 z 反变换得到系统的差分方程，即仿真用的递推公式。已知 s 域和 z 域满足 $z = \mathrm{e}^{sT}$，或 $s = \frac{1}{T}\ln z$，这是一个超越函数，直接计算时会很复杂，需寻求其近似公式计算。根据不同的近似公式，替换法可以进一步分为欧拉替换、双线性替换和状态方程的双线性替换。下面首先介绍欧拉替换法。

(1) 欧拉替换法。针对求微分方程 $\mathrm{d}y/\mathrm{d}t = x(t)$ 的解 $y(t)$，根据欧拉公式可得 $y_{n+1} = y_n + Tx_n = y_n + T\dot{y}_n$，进一步可以得到 $(z-1)y = Tx = T\dot{y}$，其可以化简为 $\frac{y}{\dot{y}} = \frac{T}{z-1}$。因为 $\frac{y}{\dot{y}} = \frac{1}{s}$，所以得到欧拉替换公式 $s = \frac{z-1}{T}$ 或 $z = Ts + 1$。事实上，该

公式并不实用,因为针对稳定的系统函数 $G(s)$ 使用欧拉替换公式得到的离散系统模型 $G(z)$,在 T 较大时,$G(z)$ 可能不稳定。

(2) 双线性替换法。针对上述欧拉替换法存在的问题,提出了简单实用的双线性替换法,保证了得到的脉冲传递函数 $G(z)$ 的稳定性,而且使得仿真具有一定的精度。由梯形积分公式得 $y_{n+1} = y_n + \frac{T}{2}(\dot{y}_n + \dot{y}_{n+1})$,进一步可以得到 $(z-1)y = \frac{T}{2}(z+1)\dot{y}_n$,从而得到双线性替换公式如下:

$$s = \frac{2}{T} \cdot \frac{z-1}{z+1} \left(\text{或} z = \frac{1+sT/2}{1-sT/2} \right) \tag{2-90}$$

利用上式就可以把 S 平面上的传递函数 $G(s)$ 转换成 Z 平面上的脉冲传递函数 $G(z)$。另外,该替换公式还可以采用对 $s = \frac{1}{T}\ln z$ 进行泰勒级数展开的方法推导得到。

(3) 状态方程的双线性替换。双线性替换公式不仅可以方便地用于传递函数,同时也可以用于系统的状态方程。若系统的状态方程为

$$\dot{x}(t) = Ax(t) + Bu(t), \quad y(t) = Cx(t) + Du(t) \tag{2-91}$$

式中:x、y、u 分别为 n、r、m 维列向量;A 为 $n \times n$ 维矩阵;B 为 $n \times m$ 维矩阵;C 为 $r \times n$ 维矩阵;D 为 $r \times m$ 维矩阵。对式(2-91)进行拉普拉斯变换,得到

$$x(s) = (sI - A)^{-1}Bu(s) \tag{2-92}$$

假设计算步长为 T,式(2-92)分子分母同乘 $T/2$,得到

$$x(s) = \left(\frac{sT}{2}I - \frac{AT}{2} \right)^{-1} \frac{BT}{2} u(s) \tag{2-93}$$

将双线性替换公式 $s = \frac{2}{T} \frac{z-1}{z+1}$ 代入式(2-93),得脉冲传递函数如下:

$$x(z) = \left(\frac{z-1}{z+1}I - \frac{AT}{2} \right)^{-1} \frac{BT}{2} u(z) \tag{2-94}$$

式(2-94)的分子分母同乘 $(z+1)$,整理后得到

$$x(z) = \left[z\left(I - \frac{AT}{2}\right) - \left(I + \frac{AT}{2}\right) \right]^{-1} (z+1) \frac{BT}{2} u(z) \tag{2-95}$$

令 $F_1 = I - \frac{AT}{2}$,$F_2 = I + \frac{AT}{2}$,$G_1 = \frac{BT}{2}$,则式(2-95)可以化简如下:

$$x(z) = (zF_1 - F_2)^{-1}(z+1)G_1 u(z) = (zI - F_1^{-1}F_2)^{-1}(zI + I)F_1^{-1}G_1 u(z) \tag{2-96}$$

又由 $F_1 + F_2 = I$,得到

$$x(z) = [F_1^{-1}G_1 + 2(zI - F_1^{-1}F_2)^{-1}F_1^{-1}G_1]u(z) \qquad (2-97)$$

对式(2-97)进行反变换得到离散的状态方程为

$$x(k+1) = Fx(k) + Gu(k) \qquad (2-98)$$

式中：$F = F_1^{-1}F_2$；$G = 2F_1^{-1}G_1$。令 $H = C, E = D + CF_1^{-1}G_1$，同样地，可以得到式(2-91)离散后的输出方程如下：

$$y(k) = Hx(k) + Eu(k) \qquad (2-99)$$

从而完成了对状态方程的双线性替换。采用该方法的显著优点是保证了系统的稳定性且同时稳态值满足了一定的仿真精度。

2）增广矩阵法

（1）增广矩阵法的基本思想。假定一个连续系统的状态方程为 $\dot{x} = Ax + Bu$，可以求得该微分方程的解为 $x(t) = e^{At}x(0) + \int_0^t e^{A(t-\tau)}Bu(\tau)d\tau(t \geq 0)$。如果被仿真的系统是一个齐次方程 $\dot{x} = Ax$，那么，它的解为 $x(t) = e^{At}x(0)$。已知 e^{At} 可以用无穷级数表示为 $e^{At} = \sum_{i=0}^{\infty}(AT)^i/i!$，可以证明，如果只取 e^{At} 级数的前5项，则该方法的计算精度和4阶RK法相同，可以得到

$$x[(k+1)T] = \left(1 + AT + \frac{A^2T^2}{2} + \frac{A^3T^3}{6} + \frac{A^4T^4}{24}\right)x(kT) \qquad (2-100)$$

由于系数矩阵 A、A^2、A^3 和 A^4 都能在仿真前算出，所以当选定步长 T 后，式(2-100)括号内的系数可以事先求出，并且只需一次递推计算就可以前进一步，所以计算量小，计算速度非常快。但是针对含有外界输入的非齐次方程，这种求解方法并不适用。此时，考虑将外界控制输入增广到状态变量中去，使得非齐次方程变为齐次方程，从而可以加快计算速度。下面将具体介绍不同输入下的增广矩阵方法。

（2）典型输入函数作用下的增广矩阵。假设被仿真的系统如下：

$$\dot{x} = Ax(t) + Bu(t), \quad y(t) = Cx(t), \quad x(0) = x_0 \qquad (2-101)$$

式中：A 为 $n \times n$ 阵；C 为 $1 \times n$ 阵；x 为 n 维向量。接下来讨论4种特殊输入下的增广矩阵，即 U_0、U_0t、$\frac{1}{2}U_0t^2$ 和 U_0e^{-t}，其中 U_0 为一常值。

① 阶跃输入。设 $u(t) = U_0 \cdot 1(t)$，定义第 $n+1$ 个状态变量为 $x_{n+1}(t) = U(t) = U_0 \cdot 1(t)$，则 $\dot{x}_{n+1}(t) = 0$；初值 $x_{n+1}(0) = U_0$，从而得到增广后的状态方程如下：

$$\begin{bmatrix} \dot{\boldsymbol{x}}(t) \\ \dot{x}_{n+1}(t) \end{bmatrix} = \begin{bmatrix} \boldsymbol{A} & \boldsymbol{B} \\ 0 & 0 \end{bmatrix} \begin{bmatrix} \boldsymbol{x}(t) \\ x_{n+1}(t) \end{bmatrix}, \quad y(t) = \begin{bmatrix} \boldsymbol{C} & 0 \end{bmatrix} \begin{bmatrix} \boldsymbol{x}(t) \\ x_{n+1}(t) \end{bmatrix}, \quad \begin{bmatrix} \boldsymbol{x}(0) \\ x_{n+1}(0) \end{bmatrix} = \begin{bmatrix} \boldsymbol{x}_0 \\ U_0 \end{bmatrix}$$

(2-102)

② 斜坡输入。设 $u(t) = U_0 t$,定义 $x_{n+1}(t) = u(t) = U_0 t, x_{n+2}(t) = \dot{x}_{n+1}(t) = U_0$,则 $\dot{x}_{n+1}(t) = x_{n+2}(t), \dot{x}_{n+2}(t) = 0$;初值 $x_{n+1}(0) = 0, x_{n+2}(0) = U_0$,从而得到增广后的状态方程及输出方程如下:

$$\begin{cases} \begin{bmatrix} \dot{\boldsymbol{x}}(t) \\ \dot{x}_{n+1}(t) \\ \dot{x}_{n+2}(t) \end{bmatrix} = \begin{bmatrix} \boldsymbol{A} & \boldsymbol{B} & 0 \\ 0 & 0 & 1 \\ 0 & 0 & 0 \end{bmatrix} \begin{bmatrix} \boldsymbol{x}(t) \\ x_{n+1}(t) \\ x_{n+2}(t) \end{bmatrix} \\ y(t) = \begin{bmatrix} \boldsymbol{C} & 0 & 0 \end{bmatrix} \begin{bmatrix} \boldsymbol{x}(t) \\ x_{n+1}(t) \\ x_{n+2}(t) \end{bmatrix}, \quad \begin{bmatrix} \boldsymbol{x}(0) \\ x_{n+1}(0) \\ x_{n+2}(0) \end{bmatrix} = \begin{bmatrix} \boldsymbol{x}_0 \\ 0 \\ U_0 \end{bmatrix} \end{cases}$$

(2-103)

③ 加速度输入。设 $u(t) = \frac{1}{2} U_0 t^2$,定义 $x_{n+1}(t) = u(t) = \frac{1}{2} U_0 t^2, x_{n+2}(t) = \dot{x}_{n+1}(t) = U_0 t, x_{n+3}(t) = \dot{x}_{n+2}(t) = U_0$,则 $\dot{x}_{n+1}(t) = x_{n+2}(t), \dot{x}_{n+2}(t) = x_{n+3}(t), \dot{x}_{n+3}(t) = 0$;初值 $x_{n+1}(0) = 0, x_{n+2}(0) = 0, x_{n+3}(0) = U_0$,从而得到增广后的状态方程如下:

$$\begin{cases} \begin{bmatrix} \dot{\boldsymbol{x}}(t) \\ \dot{x}_{n+1}(t) \\ \dot{x}_{n+2}(t) \\ \dot{x}_{n+3}(t) \end{bmatrix} = \begin{bmatrix} \boldsymbol{A} & \boldsymbol{B} & 0 & 0 \\ 0 & 0 & 1 & 0 \\ 0 & 0 & 0 & 1 \\ 0 & 0 & 0 & 0 \end{bmatrix} \begin{bmatrix} \boldsymbol{x}(t) \\ x_{n+1}(t) \\ x_{n+2}(t) \\ x_{n+3}(t) \end{bmatrix} \\ y(t) = \begin{bmatrix} \boldsymbol{C} & 0 & 0 & 0 \end{bmatrix} \begin{bmatrix} \boldsymbol{x}(t) \\ x_{n+1}(t) \\ x_{n+2}(t) \\ x_{n+3}(t) \end{bmatrix}, \quad \begin{bmatrix} \boldsymbol{x}(0) \\ x_{n+1}(0) \\ x_{n+2}(0) \\ x_{n+3}(0) \end{bmatrix} = \begin{bmatrix} \boldsymbol{x}_0 \\ 0 \\ 0 \\ U_0 \end{bmatrix} \end{cases}$$

(2-104)

④ 指数输入。设 $U(t) = U_0 \mathrm{e}^{-t}$,定义 $x_{n+1}(t) = U_0 \mathrm{e}^{-t}$,则 $\dot{x}_{n+1}(t) = -U_0 \mathrm{e}^{-t} = -x_{n+1}(t)$;初值 $x_{n+1}(0) = U_0$,从而得到增广后的状态方程如下:

$$\begin{bmatrix} \dot{\boldsymbol{x}}(t) \\ \dot{x}_{n+1}(t) \end{bmatrix} = \begin{bmatrix} \boldsymbol{A} & \boldsymbol{B} \\ 0 & -1 \end{bmatrix} \begin{bmatrix} \boldsymbol{x}(t) \\ x_{n+1}(t) \end{bmatrix}, \quad y(t) = \begin{bmatrix} \boldsymbol{C} & 0 \end{bmatrix} \begin{bmatrix} \boldsymbol{x}(t) \\ x_{n+1}(t) \end{bmatrix}, \quad \begin{bmatrix} \boldsymbol{x}(0) \\ x_{n+1}(0) \end{bmatrix} = \begin{bmatrix} \boldsymbol{x}_0 \\ U_0 \end{bmatrix}$$

(2-105)

综上所述,针对4种不同的外界输入,系统增广后的状态方程和输出方程为

$$\dot{\bar{\boldsymbol{x}}}(t) = \bar{\boldsymbol{A}} \bar{\boldsymbol{x}}(t), \quad y(t) = \bar{\boldsymbol{C}} \bar{\boldsymbol{x}}(t) \quad (2-106)$$

式中:$\bar{\boldsymbol{A}}$ 和 $\bar{\boldsymbol{C}}$ 为增广系统的状态系数矩阵和输出矩阵;$\bar{\boldsymbol{x}}$ 为增广状态向量。此时,增广齐次方程时域解为 $\bar{\boldsymbol{x}}(t) = \mathrm{e}^{\bar{\boldsymbol{A}}t} \bar{\boldsymbol{x}}(0)$,从而得到 $\bar{\boldsymbol{x}}((k+1)T) = \mathrm{e}^{\bar{\boldsymbol{A}}T} \bar{\boldsymbol{x}}(kT)$。

(3) 根匹配法(零极点匹配法)。假定被仿真的连续系统的传递函数为

$$G(s) = \frac{y(s)}{u(s)} = \frac{K(s-z_1)(s-z_2)\cdots(s-z_m)}{(s-p_1)(s-p_2)\cdots(s-p_n)} \quad (n \geqslant m) \quad (2-107)$$

由控制理论可知,系统式(2-107)的特性完全由增益 K 及零点 $z_1, z_2, \cdots, z_m$ 和极点 $p_1, p_2, \cdots, p_n$ 在 S 平面上的位置所决定。如果由 $z = \mathrm{e}^{sT}$ 的转换关系,在 Z 平面上也一一对应地确定出零、极点的位置,然后根据其他特点(如终值点)来确定 K 的数值,则可得该系统式(2-107)的脉冲传递函数 $G(z)$ 如下:

$$G(z) = \frac{K_z(z-\mathrm{e}^{z_1 T})(z-\mathrm{e}^{z_2 T})\cdots(z-\mathrm{e}^{z_m T})}{(z-\mathrm{e}^{p_1 T})(z-\mathrm{e}^{p_2 T})\cdots(z-\mathrm{e}^{p_n T})} \quad (2-108)$$

当 $n > m$ 时,在 S 平面的无穷远处,实际上还存在着 $(n-m)$ 个零点,因此,在 Z 平面上必须再配上 $(n-m)$ 个相应的零点。如果认为零点位于负实轴的无穷远处,即 $s = -\infty$,那么,在 Z 平面上相应的零点应配在原点,即 $\mathrm{e}^{-\infty T} = 0$,则可得

$$G(z) = \frac{K_z(z-\mathrm{e}^{z_1 T})(z-\mathrm{e}^{z_2 T})\cdots(z-\mathrm{e}^{z_m T})z^{n-m}}{(z-\mathrm{e}^{p_1 T})(z-\mathrm{e}^{p_2 T})\cdots(z-\mathrm{e}^{p_n T})} \quad (2-109)$$

若 $G(s)$ 是稳定的,即其全部极点都位于 S 平面的左半平面上,也就是说,$p_1, p_2, \cdots, p_n$ 都具有负实部,那么由式(2-109)所得的 $G(z)$ 也必是稳定的。这是因为 Z 平面上的极点 $\mathrm{e}^{p_1 T}, \mathrm{e}^{p_2 T}, \cdots, \mathrm{e}^{p_n T}$ 都在单位圆内。这表明,采用根匹配法建立仿真模型时,若原系统是稳定的,则不论 T 取多大,都能保证仿真模型也是稳定的。综上所述,可以确定根匹配法的一般步骤如下:

① 由 $G(s)$ 计算出增益 K 及零点 $z_1, z_2, \cdots, z_m$ 和极点 $p_1, p_2, \cdots, p_n$。
② 把 S 平面上的零极点 z_i 和 p_i 映射到 Z 平面上为 $\mathrm{e}^{z_i T}$ 和 $\mathrm{e}^{p_i T}$。
③ 初步构造一个具有上述零极点的脉冲传递函数 $G(z)$。
④ 在典型输入下,根据终值定理求出连续系统 $G(s)$ 的终值及离散系统 $G(z)$ 的终值,并且根据终值相等的原则确定 K_z。

值得注意的是,这种采用典型输入确定脉冲传递函数 $G(z)$ 增益 K_z 的方法具有局限性,尤其针对某些可能出现直流增益为零或无穷大的系统,因为这将导致无法通过使用增益直流相等来确定脉冲传递函数 $G(z)$ 的增益 K_z。针对该类系统可以使用某个特殊频率的增益相等的方法来确定增益 K_z。

3) 快速仿真方法示例

例 2.3 已知连续系统传递函数为 $G(s) = \dfrac{Y(s)}{U(s)} = \dfrac{s}{(s+1)^2}$,求其离散化后的差分方程。

解:下面将分别采用双线性替换法和根匹配法求解上述系统离散后的差分方程。

(1) 线性变换法。将式 $s = \dfrac{2}{T}\dfrac{z-1}{z+1}$ 代入传递函数 $G(s)$ 得到脉冲传递函数为

$$G(z) = \dfrac{\dfrac{2}{T}\dfrac{z-1}{z+1}}{\left(\dfrac{2}{T}\dfrac{z-1}{z+1}\right)^2 + 2\left(\dfrac{2}{T}\dfrac{z-1}{z+1}\right) + 1} = \dfrac{\dfrac{2T}{(2+T)^2}(z-1)(z+1)}{\left(z - \dfrac{z-T}{z+T}\right)^2} \quad (2-110)$$

从而,可以得到式(2-110)的差分方程如下:

$$y_k = 2\left(\dfrac{2-T}{2+T}\right)y_{k-1} - \left(\dfrac{2-T}{2+T}\right)^2 y_{k-2} + \dfrac{2T}{(2+T)^2}(u_k - u_{k-2}) \quad (2-111)$$

式中: $i_k(i=y,u)$ 的 k 表示第 k 时刻。

(2) 根匹配法。由 $G(s) = \dfrac{s}{(s+1)^2}$,求得 $p_1 = -1, p_2 = -1, q_1 = 0, n = 2, m = 1$。

把 S 平面零、极点映射 Z 平面上,得到 $p_1' = \mathrm{e}^{-T}, p_2' = \mathrm{e}^{-T}, q' = 1$,则脉冲传递函数为

$$G(z) = \dfrac{K_z(z-1)}{(z-\mathrm{e}^{-T})^2} \quad (2-112)$$

取斜坡函数 $u(t) = t$ 作为系统输入,求得频域传递函数和脉冲传递函数的终值分别如下:

$$y(\infty) = \lim_{s \to 0}[sG(s)U(s)] = \lim_{s \to 0}\left[s\dfrac{s}{(s+1)^2}\dfrac{1}{s^2}\right] = 1 \quad (2-113)$$

$$y(\infty) = \lim_{z \to 1}\left[\dfrac{z-1}{z}G(z)U(z)\right] = \lim_{z \to 1}\left[\dfrac{z-1}{z}\dfrac{K_z(z-1)}{(z-\mathrm{e}^{-T})^2}\dfrac{T_2}{(z-1)^2}\right] = \dfrac{K_z T}{(1-\mathrm{e}^{-T})^2}$$

$$(2-114)$$

从而可以确定 $K_z = \frac{(1-\mathrm{e}^{-T})^2}{T}$。由 Z 平面的附加零点 $q_2' = 0$,可以得到

$$G(z) = \frac{(1-\mathrm{e}^{-T})^2}{T} \frac{z(z-1)}{(z-\mathrm{e}^{-T})^2} \qquad (2-115)$$

参 考 文 献

[1] 中国工程院. 现代建模与仿真技术及应用进展[M]. 北京:高等教育出版社,2018.
[2] 肖田元,范文慧. 系统仿真导论[M]. 2版. 北京:清华大学出版社,2010.
[3] 齐格勒. 建模与仿真理论:集成离散事件与连续复杂动态系统[M]. 北京:电子工业出版社,2017.
[4] 刘雁. 系统建模与仿真[M]. 西安:西北工业大学出版社,2020.
[5] 黄炎焱. 系统建模仿真技术与应用[M]. 北京:国防工业出版社,2016.
[6] 肖田元,范文慧. 连续系统建模与仿真[M]. 北京:电子工业出版社,2010.
[7] 吴旭光. 计算机仿真技术[M]. 2版. 北京:化学工业出版社,2008.
[8] 康凤举. 现代仿真技术与应用[M]. 2版. 北京:国防工业出版社,2006.
[9] 齐欢,王小平. 系统建模与仿真[M]. 北京:清华大学出版社,2004.
[10] 郝培锋. 计算机仿真技术[M]. 北京:机械工业出版社,2009.
[11] 黄柯棣. 系统仿真技术[M]. 长沙:国防科技大学出版社,1998.
[12] 王精业. 仿真科学与技术原理[M]. 北京:电子工业出版社,2012.
[13] 熊光楞. 连续系统仿真与离散事件系统仿真[M]. 北京:清华大学出版社,1991.
[14] 王维平. 离散事件系统建模与仿真[M]. 北京:科学出版社,2017.

第3章 船舶操纵运动数学模型及仿真

3.1 船舶运动数学模型及其分类

船舶运动数学模型是船舶操纵性和控制问题的核心基础,它的研究可追溯到1946年K. S. M. Davidson和L. I. Schiff的工作,该项研究考虑了船舶横向平移运动和转艏运动的关联作用,首次提出了描述船舶操纵动态的线性方程式,从此开始了船舶运动数学模型的系统研究发展。之后,M. S. Chislett等利用Abkowitz方程,通过计算机实现了"Mariner"号轮的操纵试验,人们逐渐认识到了船舶操纵运动方程的实用价值及其重要性,并沿用、发展至今。20世纪70年代前后,随着超大型油船(VLCC)的出现和研制先进船舶操舵控制器的需要,现代控制理论、先进测量技术和系统辨识理论等进一步推动了船舶运动数学模型研究工作,取得了很多优秀成果。

从方法论的角度,船舶运动数学模型研究可以分为机理建模和辨识建模两大分支,然而,无论从历史发展还是从理论发展成熟度来看,辨识建模研究一定程度上以机理建模结果为基础,而先进的辨识技术与机理建模结构相结合也是当前船舶运动数学模型发展的一个主流趋势。

3.1.1 机理建模研究

20世纪60年代,Abkowitz将船体、螺旋桨和舵作为一个整体考虑其综合影响,将作用于船体的流体动力在平衡位置处进行泰勒级数展开,保留直至3阶的非线性项,该研究经过后期的改进,成就了后来机理建模中的"整体型"流派,也是非线性船舶运动数学模型的先创。Norrbin进一步的研究在分解流体动力的过程中更注重参数演绎的物理含义,提出了一种描述非线性流体动力的简洁形式,该成果在早期瑞典研制的船舶操纵模拟器中得到广泛应用。

另一派是日本学派,也称MMG(Manoeuvring Model Group)学派,主要采用分离型模型。与"整体型"思想相对应,日本拖曳水池委员会于20世纪70年代成立了船舶操纵运动数学模型研讨小组,发展了一套系统的船舶运动建模方法,称为MMG模型。MMG模型将作用于船舶上的流体动力按照物理意义分解为作用于裸船体、敞水螺旋桨和敞水舵上的流体动力,然后考虑三者之间的相互干涉,最终构建出船舶运动数学模型,即"分离型"建模思想。与整体型数学模型相比,分离型数学模型是在深层次理论分析和广泛的试验研究基础上建立的,更注重在不同船舶运动状态下的广泛有效性。

3.1.2 辨识建模研究

辨识建模是在船模或实船试验测量数据基础上研究系统数学模型的理论与方法。20世纪80年代,Abkowitz通过扩展卡尔曼滤波技术对实船试验数据进行辨识构建出Abkowitz非线性船舶运动数学模型。该研究首先利用10°/10°Z形试验数据辨识求取线性水动力导数,利用35°旋回试验数据估计非线性水动力导数,之后利用辨识结果进行预测并与约束船模水池试验结果进行对比分析,校正了船舶模型参数的尺度效应。该研究的试验对象为ESSO大型油船,于1977年在墨西哥湾进行较为完善的海试,历时8天,耗资10万美元,是领域内为船舶模型辨识所进行的规模最大的海上试验,具有重大影响。

3.2 整体型船舶运动数学模型

整体型数学模型主要是指Abkowitz模型,该模型把船、桨、舵看成一个整体,以匀速直航状态作为平衡点,应用泰勒级数对船舶操纵运动方程右侧的水动力表达式展开并保留到3阶项,从数学角度看比较完整严密。

3.2.1 Abkowitz数学模型的结构形式

采用如图3-1所示的惯性坐标系 $o-xyz$(均为右手直角坐标系)描述船舶在水平面内的操纵运动。其中:U为船舶水平面运动合速度;u为其纵向速度分量;v为横向速度分量;r为绕 z 轴的转艏角速度;G为船舶重心位置;ψ为艏向角,定义为从 x_0 轴转到 x 轴顺时针为正;β为漂角,定义为从 U 转到 x 轴顺时针为正(图中的漂角为负);δ为舵角,定义为右舵为正。显然,有

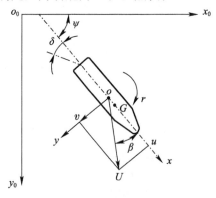

图3-1 船舶操纵运动坐标系

$$\begin{cases} u = U\cos\beta \\ v = -U\sin\beta \\ r = \dot{\psi} \end{cases} \quad (3-1)$$

运用牛顿第二运动定律可建立如下的随体坐标系中的船舶操纵运动方程:

$$\begin{cases} m(\dot{u} - vr - x_G r^2) = X \\ m(\dot{v} + ur - x_G \dot{r}) = Y \\ I_z \dot{r} + mx_G(\dot{v} + ur) = N \end{cases} \quad (3-2)$$

式中:m 为船舶质量;I_z 为船体对随体坐标系中 z 轴的惯性矩;x_G 为船体重心在随体坐标系中的纵向坐标;X、Y 为作用在船舶上的水动力沿随体坐标系中 x 轴、y 轴的分量;N 为绕 z 轴的水动力矩分量。

Abkowitz 把式(3-2)中的水动力和力矩 X、Y、N 表达成运动变量和控制量的函数:

$$\begin{cases} X = X(\dot{u}, \dot{v}, \dot{r}, u, v, r, \delta) \\ Y = Y(\dot{u}, \dot{v}, \dot{r}, u, v, r, \delta) \\ N = N(\dot{u}, \dot{v}, \dot{r}, u, v, r, \delta) \end{cases} \quad (3-3)$$

将式(3-3)同式(3-2)结合,可得

$$\begin{cases} m(\dot{u} - vr - x_G r^2) = X(\dot{u}, \dot{v}, \dot{r}, u, v, r, \delta) \\ m(\dot{v} + ur - x_G \dot{r}) = Y(\dot{u}, \dot{v}, \dot{r}, u, v, r, \delta) \\ I_z \dot{r} + mx_G(\dot{v} + ur) = N(\dot{u}, \dot{v}, \dot{r}, u, v, r, \delta) \end{cases} \quad (3-4)$$

对式(3-4)右端在匀速直线运动的平衡状态附近做泰勒级数展开,并忽略3阶以上的高阶项。由于3阶以上的高阶项对计算精度改善不大,反而增加了问题的复杂性,故式(3-4)右端可表示为

$$\begin{cases} X = X_0 + \sum_{k=1}^{3} \frac{1}{k!} \left\{ \left[\Delta u \frac{\partial}{\partial u} + v \frac{\partial}{\partial v} + r \frac{\partial}{\partial r} + \dot{u} \frac{\partial}{\partial \dot{u}} + \dot{v} \frac{\partial}{\partial \dot{v}} + \dot{r} \frac{\partial}{\partial \dot{r}} + \delta \frac{\partial}{\partial \delta} \right]^k X \right\} \\ Y = Y_0 + \sum_{k=1}^{3} \frac{1}{k!} \left\{ \left[\Delta u \frac{\partial}{\partial u} + v \frac{\partial}{\partial v} + r \frac{\partial}{\partial r} + \dot{u} \frac{\partial}{\partial \dot{u}} + \dot{v} \frac{\partial}{\partial \dot{v}} + \dot{r} \frac{\partial}{\partial \dot{r}} + \delta \frac{\partial}{\partial \delta} \right]^k Y \right\} \\ N = N_0 + \sum_{k=1}^{3} \frac{1}{k!} \left\{ \left[\Delta u \frac{\partial}{\partial u} + v \frac{\partial}{\partial v} + r \frac{\partial}{\partial r} + \dot{u} \frac{\partial}{\partial \dot{u}} + \dot{v} \frac{\partial}{\partial \dot{v}} + \dot{r} \frac{\partial}{\partial \dot{r}} + \delta \frac{\partial}{\partial \delta} \right]^k N \right\} \end{cases}$$

$$(3-5)$$

显然,式(3-5)所表示的力函数,是将船体、螺旋桨和舵作为一个整体考虑其整合影响。X_0、Y_0、Z_0 表示船舶在匀速直线运动状态时的受力,其中 Y_0、Z_0 还包括了各种不对称因素的影响。对式(3-4)左右两端的各项进行如下的讨论。

1) 船舶的刚体惯性力项

对式(3-4)左端的刚体惯性力各项不作任何简化,其中与平动加速度 $\dot{u}$、$\dot{v}$ 及回转角加速度 $\dot{r}$ 成正比的项保留于方程左端,而其他各耦合项相乘项和平方项则全部移到方程右端,和流体动力中的升力与阻力项合并。

2) 作用在船体上流体的惯性力项

在研究流体的惯性力时,考虑到以下几点。

(1) 流体黏性的存在对惯性力的影响不大,即惯性力项与黏性力项互不相关,也就是说,速度与加速度之间的交叉耦合导数为零。

(2) 惯性力仅随加速度、角速度作线性变化,故与其有关的高阶导数项为零。

(3) 考虑到船舶本身的几何形状的左右对称性,则横向加速度 $\dot{v}$ 和转动角加速度 $\dot{r}$ 不产生 x 方向的力 X,同样纵向加速度 $\dot{u}$ 也不产生 y 方向的力 Y 和力矩 N,于是展开式中的流体惯性力项只剩下 $x: X_{\dot{u}}\dot{u}$;$y: Y_{\dot{v}}\dot{v} + Y_{\dot{r}}\dot{r}$;$z: N_{\dot{v}}\dot{v} + N_{\dot{r}}\dot{r}$。将这些项与刚体惯性力合并,如同处理线性化模型一样。

3) 流体的升力和阻力项

既包括船体本身与周围介质的相对运动造成的升力和阻力,也包括各种控制面上产生的驱动力,如舵叶和桨叶上的推力和阻力。阻力直接与黏性相关。

(1) x 方向的黏性力。船体一般为左右对称,X 应是 v、r、δ 及其交叉乘积的偶函数,因为 v、r、δ 为正或负值引起的 x 方向力 X 是相同的。X 作为 u 的函数,一方面包括 Δu、Δu^2、Δu^3 类型的项,另一方面还应出现 Δu 与 v、r、δ 构成的交叉乘积项。

(2) y、z 方向上的黏性力。由于船体一般为左右对称,Y、N 应是 v、r、δ 及其交叉乘积的奇函数,因为 v、r、δ 变动方向时产生的横向流体动力 Y 及力矩 N 也要变向。同理,还应该考虑到纵向速度 u 的作用,一方面包括 Δu、Δu^2、Δu^3 类型的项,另一方面还应出现 Δu 与 v、r、δ 之间的奇函数耦合项。

3.2.2　Abkowitz 非线性船舶运动数学模型

将 3.2.1 节中讨论的结果代入式(3-4)中,得到如下的 Abkowitz 非线性船舶运动数学模型:

$$\begin{cases} (m - X_{\dot{u}})\dot{u} = f_1(u,v,r,\delta) \\ (m - Y_{\dot{v}})\dot{v} + (mx_G - Y_{\dot{r}})\dot{r} = f_2(u,v,r,\delta) \\ (mx_G - N_{\dot{v}})\dot{v} + (I_z - N_{\dot{r}})\dot{r} = f_3(u,v,r,\delta) \end{cases} \quad (3-6)$$

式中

$$f_1 = X_u u + X_{uu} u^2 + X_{uuu} u^3 + X_{vv} v^2 + X_{rr} r^2 + X_{\delta\delta} \delta^2 + X_{\delta\delta u} \delta^2 u + X_{vr} vr + X_{v\delta} v\delta +$$
$$X_{v\delta u} v\delta u + X_{uvv} uv^2 + X_{urr} ur^2 + X_{uvr} uvr + X_{r\delta} r\delta + X_{ur\delta} ur\delta + X_0 \quad (3-7)$$

$$f_2 = Y_{0u} u + Y_{0uu} u^2 + Y_v v + Y_r r + Y_\delta \delta + Y_{vvv} v^3 + Y_{\delta\delta\delta} \delta^3 + Y_{vvr} v^2 r + Y_{v\delta} v^2 \delta + Y_{v\delta\delta} v\delta^2 +$$
$$Y_{\delta u} \delta u + Y_{vu} vu + Y_{ru} ru + Y_{\delta uu} \delta u^2 + Y_{rrr} r^3 + Y_{vrr} vr^2 + Y_{vuu} vu^2 + Y_{ruu} ru^2 + Y_{r\delta\delta} r\delta^2 +$$
$$Y_{rr\delta} r^2 \delta + Y_{rv\delta} rv\delta + Y_0 \quad (3-8)$$

$$f_3 = N_{0u} u + N_{0uu} u^2 + N_v v + N_r r + N_\delta \delta + N_{vvv} v^3 + N_{\delta\delta\delta} \delta^3 + N_{vvr} v^2 r + N_{v\delta} v^2 \delta + N_{v\delta\delta} v\delta^2 +$$
$$N_{\delta u} \delta u + N_{vu} vu + N_{ru} ru + N_{\delta uu} \delta u^2 + N_{rrr} r^3 + N_{vrr} vr^2 + N_{vuu} vu^2 + N_{ruu} ru^2 + N_{r\delta\delta} r\delta^2 +$$
$$N_{rr\delta} r^2 \delta + N_{rv\delta} rv\delta + N_0 \quad (3-9)$$

式中:$X_{\dot{u}}$、$Y_{\dot{v}}$、$Y_{\dot{r}}$、$N_{\dot{v}}$ 和 $N_{\dot{r}}$ 为流体加速度(角加速度)导数;方程组右端的 f_1、f_2 和 f_3 为关于速度(角速度)和舵角的非线性函数,它们包含了1阶到3阶的水动力系数。式(3-6)~式(3-9)中的运动状态变量和控制量可表达为船舶匀速直航状态下相应量的扰动形式,即

$$u = u_0 + \Delta u, \quad v = \Delta v, \quad r = \Delta r, \quad \delta = \Delta \delta, \quad \dot{u} = \Delta \dot{u}, \quad \dot{v} = \Delta \dot{v}, \quad \dot{r} = \Delta \dot{r}$$
$$(3-10)$$

式中:Δu、Δv、Δr、$\Delta \delta$、$\Delta \dot{u}$、$\Delta \dot{v}$、$\Delta \dot{r}$ 分别为速度(角速度)、舵角和加速度(角加速度)的扰动量。

通常,为了模型试验的换算和便于比较,需要对式(3-6)~式(3-9)中的物理量按照一撇系统(Prime System of SNAME)进行无因次化换算:

$$m' = \frac{m}{\frac{1}{2}\rho L^3}, \quad x'_G = \frac{x_G}{L}, \quad I'_z = \frac{I_z}{\frac{1}{2}\rho L^5}, \quad \Delta u' = \frac{\Delta u}{U}, \quad \Delta v' = \frac{\Delta v}{U}, \quad \Delta r' = \frac{L\Delta r}{U}, \quad \Delta \delta' = \Delta \delta,$$

$$\Delta \dot{u}' = \frac{\Delta \dot{u}}{(U^2/L)}, \quad \Delta \dot{v}' = \frac{\Delta \dot{v}}{(U^2/L)}, \quad \Delta \dot{r}' = \frac{\Delta \dot{r}}{(U^2/L^2)}, \quad X'_{\dot{u}} = \frac{X_{\dot{u}}}{\frac{1}{2}\rho L^3}, \quad Y'_{\dot{v}} = \frac{Y_{\dot{v}}}{\frac{1}{2}\rho L^3},$$

$$Y'_{\dot{r}} = \frac{Y_{\dot{r}}}{\frac{1}{2}\rho L^4}, \quad N'_{\dot{v}} = \frac{N_{\dot{v}}}{\frac{1}{2}\rho L^4}, \quad N'_{\dot{r}} = \frac{N_{\dot{r}}}{\frac{1}{2}\rho L^5}$$

式中:ρ 为流体的密度;L 为船长;$U = \sqrt{u^2 + v^2}$ 为船舶的绝对速度。

将式(3-10)代入式(3-6)~式(3-9),得到无因次化形式如下:

$$\begin{bmatrix} m' - X'_{\dot{u}} & 0 & 0 \\ 0 & m' - Y'_{\dot{v}} & m'x'_G - Y'_{\dot{r}} \\ 0 & m'x'_G - N'_{\dot{v}} & I'_z - N'_{\dot{r}} \end{bmatrix} \begin{bmatrix} \Delta \dot{u}' \\ \Delta \dot{v}' \\ \Delta \dot{r}' \end{bmatrix} = \begin{bmatrix} \Delta f'_1 \\ \Delta f'_2 \\ \Delta f'_3 \end{bmatrix} \quad (3-11)$$

式中

$$\Delta f_1' = X_u' \Delta u' + X_{uu}' \Delta u'^2 + X_{uuu}' \Delta u'^3 + X_{vv}' \Delta v'^2 + X_{rr}' \Delta r'^2 + X_{\delta\delta}' \Delta \delta'^2 + X_{\delta\delta u}' \Delta \delta'^2 \Delta u' +$$
$$X_{vr}' \Delta v' \Delta r' + X_{v\delta}' \Delta v' \Delta \delta' + X_{v\delta u}' \Delta v' \Delta \delta' \Delta u' + X_{uvv}' \Delta u' \Delta v'^2 + X_{urr}' \Delta u' \Delta r'^2 +$$
$$X_{uvr}' \Delta u' \Delta v' \Delta r' + X_{r\delta}' \Delta r' \Delta \delta' + X_{ur\delta}' \Delta u' \Delta r' \Delta \delta' + X_0' \quad (3-12)$$

$$\Delta f_2' = Y_{0u}' \Delta u' + Y_{0uu}' \Delta u'^2 + Y_v' \Delta v' + Y_r' \Delta r' + Y_\delta' \Delta \delta' + Y_{vvv}' \Delta v'^3 + Y_{\delta\delta\delta}' \Delta \delta'^3 + Y_{vvr}' \Delta v'^2 \Delta r' +$$
$$Y_{vv\delta}' \Delta v'^2 \Delta \delta' + Y_{v\delta\delta}' \Delta v' \Delta \delta'^2 + Y_{\delta u}' \Delta \delta' \Delta u' + Y_{vu}' \Delta v' \Delta u' + Y_{ru}' \Delta r' \Delta u' + Y_{\delta uu}' \Delta \delta' \Delta u'^2 +$$
$$Y_{rrr}' \Delta r'^3 + Y_{vrr}' \Delta v' \Delta r'^2 + Y_{vuu}' \Delta v' \Delta u'^2 + Y_{ruu}' \Delta r' \Delta u'^2 + Y_{r\delta\delta}' \Delta r' \Delta \delta'^2 + Y_{rr\delta}' \Delta r'^2 \Delta \delta' +$$
$$Y_{rv\delta}' \Delta r' \Delta v' \Delta \delta' + Y_0' \quad (3-13)$$

$$\Delta f_3' = N_{0u}' \Delta u' + N_{0uu}' \Delta u'^2 + N_v' \Delta v' + N_r' \Delta r' + N_\delta' \Delta \delta' + N_{vvv}' \Delta v'^3 + N_{\delta\delta\delta}' \Delta \delta'^3 + N_{vvr}' \Delta v'^2 \Delta r' +$$
$$N_{vv\delta}' \Delta v'^2 \Delta \delta' + N_{v\delta\delta}' \Delta v' \Delta \delta'^2 + N_{\delta u}' \Delta \delta' \Delta u' + N_{vu}' \Delta v' \Delta u' + N_{ru}' \Delta r' \Delta u' + N_{\delta uu}' \Delta \delta' \Delta u'^2 +$$
$$N_{rrr}' \Delta r'^3 + N_{vrr}' \Delta v' \Delta r'^2 + N_{vuu}' \Delta v' \Delta u'^2 + N_{ruu}' \Delta r' \Delta u'^2 + N_{r\delta\delta}' \Delta r' \Delta \delta'^2 + N_{rr\delta}' \Delta r'^2 \Delta \delta' +$$
$$N_{rv\delta}' \Delta r' \Delta v' \Delta \delta' + N_0' \quad (3-14)$$

式中：X_u'、Y_v'、N_r'等为无因次的水动力系数；X_0'、Y_0'、N_0'为无因次的匀速直航状态下作用在船舶上的水动力沿随船运动坐标系中 x 轴、y 轴的分量以及绕 z 轴的水动力矩分量。

整体型数学模型本质上是将水动力(力矩)表达为各种影响因素的函数并按泰勒级数形式展开,理论上讲是比较完备的,而且它将船、桨、舵看成一个系统,因此也不需考虑复杂的相互干扰问题。但模型中包含的水动力系数有几十项之多,并且有些高阶项水动力系数的物理意义并不明确。为了分析某艘船的操纵性,需要确定众多的水动力系数,工作量巨大,而且将船、桨、舵看成一个系统,不便于进行操纵性设计方案的局部修改。

从应用观点来看,一个好的船舶操纵运动数学模型应当尽可能准确地描述实际船舶的动力学特性,包括各种典型操纵运动(如回转运动、Z形运动)中的特性;同时,数学模型的表达形式应尽可能简单,包含的参数应尽可能少,并且各参数应具有明确的物理意义。按照这个标准来考察,整体型数学模型无疑是过于复杂了;这种含有全部 1~3 阶系数的模型在有些情况下并不能给出满意的船舶操纵性预报。例如,大型油船进行 35°舵角的回转运动,或者船舶以极低速度前进,都要求对原非线性模型进行专项修改。修改数学模型的原则是用尽可能少的物理参数、尽可能明确的物理概念以及尽可能简化的模型结构来尽可能准确地描述船舶的运动。

3.3 船舶操舵响应型数学模型

20 世纪 50 年代,野本谦作(Nomoto)从控制理论的角度考虑把船舶看作一个动态系统进行了研究。其中,系统的输入为舵角δ,系统的输出为航向角ψ或艏摇角速度r。先从简捷的物理考察出发,建立了描述系统的输入输出的响应关系的一阶响应模型,并逐步将其补充完善。然后,又从状态空间型的线性船舶运动数学模型出发,建立了二阶响应模型,后来又建立了非线性响应模型。

Nomoto模型的一个重要的特点是:系统模型需要的参数能直接从简单的船舶的实船实验中得到,这样就弥补了传统的状态空间模型(如MMG模型)中参数主要通过船模实验才能获取的缺点,从而避免了船模实验的尺度效应。响应型船舶运动数学模型在船舶操纵的研究领域中及船舶航向、航迹自动控制领域中,以及航海模拟器、操纵模拟器的研制中都得到了广泛的应用。

3.3.1 船舶运动线性数学模型

船舶在海上的实际运动是一个具有6个自由度的十分复杂的过程。我们一般在两种坐标系下研究船舶的运动,即惯性坐标系和附体坐标系(图3-2)。惯性坐标系(又称大地参考坐标系)坐标定义如下:惯性坐标系$O-X_0Y_0Z_0$中,O是坐标原点(可设为船舶运动始点或任取),OX_0、OY_0、OZ_0为其3个坐标轴,分别以指向正北、正东、地心为正方向。在惯性坐标系中,船舶的空间位置能用其坐标x_0、y_0、z_0(或3个空间运动速度$\dot{x}_0$、$\dot{y}_0$、$\dot{z}_0$)确定,船舶的姿态由3个欧拉角即方位角ψ、横倾角φ、纵倾角θ(或3个角速度$\dot{\psi}$、$\dot{\varphi}$、$\dot{\theta}$)来描述。

附体坐标系坐标定义为:附体坐标系$o-xyz$,o是船舶艏艉连线的中点,ox、oy、oz为其3个坐标轴且分别以沿船中线指向船艏、指向右舷、指向地心为正方向。航向角的取值规则为:从正北开始,按顺时针方向取0°~360°;舵角δ以右舵为正。在附体坐标系内,船舶运动的6个自由度表现为沿着3个坐标轴的平移运动以及围绕3个坐标轴的旋转运动。在图3-2中,船舶的平移运动包括纵荡速度u、横荡速度v和垂荡速度w;船舶的旋转运动包括艏摇角速度r、横摇角速度p和纵摇角速度q。

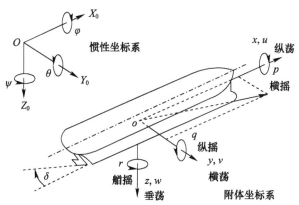

图3-2 船舶运动坐标系

从船舶运动控制的角度我们完全可以把船舶看作刚体,而刚体运动又分解为移动和转动,故船舶运动也是由移动和转动叠加而成的。我们在船上任取一点为参考点,可以发现,船舶在整体地随该参考点平行移动的同时,还在围绕该参考点进行着旋转运动。在进行船舶运动方程的推导时,作下列假设。

(1) 船舶是一个刚体。

(2) 大地参照系是惯性参照系。

有了第一个假设我们可以忽略每个质量元素间的相互作用力,通过第二个假设可消除由于地球相对于恒星参照系的运动而产生的力。

船舶平面运动的基本方程为

$$\begin{cases} m(\dot{u}-vr-x_Gr^2)=X \\ m(\dot{v}+ur-x_G\dot{r})=Y \\ I_z\dot{r}+mx_G(\dot{v}+ur)=N \end{cases} \quad (3-15)$$

式中:m 为船舶质量;u 为船舶纵荡速度;v 为船舶横荡速度;r 为船舶艏摇角速度;x_G 为船舶重心距中心的 x 方向距离;X、Y、N 是船舶流体动力;I_z 表示船舶对 oz 轴的惯性矩。式(3-15)是 3 种力的平衡关系:左端是船舶自身的惯性力及力矩,右端是流体对船舶的反作用力,实际上包括流体惯性力及力矩和黏性力及力矩。

由 Abkowitz 的研究方法可知,把式(3-15)右端的流体动力 X、Y、N 进行泰勒级数展开时仅保留一阶小量,同时在船舶运动基本方程的左端也进行线性化处理,从而得到线性化的船舶平面运动数学模型:

$$\begin{bmatrix} (m-X_{\dot{u}}) & 0 & 0 \\ 0 & (m-Y_{\dot{v}}) & (mx_G-Y_{\dot{r}}) \\ 0 & (mx_G-N_{\dot{v}}) & (I_z-N_{\dot{r}}) \end{bmatrix} \begin{bmatrix} \Delta\dot{u} \\ \dot{v} \\ \dot{r} \end{bmatrix}$$

$$= \begin{bmatrix} X_u & 0 & 0 \\ 0 & Y_v & (Y_r-mu_0) \\ 0 & N_v & (N_r-mx_Gu_0) \end{bmatrix} \begin{bmatrix} \Delta u \\ v \\ r \end{bmatrix} + \begin{bmatrix} 0 \\ Y_\delta \\ N_\delta \end{bmatrix}\delta \quad (3-16)$$

但在线性化前提下,船舶纵荡速度 u 通常保持不变,所以式(3-16)的第一式可忽略,只研究其后两式,并把流体动力导数进行无量纲化处理,可得

$$\begin{bmatrix} m'-Y'_{\dot{v}} & L(m'x'_G-Y'_{\dot{r}}) \\ m'x'_G-N'_{\dot{v}} & L(I'_z-N'_{\dot{r}}) \end{bmatrix} \begin{bmatrix} \dot{v} \\ \dot{r} \end{bmatrix} = \begin{bmatrix} \dfrac{V}{L}Y'_v & V(Y'_r-m') \\ \dfrac{V}{L}N'_v & V(N'_r-m'x'_G) \end{bmatrix} \begin{bmatrix} v \\ r \end{bmatrix} + \begin{bmatrix} \dfrac{V^2}{L}Y'_\delta \\ \dfrac{V^2}{L}N'_\delta \end{bmatrix}\delta$$

$$(3-17)$$

式(3-17)可以简化为

$$\boldsymbol{I}'_{(2)}\boldsymbol{X}_{(2)} = \boldsymbol{P}'_{(2)}\boldsymbol{X}_{(2)} + \boldsymbol{Q}'_{(2)}\boldsymbol{U} \tag{3-18}$$

式中

$$\boldsymbol{I}'_{(2)} = \begin{bmatrix} m' - Y'_{\dot{v}} & L(m'x'_G - Y'_{\dot{r}}) \\ m'x'_G - N'_{\dot{v}} & L(I'_z - N'_{\dot{r}}) \end{bmatrix}, \quad \boldsymbol{P}'_{(2)} = \begin{bmatrix} \dfrac{V}{L}Y'_v & V(Y'_r - m') \\ \dfrac{V}{L}N'_v & V(N'_r - m'x'_G) \end{bmatrix}$$

$$\boldsymbol{Q}'_{(2)} = \begin{bmatrix} \dfrac{V^2}{L}Y'_\delta \\ \dfrac{V^2}{L}N'_\delta \end{bmatrix}$$

分别是惯性力导数矩阵、黏性力导数矩阵及舵力导数矩阵,$\boldsymbol{X}_{(2)} = [v\ r]^{\mathrm{T}}$是状态向量,$U = \delta$是控制输入。将式(3-18)化成标准的状态空间形式,得

$$\dot{\boldsymbol{X}}_{(2)} = \boldsymbol{A}_{(2)}\boldsymbol{X}_{(2)} + \boldsymbol{B}_{(2)}\delta \tag{3-19}$$

式中

$$\boldsymbol{A}_{(2)} = (\boldsymbol{I}'_{(2)})^{-1}\boldsymbol{P}'_{(2)} = \begin{bmatrix} a_{11} & a_{12} \\ a_{21} & a_{22} \end{bmatrix}$$

$$\boldsymbol{B}_{(2)} = (\boldsymbol{I}'_{(2)})^{-1}\boldsymbol{Q}'_{(2)} = \begin{bmatrix} b_{11} \\ b_{21} \end{bmatrix}$$

$$a_{11} = [(I'_z - N'_{\dot{r}})Y'_v - (m'x'_G - Y'_{\dot{r}})N'_v]V/S_1$$

$$a_{12} = [(I'_z - N'_{\dot{r}})(Y'_r - m') - (m'x'_G - Y'_{\dot{r}})(N'_r - m'x'_G)]LV/S_1$$

$$a_{21} = [-(m'x'_G - N'_{\dot{v}})Y'_v + (m' - Y'_{\dot{v}})N'_v]V/LS_1$$

$$a_{22} = [-(m'x'_G - N'_{\dot{v}})(Y'_r - m') + (m' - Y'_{\dot{v}})(N'_r - m'x'_G)]V/S_1$$

$$b_{11} = [(I'_z - N'_{\dot{r}})Y'_\delta - (m'x'_G - Y'_{\dot{r}})N'_\delta]V^2/S_1$$

$$b_{21} = [-(m'x'_G - N'_{\dot{v}})Y'_\delta + (m' - Y'_{\dot{v}})N'_\delta]V^2/LS_1$$

$$S_1 = [(I'_z - N'_{\dot{r}})(m' - Y'_{\dot{v}}) - (m'x'_G - N'_{\dot{v}})(m'x'_G - Y'_{\dot{r}})]L$$

为了方便研究,我们在式(3-19)的基础之上,增设了一个新的状态变量:航向偏差 $\Delta\psi$ ($\Delta\psi = \psi - \psi_r$,其中 ψ_r 是设定航向)。这样,状态向量就变为 $\boldsymbol{X}_{(3)} = [v\ r\ \Delta\psi]^{\mathrm{T}}$。又因为 $\Delta\dot{\psi} = r$,可得船舶运动3自由度状态空间型数学模型为

$$\dot{\boldsymbol{X}}_{(3)} = \boldsymbol{A}_{(3)}\boldsymbol{X}_{(3)} + \boldsymbol{B}_{(3)}\delta \tag{3-20}$$

式中

$$\boldsymbol{A}_{(3)} = \begin{bmatrix} a_{11} & a_{12} & 0 \\ a_{21} & a_{22} & 0 \\ 0 & 1 & 0 \end{bmatrix}, \quad \boldsymbol{B}_{(3)} = \begin{bmatrix} B_{(2)} \\ 0 \end{bmatrix}$$

在船舶运动及其控制的研究中,3阶模型是最基本的,很多更复杂的船舶高阶数学模型都可以由它演化得到。

在4自由度船舶运动数学模型方面,考虑横倾耦合的4自由度船舶运动数学模型为

$$\begin{cases} (m+m_x)\dot{u} - (m-m_y)vr = X_H + X_P + X_R \\ (m+m_y)\dot{v} + (m+m_x)ur + m_y a_x \dot{r} - m_y a_z \ddot{\varphi} = Y_H + Y_P + Y_R \\ (I_z + J_z)\dot{r} + m_y a_x = N_H + N_P + N_R \\ (I_x + J_x)\ddot{\varphi} - m_y a_z \dot{v} - m_x l_z ur + WGM\varphi = L_H + L_P + L_R \end{cases} \quad (3-21)$$

式中:m_x、m_y 为船舶附加质量;l_z 为 m_x 中心的 z 坐标;a_x、a_z 分别是横向附加质量作用中心的 x、z 坐标值;I_x、I_z 分别为对应轴的惯性矩;J_x、J_z 为附加惯性矩;W 为船舶排水量;GM 为船舶初稳性高度。等式右侧各项为作用在船体上流体动力和力矩,其计算模型如下:

(1)黏性流体动力和力矩为

$$\begin{cases} X_H = X(u) + X_{vr}vr + X_{vv}v^2 + X_{rr}r^2 + X_{\dot{\varphi}\dot{\varphi}}\dot{\varphi}^2 \\ Y_H = Y_v v + Y_r r + Y_{\dot{\varphi}}\dot{\varphi} + Y_\varphi \varphi + Y_{vvv}v^3 + Y_{rrr}r^3 + Y_{vvr}v^2 r + Y_{vrr}vr^2 + Y_{vv\varphi}v^2\varphi + \\ \qquad Y_{v\varphi\varphi}v\varphi^2 + Y_{rr\varphi}r^2\varphi + Y_{r\varphi\varphi}r\varphi^2 \\ N_H = N_v v + N_r r + N_{\dot{\varphi}}\dot{\varphi} + N_\varphi \varphi + N_{vvv}v^3 + N_{rrr}r^3 + N_{vvr}v^2 r + N_{vrr}vr^2 + N_{vv\varphi}v^2\varphi + \\ \qquad N_{v\varphi\varphi}v\varphi^2 + N_{rr\varphi}r^2\varphi + N_{r\varphi\varphi}r\varphi^2 \\ L_H = L_v v + L_r r + L_{\dot{\varphi}}\dot{\varphi} + L_\varphi \varphi + L_{vvv}v^3 + L_{rrr}r^3 + L_{vvr}v^2 r + L_{vrr}vr^2 + L_{vv\varphi}v^2\varphi + L_{v\varphi\varphi}v\varphi^2 + \\ \qquad L_{rr\varphi}r^2\varphi + L_{r\varphi\varphi}r\varphi^2 \end{cases}$$

$$(3-22)$$

(2)螺旋桨动力和力矩为

$$\begin{cases} X_P = (1-t_p)\rho n^2 D_p^4 k_T(J_p) \\ Y_P = 0 \\ N_P = 0 \\ L_P = 0 \end{cases} \quad (3-23)$$

式中:n 为主机转速;ρ 为海水密度;t_p 为桨的减额系数;k_T 为桨的推力系数;D_p 为桨直径;$J_p = u_p/(nD_p)$,$u_p = u[(1-w_p) + \tau\{(v+x_p r) + c_{pv} v + c_{pr} r\}]$,其中 τ、x_p、c_{pv}、c_{pr} 都是通过实验确定的系数。

（3）舵力和力矩为

$$\begin{cases} X_R = -(1-t_R) F_N \sin\delta \\ Y_R = (1+a_H) F_N \cos\delta \\ N_R = (x_R + a_H x_H) F_N \cos\delta \\ L_R = (z_R + a_H z_H) F_N \cos\delta \end{cases} \quad (3-24)$$

式中:t_R 为舵阻力减额系数;a_H 为舵力修正因子;z_R 为舵力作用中心的垂向高度;x_H、z_H 分别为操舵诱导船体横向力作用中心到船舶重心的纵向距离和垂向距离;其他变量为

$$F_N = -\frac{1}{2}\rho A_R U_R^2 f_a \sin a_R$$

$$U_N = \sqrt{u_R^2 + v_R^2}$$

$$u_R = u_p \varepsilon \sqrt{1 + 8kk_T/(\pi J_p^2)}$$

$$v_R = \gamma v + c_{Rr} r + c_{Rrrr} r^3 + c_{Rrrv} r^2 v$$

$$a_R = \delta + \arctan(v_R/u_R)$$

3.3.2 响应型船舶运动数学模型

1）3 阶线性响应模型

在研究船舶航向保持时,我们一般会使用 3 自由度的状态空间数学模型,再考虑其输出方程:

$$\psi_m = \boldsymbol{CX}_{(3)} \quad (3-25)$$

式中:ψ_m 为航向输出;$\boldsymbol{C} = [0\ 0\ 1]$。把此状态空间模型转换成传递函数形式为

$$C_{\psi\delta}(s) = \boldsymbol{C}[s\boldsymbol{I} - \boldsymbol{A}]^{-1}\boldsymbol{B} = \frac{K(T_{03}s+1)}{s(T_{01}s+1)(T_{02}s+1)} \quad (3-26)$$

式中

$$\frac{1}{T_{01}T_{02}} = a_{11}a_{22} - a_{12}a_{21},\ \frac{T_{01}+T_{02}}{T_{01}T_{02}} = -(a_{11}+a_{22}),\ \frac{1}{T_{03}} = \frac{1}{b_{21}}(b_{11}a_{21} + b_{21}a_{11}),\ \frac{KT_{03}}{T_{01}T_{02}} = b_{21}$$

很明显,式(3-26)为 3 阶系统,具有两个非零极点和一个零点,因此我们可以很容易解出时间常数 T_{01}、T_{02}、T_{03} 和此系统的增益系数 K。

2) Nomoto 模型

野本对传递函数形式的船舶模型式(3-26)进行了出色的简化,使其降为 2 阶,论证的出发点在于,对于船舶这种大惯性的运载工具来说,其动态特性只在低频段是重要的,故在式(3-26)中 $s = j\omega \to 0$,并且利用一个熟知的近似关系:当 $x \to 0$ 时,有 $1/(1+x) \approx 1-x$,由此导出 Nomoto 模型:

$$C_{\psi\delta}(s) = \frac{\psi}{\delta} = \frac{K}{s(Ts+1)} \tag{3-27}$$

式中:增益 K 与 3 阶模型相同,时间常数 $T = T_{01} + T_{02} - T_{03}$,也可直接由下式求出:

$$K = \frac{b_{11}a_{21} - b_{21}a_{11}}{a_{11}a_{22} - a_{12}a_{21}}, \quad T = -\frac{a_{11} + a_{22}}{a_{11}a_{22} - a_{12}a_{21}} - \frac{b_{21}}{b_{11}a_{21} - b_{21}a_{11}}$$

3.4 分离型船舶运动数学模型

3.4.1 运动坐标系统

船舶运动坐标系统如图 3-3 所示,取空间固定坐标系 $O_0 - X_0Y_0Z_0$,使 $O_0 - X_0Y_0Z_0$ 与静水面重合,O_0Z_0 轴则垂直于静水面,取向下为正;取随体坐标系 $G - x_by_bz_b$,Gx_b 轴与基线平行,取指向船艏为正,Gy_b 轴则垂直于船中剖面,以指向右舷为正。浪向 β 为波浪传播方向与 O_0X_0 轴正方向的夹角。

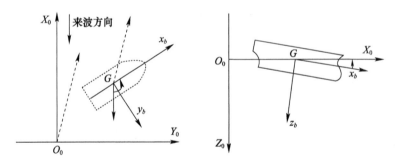

图 3-3 船舶 6 自由度运动坐标系

船舶在 $O_0 - X_0Y_0Z_0$ 中重心坐标 (x_0, y_0, z_0)、船体姿态 (ϕ, θ, ψ),与在 $G - x_by_bz_b$ 中重心处的线速度 (u, v, w)、角速度 (p, q, r) 之间有如下变换关系:

$$\begin{bmatrix} \dot{x}_0 \\ \dot{y}_0 \\ \dot{z}_0 \end{bmatrix} = \begin{bmatrix} \cos\psi\cos\theta & -\sin\psi\cos\phi + \cos\psi\sin\theta\sin\phi & \sin\psi\sin\phi + \cos\psi\sin\theta\cos\phi \\ \sin\psi\cos\theta & \cos\psi\cos\phi + \sin\psi\sin\theta\sin\phi & -\cos\psi\sin\phi + \sin\psi\sin\theta\cos\phi \\ -\sin\theta & \cos\theta\sin\phi & \cos\theta\cos\phi \end{bmatrix}$$

$$\tag{3-28}$$

$$\begin{bmatrix} \dot{\phi} \\ \dot{\theta} \\ \dot{\psi} \end{bmatrix} = \begin{bmatrix} 1 & \sin\phi\tan\theta & \cos\phi\tan\theta \\ 0 & \cos\phi & -\sin\phi \\ 0 & \sin\phi/\cos\theta & \cos\phi/\cos\theta \end{bmatrix} \begin{bmatrix} p \\ q \\ r \end{bmatrix} \quad (3-29)$$

3.4.2 6自由度船舶运动数学模型

计算船舶运动过程中,一般考虑船舶为刚体,其形状、内部质量分布不随运动而改变。假定环境条件为无限水深,根据牛顿运动定理及 MMG 模型的定义,在 $G-x_b y_b z_b$ 中,船舶 6 自由度操纵运动方程可表示为如下形式:

$$\begin{cases} m(\dot{u}-vr-wq)=X_H+X_P+X_R+X_{1W}+X_{2W} \\ m(\dot{v}+ur-pw)=Y_H+Y_P+Y_R+Y_{1W}+Y_{2W} \\ m(\dot{w}-uq-vp)=Z_H+Z_{1W}+Z_{2W} \\ I_{xx}\dot{p}=K_H+K_R+K_{1W}+K_{2W} \\ I_{yy}\dot{q}+(I_{xx}-I_{zz})pr=M_H+M_{1W}+M_{2W} \\ I_{zz}\dot{r}+(I_{yy}-I_{xx})pq=N_H+N_P+N_R+N_{1W}+N_{2W} \end{cases} \quad (3-30)$$

式中:m 为船体质量;I_{xx}、I_{yy}、I_{zz} 分别为绕 x、y、z 轴的惯性矩;下标 H、P、R、$1W$、$2W$ 分别表示船体力、螺旋桨力、舵力、一阶波浪力及二阶波浪漂移力;X、Y、Z 为作用在重心处合力的 3 个分量;K、M、N 为绕重心合力矩的 3 个分量。

考虑到波浪中操纵性计算的复杂性,做出如下简化假定。

(1) 不考虑操纵运动过程中波浪作用带来的水动力导数的变化。

(2) 不考虑波浪对于桨力、舵力的影响。

1) 船体力

作用在船体上的作用力可分为惯性和黏性两类,$\boldsymbol{F}_H = \boldsymbol{F}_{HI} + \boldsymbol{F}_{HV}$。

惯性类流体动力及力矩即船舶在理想流体中作非定常运动时所受到的水动力,其大小与船体运动的加速度成比例,方向与加速度方向相反,而比例常数称为附加质量(惯性矩)系数,用 A_{jk} 表示。考虑到船体的左右对称性并忽略量级较小的量,惯性类流体动力可表示为

$$\begin{cases} -X_{HI} = A_{11}\dot{u}-A_{22}vr+A_{33}wq \\ -Y_{HI} = A_{22}\dot{v}+A_{11}ur-A_{33}pw \\ -Z_{HI} = A_{33}\dot{w}-A_{11}uq+A_{22}vp \\ -K_{HI} = A_{44}\dot{p}+(A_{66}-A_{55})qr+(A_{33}-A_{22})vw \\ -M_{HI} = A_{55}\dot{q}+(A_{44}-A_{66})pr+(A_{11}-A_{33})uw \\ -N_{HI} = A_{66}\dot{r}+(A_{55}-A_{44})pq+(A_{22}-A_{11})uv \end{cases} \quad (3-31)$$

结合贵岛模型,黏性类流体动力及力矩可近似为

$$\begin{cases} X_{HV} = X_{uu}u^2 + X_{vv}v^2 + X_{vr}vr + X_{rr}r^2 \\ Y_{HV} = Y_v v + Y_r r + Y_{|v|v}|v|v + Y_{|r|r}|r|r + Y_{vvr}v^2 r + Y_{vrr}vr^2 \\ Z_{HV} = -Z_w w - Z_q q - Z_{\dot{q}} \dot{q} - Z_\theta \theta \\ K_{HV} = -2K_p p - \Delta \cdot GM \cdot \sin\varphi - Y_H \cdot z_H \\ M_{HV} = -M_w w - M_{\dot{w}} \dot{w} - M_q q - M_\theta \theta \\ N_{HV} = N_v v + N_r r + N_{|v|v}|v|v + N_{|r|r}|r|r + N_{vvr}v^2 r + N_{vrr}vr^2 + Y_H \cdot X_c \end{cases} \tag{3-32}$$

(1) 纵向流体动力。$X_{uu}u^2$ 为直航阻力,可表示为

$$X_{uu} = -\frac{S}{Ld}C_t \tag{3-33}$$

式中:S 为船体湿表面积,可由桑海公式配合图谱估算,$S = k\sqrt{\nabla L_w}$,面积系数 $k = f(C_M, B/d)$,L_w 为设计水线长,该公式适用于各类型的常规排水型水线面船;C_t 为直航总阻力系数。

总阻力系数包含摩擦阻力和剩余阻力,求解船舶摩擦阻力时,引入相当平板概念,将船体的摩擦阻力用光滑平板摩擦阻力公式计算。1957 年,第八届国际船模试验水池会议(ITTC)提出如下公式:

$$C_f = \frac{0.075}{(\lg Re - 2.03)^2} \tag{3-34}$$

式中:雷诺数 $Re = UL/v$。

船舶剩余阻力主要包含兴波阻力和黏压阻力,理论上还无法精确计算,只能进行近似估算。剩余阻力系数 C_r 可参考相应图谱得到。常用的图谱包括泰勒图谱、60 系列图谱、兰波 - 奥芬凯勒图谱、山县昌夫图谱。

Norribin 由海上试验结果指出,X_{vr} 约为横向附加质量系数的 20% ~ 50% ,其中 C_m 由松本给出:

$$X_{vr} = C_m A_{22} - A_{22} = (1.11C_b - 0.07)(1 + 0.208\tau')A_{22} - A_{22} \tag{3-35}$$

其他纵向水动力导数相较 X_{vr} 量级较小,可由松本根据六艘模型的试验结果回归分析给出:

$$X_{vv} = \frac{1}{2}\rho LT\left(0.4\frac{B}{T} - 0.006\frac{L}{T}\right) \tag{3-36}$$

$$X_{rr} = \frac{1}{2}\rho L^3 T\left(0.0003\frac{L}{T}\right) \tag{3-37}$$

（2）横向、转艏流体动力及动力矩。贵岛胜郎考虑集装箱船、滚装船和汽车运输船等新船型,对10艘船型的约束船模试验结果进行回归,并考虑吃水差和浅水对流体动力的影响,对线性化水动力导数给出了如下估算公式:

$$Y_v = -\frac{1}{2}\rho L dU\left(\frac{\pi}{2}\lambda + 1.4C_b\frac{B}{L}\right)\left[1 + \left(2.5C_b\frac{B}{L} - 2.25\right)\tau'\right] \quad (3-38)$$

$$Y_r = \frac{1}{2}\rho L^2 dU\left[(m' + A'_{11}) - 1.5C_b\frac{B}{L}\right] \times$$
$$\left\{1 + \{571[d(1-C_b)/B]^2 - 81d(1-C_b)/B + 2.1\}\tau'\right\} \quad (3-39)$$

$$N_v = -\frac{1}{2}\rho L^2 dU\lambda(1-\tau') \quad (3-40)$$

$$N_r = -\frac{1}{2}\rho L^3 dU(0.54\lambda - \lambda^2)\left[1 + \left(34C_b\frac{B}{L} - 3.4\right)\tau'\right] \quad (3-41)$$

式中: $\lambda = \frac{2d}{L}$; $\tau' = \frac{d_A - d_F}{d}$ 为吃水差; m' 为船舶质量; A'_{11} 为无因次化的纵向附加质量系数。

非线性化水动力导数同样采用贵岛胜郎经验公式估算:

$$\begin{cases} Y'_{|v|v} = \left[-2.5(1-C_b)\frac{B}{d_m} - 0.5\right]\left[1 - \left(35.7C_b\frac{B}{L} - 2.5\right)\frac{\tau}{d_m}\right] \\ Y'_{|r|r} = \left(0.343C_b\frac{d_m}{B} - 0.07\right)\left[1 + \left(45C_b\frac{B}{L} - 8.1\right)\frac{\tau}{d_m}\right] \\ Y'_{vvr} = \left(1.5C_b\frac{d_m}{B} - 0.65\right)\left\{1 + \left[110(1-C_b)\frac{d_m}{B} - 9.7\right]\frac{\tau}{d_m}\right\} \\ Y'_{vrr} = \left[-5.95(1-C_b)\frac{d_m}{B}\right]\left\{1 + \left[40(1-C_b)\frac{d_m}{B} - 2\right]\frac{\tau}{d_m}\right\} \end{cases} \quad (3-42)$$

$$\begin{cases} N'_{|v|v} = \left[0.96(1-C_b)\frac{d_m}{B} - 0.066\right]\left\{1 + \left[58(1-C_b)\frac{d_m}{B} - 5\right]\frac{\tau}{d_m}\right\} \\ N'_{|r|r} = \left(0.5C_b\frac{B}{L} - 0.09\right)\left[1 - \left(30C_b\frac{B}{L} - 2.6\right)\frac{\tau}{d_m}\right] \\ N'_{vvr} = \left[-57.5\left(C_b\frac{B}{L}\right)^2 + 18.4\left(C_b\frac{B}{L}\right) - 1.6\right]\left[1 + \left(3C_b\frac{B}{L} - 1\right)\frac{\tau}{d_m}\right] \\ N'_{vrr} = \left(0.5C_b\frac{B}{L} - 0.05\right)\left\{1 + \left[48\left(C_b\frac{B}{L}\right)^2 - 16\left(C_b\frac{B}{L}\right) + 1.3\right] \times 100\frac{\tau}{d_m}\right\} \end{cases} \quad (3-43)$$

（3）横摇流体动力矩。根据船舶在规则波中的横摇运动的线性微分方程得到横摇黏性类流体动力矩为

$$K_{HL} = -2K_p p - \Delta \cdot GM \cdot \sin\varphi - Y_H z_H \qquad (3-44)$$

横摇阻尼力为

$$K_p = \mu_\varphi \sqrt{(I_{xx} + J_{xx}) \cdot \Delta \cdot GM} \qquad (3-45)$$

对有舭龙骨船为

$$\mu_\varphi = 0.055 \sim 0.07 \qquad (3-46)$$

横向流体动力 Y_H 的作用点的 z 向坐标为

$$z_H = z_g - a d_m \qquad (3-47)$$

式中:z_g 为船舶重心距基线的高度;a 为横向力作用点高度系数,且

$$a = 4 - \frac{B}{d_m} + 0.02 \left(\frac{B}{d_m} - 5.35\right)^3 \qquad (3-48)$$

(4) 垂荡、纵摇流体动力及动力矩。由规则波中的纵摇和垂荡运动耦合的二阶线性微分方程组,可得到垂荡和纵摇黏性类流体动力和动力矩为

$$\begin{cases} Z_{HL} = -Z_w w - Z_q q - Z_{\dot{q}} \dot{q} - Z_\theta \theta \\ M_{HL} = -M_w w - M_{\dot{w}} \dot{w} - M_q q - M_\theta \theta \end{cases} \qquad (3-49)$$

方程中的水动力导数,可采用 Tasai 的经验公式,求得

$$\begin{cases} Z_w = \left[5.4 \frac{C_w}{C_p} \sqrt{H_0^*} - 4.7\right] \frac{\Delta}{\sqrt{gL}} \\ Z_q = \frac{\rho g \nabla GM_L}{u} + (A_{33} - A_{11}) u \\ Z_{\dot{q}} \approx 0 \\ Z_\theta = u Z_w \\ M_w = \frac{\rho g \nabla GM_L}{u} + (A_{33} - A_{11}) u \\ M_{\dot{w}} \approx 0 \\ M_q = \frac{0.08 H_0^* \Delta L^2}{\sqrt{gL}} \\ M_\theta = \rho g \nabla GM_L \end{cases} \qquad (3-50)$$

式中:C_w 为水线面系数;C_p 为菱形系数;H_0^* 为船中宽度吃水比,$H_0^* = \frac{B}{2d_m}$;

$$GM_L = \frac{L^2 (5.55 C_w + 1)^3}{3450 C_b d_m}。$$

2）螺旋桨力

桨力项用下式表示：

$$\begin{cases} X_p = (1-t_p) \cdot \rho n^2 D_p^4 \cdot k_T(J_p) \\ Y_p = 0 \\ Z_p = 0 \end{cases} \quad (3-51)$$

式中：$Y_p = 0$，$Z_p = 0$，这是因为常规螺旋桨产生的横向力和船舶转艏力矩通常都很小，可通过修正舵力和舵力矩加以考虑；n 为螺旋桨转速；D_p 为螺旋桨直径。

桨推力减额系数 t_p 采用汉克歇尔公式估算，对于单桨标准型商船（$C_b = 0.54 \sim 0.84$），有

$$t_p = 0.50C_p - 0.12 \quad (3-52)$$

进速系数为

$$J_p = (1-w_p) \cdot u/(n \cdot D_p) \quad (3-53)$$

平野收集了当时发表的 $1-w_p$ 试验结果，提出了一个实用模型：

$$w_p = w_{p0} \cdot e^{-4.0\beta_p^2} \quad (3-54)$$

上述公式是不具备试验测量条件时求伴流系数变化 $1-w_p$ 常用的公式，有

$$\beta_p = \beta - x_p' \cdot r' \quad (x_p' \approx -0.5) \quad (3-55)$$

推力系数 $k_T(J_p) = a_0 + a_1 J_p$，其中 a_0 为对应 $J_p = 0$ 的推力系数，即系柱推力系数，$a_1 = -a_0 \times D_p/p$。根据螺旋桨敞水试验数据确定，有 $a_0 = 0.50464$，$a_1 = -0.48108$。

3）舵力

舵力项用下式表示：

$$\begin{cases} X_R = (1-t_R)F_N \sin\delta \\ Y_R = (1-a_H)F_N \cos\delta \\ N_R = (x_R - a_H x_H)F_N \cos\delta \\ K_R = z_G Y_R \end{cases} \quad (3-56)$$

式中：t_R 为舵阻力减额系数，有 $1-t_R = 0.7382 - 0.0539C_b + 0.1755C_b^2$；$\delta$ 为舵角，取决于操舵指令。

舵的正压力为

$$F_N = -0.5\rho A_R f_\alpha U_R^2 \sin\alpha_R \quad (3-57)$$

式中：$\alpha_R = \delta - \gamma \times \beta_R$ 为舵来流的有效冲角，其中船体的整流系数根据简化公式，有 $\gamma = -22.2(C_b \cdot B/L)^2 + 0.02(C_b B/L) + 0.68$，$\beta_R = \beta - 2x_R' \cdot r'(x_R' \approx 0.5)$。

舵来流速度的平方采用计入桨轴向诱导速度的野本-芳村法：

$$U_R = V^2(1-w_R)^2[1+KG(s)] \qquad (3-58)$$

式中：$V = \sqrt{u^2+v^2}$ 为船舶瞬时速度。

f_α 为舵升力系数在 $\alpha=0$ 时的斜率，在船舶操纵性研究中，使用藤井公式估算：

$$f_\alpha = 6.13\lambda_R/(2.25+\lambda_R) \qquad (3-59)$$

a_H 为操舵诱导的船体横向力的修正因子，有

$$a_H = 0.6784 - 1.3374C_b + 1.8891C_b^2 \quad (C_b = 0.55 \sim 0.85) \qquad (3-60)$$

考虑桨负荷变化对 a_H 的影响，当 J_p 极小时，a_H 有变小的趋势。在研究船舶低速运动时，必须考虑这一变化。为此，松本提出下列修正模型：

$$a_H = \begin{cases} a_{H0} \cdot J_p/0.3, & J_p \leq 0.3 \\ a_{H0}, & J_p > 0.3 \end{cases} \qquad (3-61)$$

x_H 为操舵诱导的船体横向力作用中心至船舶重心的距离，有

$$x_H = -L(0.4+0.1C_b) \qquad (3-62)$$

其他各项为

$$\begin{cases} w_R = w_{R0} \cdot w_p/w_{p0} \\ K = \begin{cases} 1.065, \delta \geq 0 \\ 0.935, \delta < 0 \end{cases} \\ G(s) = (D_p/h_R) \cdot \kappa \cdot [2-(2-\kappa) \cdot s] \cdot s/(1-s)^2 \end{cases} \qquad (3-63)$$

式中：$\kappa = k_x/\varepsilon = 0.6/\varepsilon$；舵的初始伴流分数 w_{R0}，估算公式为

$$\varepsilon = (1-w_{R0})/(1-w_{p0}) = -156.2(C_bB/L)^2 + 41.6(C_bB/L) - 1.76$$
$$(3-64)$$

此时，$w_{R0} = 0.56$，实际模拟过程中，整流系数 γ、伴流分数 w_{R0}、操舵修正因子 a_H 及操舵诱导距离 x_H 对船舶操纵运动都具有极高的敏感度，整流系数变大，船舶回转圈明显增大；伴流分数变大，船舶回转纵距有所增加，鉴于 Kijima 提出的经验公式是基于 2.5m 长的系列船模试验数据结果总结而得，其模型对于本文的情况可能有一些偏差，根据 Yasukawa 的模型，$\varepsilon = 0.921$，则有 $w_{R0} = 0.35$。

当然，伴流分数还可通过试验测定，螺旋桨处的伴流分数 $(1-w_{p0})$ 可采用等效推力法测定，舵处的伴流分数 $(1-w_{R0})$ 可采用等正压力法测定。$(1-w_{R0})$ 受船型影响大，对较瘦船型的散货船、集装箱船等，一般 $\varepsilon < 1$，对较肥大船型的油船等，一般 $\varepsilon > 1$。

4）波浪力

波浪力是在无限水深条件下基于线性理论假设计算得到，可分为一阶波浪力

及二阶波浪漂移力,其中一阶波浪力又分为入射波力、绕射波力及辐射波力。

（1）一阶流体作用力。入射波力（垂向）为

$$P_{sw}(Z,t) = -\rho g Z + \rho g A e^{(Z-\xi(t))} \tag{3-65}$$

辐射波力为

$$F_{jk}^R = -A_{ik}^\infty \ddot{\eta}_k(t) - B_{jk}\dot{\eta}_k(t) - c_{jk}\eta_k(t) - \int_0^t K_{jk}(t-\tau)\cdot\eta_k(\tau)\mathrm{d}\tau \tag{3-66}$$

绕射波力为

$$F_j^D = -\rho \iint_s (\mathrm{i}\omega_0 n_j - Um_j)\phi_D \mathrm{d}s - \rho U \int_{C_A} n_j \phi_D \mathrm{d}l \tag{3-67}$$

流体静力系数 c_{jk} 只有 5 项不为 0,分别为

$$\begin{cases} C_{33} = \rho g A_{wp} \\ C_{35} = C_{53} = -\rho g S_y \\ C_{44} = \rho g \nabla h_x = \rho g (J_x + (z_B - z_G)\nabla) \\ C_{55} = \rho g \nabla h_y = \rho g (J_y + (z_B - z_G)\nabla) \end{cases} \tag{3-68}$$

式中:∇ 为船舶排水量,是一常量。

（2）二阶波浪漂移力。船舶在波浪上不仅受一阶波浪作用,还遭受二阶波浪力包括二阶定常波浪漂移力和缓变波浪漂移力的作用,它与一阶力相比,通常具有较小的数量级。但是,这个力是大幅平面运动产生的主要原因,特别是在引起谐振的情况下。二阶波浪漂移力是指由于波浪的一阶运动产生的二阶波浪力。通常采用远场法和近场法来解决二阶波浪漂移力的计算问题。远场法可求解得到横向、纵向和艏摇方向的 3 个水平分量;近场解法可得到全 6 个方向的分量。远场法对纵荡和横荡漂移力的求解精度较高,但艏摇漂移力结果收敛慢,不能满足精度需求。近场法是采用直接在湿表面进行压力积分的计算方法,在计算网格数量较大的基础上,可以得到令人满意的结果。综合以上考虑,近场公式更适合采用的 6 自由度运动模型。

（3）脉冲响应函数计算概述。根据 Cummins 理论,船舶在 $t = t_0$ 时处于静止状态,在一个微小的时间 Δt 内有一个微小的脉冲位移 $\Delta\eta$。以辐射波为例:

$t_0 < t < t_0 + \Delta t$ 时,速度势 $\phi = \psi \cdot \dfrac{\Delta\eta}{\Delta t}$,其中 ψ 为物体单位速度势;$t \geq t_0 + \Delta t$ 时,速度势 $\phi = \chi \cdot \Delta\eta$,其中 χ 为单位速度势。即 t_0 时刻的脉冲位移 $\Delta\eta$ 对 t_0 时刻之后的流场都有影响。

当船舶在波浪中做摇摆运动时,其在时间区域 $(t_n, t_n + \Delta t)$ 内速度势可以表示为

$$\phi(t) = \sum_{j=1}^{6} \left\{ V_{j,n} \cdot \psi_j + \sum_{k=1}^{n} \left[\chi_j(t_{n-k}, t_{n-k} + \Delta t) \cdot V_{j,k} \cdot \Delta t \right] \right\} \quad (3-69)$$

当 $\Delta t \to 0$ 时,式(3-69)变为

$$\phi(t) = \sum_{j=1}^{6} \left\{ \dot{\eta}_j(t) \cdot \psi_j + \int_{-\infty}^{t} \chi_t(t-\tau) \cdot \dot{\eta}_j(\tau) \mathrm{d}\tau \right\} \quad (3-70)$$

辐射势的第一部分为船舶运动的瞬时效应,只决定于时刻 t 的运动速度,为瞬时解;第二部分表示一种时间累积效应,即流场中任一点 p 点处于 t 时刻的扰动是此前时刻 τ 的运动速度的加权平均,为记忆解。

用伯努利方程得到一阶动压力然后在物面上积分得到一阶辐射力(矩),再将速度势求解结果代入,推得辐射波力为

$$F_{jk}^{R} = -\mu_{jk}\ddot{\eta}_k(t) - b_{jk}\dot{\eta}_k(t) - c_{jk}\eta_k(t) - \int_{0}^{t} K_{jk}(t-\tau)\eta_k(\tau)\mathrm{d}\tau \quad (3-71)$$

频域解中的附加质量 A_{jk} 和阻尼系数 B_{jk} 与上述时域解有如下关系:

$$\begin{cases} A_{jk} = \mu_{jk} - \dfrac{1}{\omega}\int_{0}^{t} K_{jk}(\tau) \cdot \sin(\omega\tau)\mathrm{d}\tau \\ B_{jk} = b_{jk} - \dfrac{1}{\omega}\int_{0}^{t} K_{jk}(\tau) \cdot \cos(\omega\tau)\mathrm{d}\tau \\ C_{jk} = c_{jk} \end{cases} \quad (3-72)$$

各个时刻的脉冲响应函数 $K_{jk}(\tau)$ 可通过傅里叶变换得到,即

$$K_{jk}(\tau) = \frac{2}{\pi}\int_{0}^{\infty} B_{jk}(\omega) \cdot \cos(\omega\tau)\mathrm{d}\omega \quad (3-73)$$

当 $\omega \to \infty$ 时,$A_{jk} = \mu_{jk}$,则辐射波力表达式为

$$F_{jk}^{R} = -A_{jk}^{\infty}\ddot{\eta}_k(t) - B_{jk}\dot{\eta}_k(t) - c_{jk}\eta_k(t) - \int_{0}^{t} K_{jk}(t-\tau)\eta_k(\tau)\mathrm{d}\tau \quad (3-74)$$

式中:K_{jk} 为 j 向辐射波力脉冲响应函数,有 $K_{jk}(\tau) = \dfrac{2}{\pi}\int_{0}^{\infty} B_{jk}(\omega) \cdot \cos(\omega\tau)\mathrm{d}\omega$;$\dot{\eta}_k$ 为各向振动速度。

同样可以得到入射波力和绕射波力的表达式为

$$F_j(t) = F_j^{D} + F_j^{I} = -\int_{-\infty}^{t} H_j(t-\tau)h(\tau)\mathrm{d}\tau \quad (3-75)$$

式中:H_j 为 j 向入射绕射波力脉冲响应函数,有 $H_j(t) = \dfrac{1}{2\pi}\int_{-\infty}^{\infty} f_{wj}(\omega)\mathrm{e}^{-i\omega x}\mathrm{d}\omega$,$f_{wj}(\omega)$ 为单位波幅对应的波浪力;$h(\tau)$ 为 τ 时刻船舶重心处的瞬时波高。

5) 时变稳性高

船舶在波浪中的运动时,GM 值是衡量其横摇性能的一个重要的参数。众所周知,在水线面处艏艉型线变化大的船舶,如 RORO 船、集装箱船或是高速舰艇等,其 GM 值随遭遇波情况的变化不可忽略。这类船舶也更加容易出现横摇

问题导致倾覆或参数横摇。尝试在垂荡和纵摇运动下船舶准静力平衡的假设基础上,考虑波浪横摇恢复力矩的非线性,计算初稳性高波动项的影响,由于时间所限,目前还没有得出较为合理的结果,因此仅在此处介绍计算时变稳性高的方法。

横摇运动方程中,初稳性高可分割成两部分:

$$GM = \overline{GM} + gm(t) \tag{3-76}$$

式中:$\overline{GM}$为静水初稳性高;$gm(t)$为初稳性高的时变项,表示波浪、船舶纵摇、垂荡运动对初稳性高的影响。

波面坐标 z 在随体坐标系中可表示为

$$z = Z_f + \eta - \gamma - x\theta \tag{3-77}$$

式中:Z_f为静水面的垂向坐标;η 为瞬时波高;γ 为船舶垂荡运动幅值;θ 为船舶纵倾角。

初稳性高时变项可表示为

$$gm(t) = \frac{1}{\Delta}\int_L (a\eta + b\ddot{\eta})\mathrm{d}x \tag{3-78}$$

式中

$$a = \rho\left\{\frac{B^2 B_c}{4} - B_c\right\} \tag{3-79}$$

$$b = \frac{\rho}{g}\left[\frac{B^3}{12} + A_0(Z_c - Z_f) - A_0 c\right] \tag{3-80}$$

$$c = \frac{1}{A_W}\int_L \frac{B^2 B_c}{4}\mathrm{d}x + \frac{\rho G(x - x_f)}{\Delta \overline{GM_L}}\int_L (x - x_f)\frac{B^2 B_c}{4}\mathrm{d}x \tag{3-81}$$

式中:B 为静水面横剖面宽度;B_c 为水线面船宽沿垂向的变化率;A_0 为横剖面面积;A_W 为水线面面积;Z_c 为横剖面质心的垂向坐标;$\overline{GM_L}$ 为纵稳性高;x_f 为船舶漂心的纵向坐标。

6)无因次化和尺度效应

船体基本参数无因次化,有 $u' = \dfrac{u}{U}, v' = \dfrac{v}{U}, r' = \dfrac{rL}{U}, \psi' = \psi, x_0' = \dfrac{x_0}{L}, y_0' = \dfrac{y_0}{L},$
$m' = \dfrac{m}{\frac{1}{2}\rho L^2 d}, I' = \dfrac{I}{\frac{1}{2}\rho L^4 d}, X' = \dfrac{X}{\frac{1}{2}\rho L d U^2}, Y'、Z'$ 相同,$N' = \dfrac{N}{\frac{1}{2}\rho L^2 d U^2}, K'、M'$ 相同,$t' = \dfrac{tU}{L}$。

脉冲响应函数无因次化，有 $K'_{11} = \dfrac{K_{11}}{\frac{1}{2}\rho dU^2}$，$K_{22}$、$K_{33}$ 相同，$K'_{24} = \dfrac{K_{24}}{\frac{1}{2}\rho LdU^2}$，$K_{26}$、$K_{35}$、$K_{42}$、$K_{46}$、$K_{53}$、$K_{62}$、$K_{64}$ 相同，$K'_{44} = \dfrac{K_{44}}{\frac{1}{2}\rho L^2 dU^2}$，$K_{55}$、$K_{66}$ 相同，$H'_{44} = \dfrac{H_{44}}{\frac{1}{2}\rho dU^3/L}$，$H_{22}$、$H_{33}$ 相同，$H'_{44} = \dfrac{H_{44}}{\frac{1}{2}\rho LdU^2}$，$H_{55}$、$H_{66}$ 相同。

流体静力系数无因次化，有 $C'_{33} = C_{33}/\left(\dfrac{1}{2}\rho dU^2\right)$，$C'_{35} = C'_{53} = C_{35}/\left(\dfrac{1}{2}\rho LdU^2\right)$，$C'_{44} = C_{44}/\left(\dfrac{1}{2}\rho L^2 dU^2\right)$，$C'_{55} = C_{55}/\left(\dfrac{1}{2}\rho L^2 dU^2\right)$。

船舶操纵耐波全耦合运动模型无因次化，有

$$\begin{cases} m'(\dot{u}' - v'r' + w'q') = X'_H + X'_P + X'_R + X'_{1W} + X'_{2W} \\ m'(\dot{v}' + u'r' - p'w') = Y'_H + Y'_P + Y'_R + Y'_{1W} + Y'_{2W} \\ m'(\dot{w}' - u'q' + v'p') = Z'_H + Z'_{1W} \\ I'_{xx}\dot{p}' = K'_H + K'_R + K'_{1W} \\ I'_{yy}\dot{q}' + (I'_{xx} - I'_{zz})p'r' = M'_H + M'_{1W} \\ I'_{zz}\dot{r}' + (I'_{yy} - I'_{xx})p'q' = N'_H + N'_P + N'_R + N'_{1W} + N'_{2W} \end{cases} \quad (3-82)$$

通过应用经验公式、理论分析和模型试验结合的方法建立了 6 自由度数学模型。根据相似理论，必须使实船和模型船的无量纲的水动力导数和其他无量纲参数完全相等，并且满足雷诺数和傅汝德数相等的前提下，才能保证实船和模型船的动力学条件相似。实际情况下，对于尺寸较小的模型船，满足雷诺数相等很困难，这就导致将船模相关无量纲的参数运用到实船上时，将产生尺度效应的问题。这种问题对深水和浅水模拟同样产生作用。

若在预报实船运动性能时，特别考虑以下方面，可减小尺度效应的影响。

（1）船体直航阻力系数直接采用海军系数法预报。

（2）螺旋桨伴流分数 ω_{p0} 和舵伴流分数 ω_{R0} 需要换算成实船值。可参考矢崎图表，也可采用如下 ITTC 公式：

$$\omega_{p0s} = (t + 0.04) + (\omega_{p0m} - t - 0.04)\dfrac{C_{fs}}{C_{fm}} \quad (3-83)$$

$$\omega_{R0s} - \omega_{R0m} = \omega_{p0s} - \omega_{p0m} \quad (3-84)$$

式中:s 表示实船;下标 m 表示模型船;t 为推力减额系数。

(3) 适当提高模型船航速,以尽量满足雷诺相似定律。

3.5 典型船舶操纵性试验仿真

3.5.1 船舶操纵数学模型仿真

以半潜船"泰安口"轮为例进行仿真,该船采用两套西门子 Schottel 吊舱电力推进器系统(SSP)。操纵采用 3 个输入、6 个输出的模式,3 个输入量分别为左螺旋桨转速、吊舱转向角、右螺旋桨转速,6 个输出量分别为横向速度 u、纵向速度 v、转艏角速度 r、航向角 ψ、横向位移 x、纵向位移 y,输出方程为

$$\begin{cases} \dot{u} = X_H + X_P + X_{\text{current}} + X_{\text{wind}} + X_{\text{wave}} + (m + m_y)vr/(m + m_x) \\ \dot{v} = Y_H + Y_P + Y_{\text{current}} + Y_{\text{wind}} + Y_{\text{wave}} - (m + m_x)ur/(m + m_y) \\ \dot{r} = (N_H + N_P + N_{\text{current}} + N_{\text{wind}} + N_{\text{wave}})/(I_{zz} + J_{zz}) \\ \dot{\psi} = r \\ \dot{x}_0 = u\cos\psi - v\sin\psi \\ \dot{y}_0 = v\cos\psi + u\sin\psi \end{cases} \quad (3-85)$$

1) 旋回实验

"泰安口"轮船舶主尺寸如表 3-1 所列。

表 3-1 船舶主尺寸

参数	数值
船舶总长/m	156
两柱间长/m	145
船宽/m	32.2
设计吃水/m	7.5
方形系数	0.755
菱形系数	0.8315

假设船舶在理想海面上航行,给定转向角为 35°,即进行全速右回旋实验,左右螺旋桨转速均为 140r/min,初始速度为 15.3kn。仿真曲线如图 3-4 所示。将转向角变为 -35°,即进行左回旋实验,仿真曲线如图 3-5 所示。

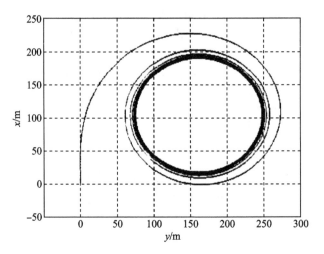

图 3-4 右回旋仿真(一)

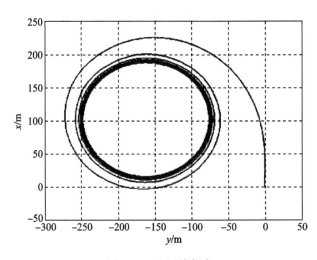

图 3-5 左回旋仿真

2) Z 形试验

船舶的 Z 形操纵试验用来评价船舶的艏摇抑制性能,同时也可以来评价操纵性中的航向改变情况。通常可以根据强机动性和弱机动性情况进行 5°/5°、10°/10°、20°/20° 的 Z 形操纵试验,但是通常是以 10°/10°Z 形操纵试验为准。在高速满载的情况下进行 10°/10° 的 Z 形试验,仿真结果如图 3-6 所示。

3) 综合分析

整体型模型把船体的各个分离机构考虑成一个整体处理,认为各个机构之间的影响已经在试验的时候默认考虑进去了,Nomoto 模型作为整体型模型被广泛使用,在已知船舶的相关参数后,定义 r、I_{zz}、m、V、L、x_c 分别是转艏角速度、对 z 轴的转

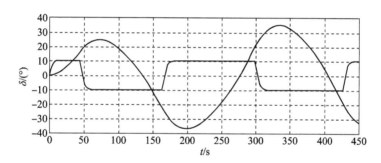

图 3-6 Z 形操纵仿真结果

动惯量、质量、航速、船长、重心坐标。将各量进行无量纲化：$m' = m/(0.5\rho L^3)$，$m = \rho \nabla, x_c' = x_c/L, v' = v/V, r' = rL/V, I_{zz}' = I_{zz}/\left(\frac{1}{2}\rho L\right), I_{zz} = \frac{mL^2}{16}$。其中，$\rho$ 为密度，∇ 为排水量。

各流体动力导数的无量纲值的估算公式为

$$\begin{cases} Y_v'' = -[1 + 0.16C_b B/T - 5.1(B/L)^2] \cdot \pi (T/L)^2 \\ Y_r'' = -[0.67B/L - 0.0033(B/T)^2] \cdot \pi (T/L)^2 \\ N_v'' = -[1.1B/L - 0.041B/T] \cdot \pi (T/L)^2 \\ N_r'' = -[1/12 + 0.017C_b B/T - 0.33B/L] \cdot \pi (T/L)^2 \\ Y_v' = -[1 + 0.4C_b B/T] \cdot \pi (T/L)^2 \\ Y_r' = -[1/2 + 2.2B/L - 0.080B/T] \cdot \pi (T/L)^2 \\ N_v' = -[1/2 + 2.4T/L] \cdot \pi (T/L)^2 \\ N_r' = -[1/4 + 0.039B/T - 0.56B/L] \cdot \pi (T/L)^2 \\ Y_\delta' = 3.0A_\delta/L^2 \\ N_\delta' = -(1/2)Y_\delta' \end{cases} \quad (3-86)$$

式中：B、T、C_b、A_δ 分别为船宽、吃水、方形系数、吊舱的舱体面积；Y_v'、Y_r'、N_v'、N_r' 是船体本身的流体动力导数。根据实际经验，需要按照下式来修正：

$$\begin{cases} \Delta Y_v' = -\gamma Y_\delta' \\ \Delta Y_r' = -1/2(\Delta Y_v') \\ \Delta N_v' = -1/2(\Delta Y_v') \\ \Delta N_r' = 1/4(\Delta Y_v') \\ \gamma = 0.30 \end{cases} \quad (3-87)$$

设船舶模型化成标准形式的状态空间方程为

$$\dot{X}_{(2)} = A_{(2)}X_{(2)} + B_{(2)}\delta \quad (3-88)$$

式中

$$A_{(2)} = (I_{(2)})^{-1}P_{(2)} = \begin{bmatrix} a_{11} & a_{12} \\ a_{21} & a_{22} \end{bmatrix}, \quad B_{(2)} = (I_{(2)})^{-1}Q_{(2)} = \begin{bmatrix} b_{11} \\ b_{21} \end{bmatrix} \quad (3-89)$$

$$\begin{cases} a_{11} = [(I'_z - N'_{\dot{r}})Y'_v - (m'x'_c - Y'_{\dot{r}})N'_v V/S_1] \\ a_{12} = [(I'_z - N'_{\dot{r}})(Y'_r - m') - (m'x'_c - Y'_{\dot{r}})(N'_r - m'x'_c)LV/S_1] \\ a_{21} = [-(m'x'_c - N'_{\dot{v}})Y'_v + (m' - Y'_{\dot{v}})N'_v]V/LS_1 \\ a_{22} = [-(m'x'_c - N'_{\dot{v}})(Y'_r - m') + (m' - Y'_{\dot{v}})(N'_r - m'x'_c)]V/S_1 \\ b_{11} = [(I'_z - N'_{\dot{r}})Y'_\delta - (m'x'_c - Y'_{\dot{r}})N'_\delta]V^2/S_1 \\ b_{21} = [-(m'x'_c - N'_{\dot{v}})Y'_\delta + (m' - Y'_{\dot{v}})N'_\delta]V^2/LS_1 \\ S_1 = [-(I'_z - N'_{\dot{r}})(m' - Y'_{\dot{v}}) - (m'x' - N'_{\dot{v}})(m'x' - Y'_{\dot{r}})]L \end{cases} \quad (3-90)$$

Nomoto 模型为

$$G_{\psi\delta} = \frac{K}{s(Ts+1)} \quad (3-91)$$

式中

$$K = \frac{b_{11}a_{21} - b_{21}a_{11}}{a_{11}a_{22} - a_{12}a_{21}}, \quad T = -\left(\frac{a_{11}+a_{22}}{a_{11}a_{22} - a_{12}a_{21}} + \frac{b_{21}}{b_{11}a_{21} - b_{21}a_{11}}\right)$$

为了能够更好地与 MMG 模型进行比较,使用 Nomoto 模型同样进行全速右旋回实验,结果如图 3-7 所示。

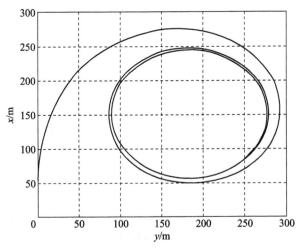

图 3-7 右回旋仿真(二)

从表 3-2 对比结果可看出,MMG 分离型模型的仿真结果更为接近实船的数据,所以在分析 POD 推进式船舶时,采用 MMG 分离型模型相对更加准确。

表 3-2　右旋回仿真(二)对比结果

旋回圈	实船结果	Nomoto 模拟结果	MMG 模拟结果
纵距/m	252.3	275	230.1
横距/m	198.65	158	160.3
战术直径/m	278.4	291	273.4
旋回直径/m	111.65	182	152.5

3.5.2　6 自由度船舶操纵-摇荡运动耦合作用分析

1) 回转运动

(1) 摇荡运动对回转运动的影响分析。讨论无波浪作用下回转运动规律,比较考虑摇荡和不考虑摇荡的回转运动情况。

从图 3-8 中可以看出,静水中 3 自由度操纵运动模型(同时考虑二阶波浪漂移力和时域一阶力)和 6 自由度操纵运动模型模拟的回转运动轨迹和速降完全吻合,由此证明,3 自由度 MMG 模型预报静水中船舶回转运动的完备性。

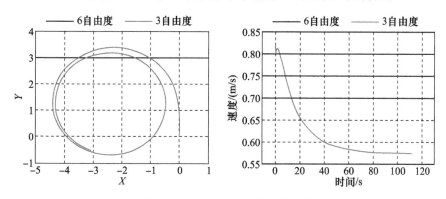

图 3-8　静水回转 3 自由度和 6 自由度模拟结果对比(见彩图)

讨论有波浪作用下的回转运动规律,比较高频波浪条件下考虑摇荡和不考虑摇荡的回转运动情况。以 T1 波浪条件为例,选取波幅为 15mm,迎浪工况,现比较结果如图 3-9 所示。

从图中可以看出,高频波浪条件(T1)下 3 自由度操纵运动模型和 6 自由度操纵运动模型模拟的回转轨迹基本一致,有 1% 以内的差异,回转速降时历也基本吻合。究其原因,本例中二阶波浪力在此波频下达到峰值,一阶波浪力等在此频率下作用较小,该工况下船舶摇荡运动不明显,二阶波浪漂移力占主要比例,回转运动中的漂移运动显著,因而,垂向 3 自由度的摇荡运动对回转运动影响不大。讨论有波浪作用下

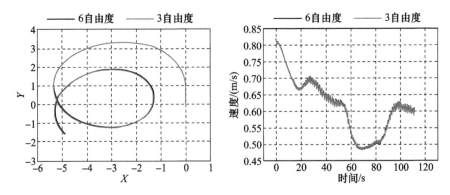

图3-9 高频波浪(T1)中回转3自由度和6自由度模拟结果对比(见彩图)

的回转运动规律,比较低频波浪条件下考虑摇荡和不考虑摇荡的回转运动情况。以T7波浪条件为例,选取波幅为15mm,迎浪工况,现比较结果如图3-10所示。

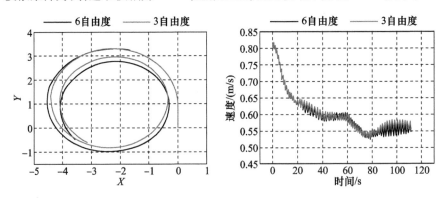

图3-10 低频波浪(T7)中回转3自由度和6自由度模拟结果对比(见彩图)

从图3-10中可以看出,低频波浪条件(T7)下3自由度操纵运动模型和6自由度操纵运动模型模拟的回转轨迹相差较大,从出发到船舶艏向角达到90°时,两种模型的模拟结果吻合度很高,随着艏向角的增大,两种模型模拟的回转运动轨迹出现偏差,3自由度的模拟回转运动相较6自由度的模拟结果向Y轴正方向有0.2倍船长的漂移,向X轴正方向有0.15倍船长的漂移,总体差异在5%左右。对于回转速降时历,出发后20s内及60~80s,速降时历吻合良好,此时,回转运动处于迎浪向横浪的转化过程中,出发后20~60s及80s之后,3自由度的模拟回转速度较6自由度的模拟结果大,特别是80s之后,两者差距达到0.03m/s,差异达到4%。究其原因,本例中二阶波浪力在此波频下达到峰值,一阶波浪力等在此频率下作用较小,该工况下船舶摇荡运动不明显,二阶波浪漂移力占主要比重,回转运动中的漂移运动显著,因而,垂向3自由度的摇荡运动对回转运动影响不大。

(2)回转运动对摇荡运动的影响分析。讨论有波浪作用下的摇荡运动规律,比较高频波浪条件下考虑二阶波浪漂移力和不考虑二阶波浪漂移力的情况。以

T1 波浪条件为例,选取波幅为 15mm,迎浪工况,现比较结果如图 3-11 所示。

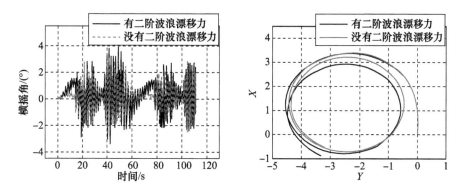

图 3-11　高频波浪(T1)中有无二阶波浪漂移力回转横摇和回转
运动轨迹模拟结果对比(见彩图)

从图 3-11 中可以看出,高频波浪条件(T1)下,有无二阶波浪漂移力对回转横摇运动有很大的影响,有漂移力情况下,由于受到横摇二阶波浪漂移力和船舶位置的双重影响,横摇平均值相对的正弦曲线幅度为 1.5°左右,比无漂移力情况下的结果大 1°;有漂移力的情况下,回转横摇运动幅值比无漂移力情况下的结果大 0.7°,无漂移力计算得到的回转横摇幅值差异为 20%;有漂移力情况下,迎浪回转横摇运动振荡比无漂移力结果更剧烈,其横摇均值在 0.5°左右。究其原因:一是横摇二阶波浪漂移力的作用;二是高频波浪条件作用下,一阶波浪力小,船舶摇荡运动幅度不大,受干扰影响大,二阶波浪漂移力大,船舶漂移运动剧烈,回转运动轨迹差别大。上述两种情况下船舶实时遭遇波情况和自身运动情况均不同,导致回转横摇运动结果不一样。

讨论有波浪作用下的摇荡运动规律,比较低频波浪条件下考虑二阶波浪漂移力和不考虑二阶波浪漂移力的情况。以 T7 波浪条件为例,选取波幅为 15mm,迎浪工况,现比较结果如图 3-12 所示。

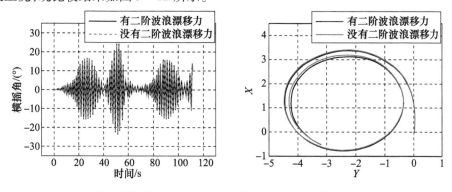

图 3-12　低频波浪(T7)中有无二阶波浪漂移力回转横摇和回转
运动轨迹模拟结果对比(见彩图)

从图3-12中可以看出,低频波浪条件(T7)下,有无二阶波浪漂移力对回转横摇运动影响不大,两种情况下回转横摇运动时历曲线有很高的重合度,同时回转运动轨迹也基本吻合。究其原因:一是低频波浪条件,尤其是本例中的波频,是船舶的横摇固有频率,其对应一阶波浪力大,摇荡运动剧烈;二是二阶波浪漂移力小,船舶漂移运动缓慢,回转运动轨迹差别小。上述两种情况下船舶实时遭遇波情况和自身运动情况均相似,导致回转横摇运动结果基本相同。

2) Z形运动

(1) 摇荡运动对Z形运动的影响分析。讨论有波浪作用下的回转运动规律,比较高频波浪条件下考虑摇荡和不考虑摇荡的Z形运动情况。以T1波浪条件为例,选取波幅为15mm,横浪工况,现比较结果如图3-13所示。

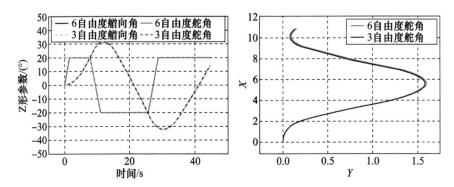

图3-13 高频波浪(T7)中回转3自由度和6自由度模拟结果对比(见彩图)

从图3-13中可以看出,高频波浪条件(T7)下3自由度操纵运动模型和6自由度操纵运动模型模拟的Z形运动轨迹与艏向角、舵角时历曲线基本吻合,模型的误差对结果影响不大。

讨论有波浪作用下的回转运动规律,比较低频波浪条件下考虑摇荡和不考虑摇荡的Z形运动情况。以T1波浪条件为例,选取波幅为15mm,横浪工况,现比较结果如图3-14所示。

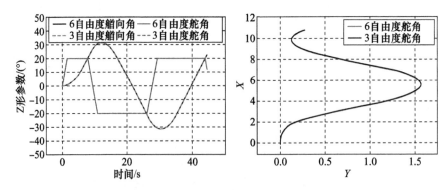

图3-14 高频波浪(T7)中回转3自由度和6自由度仿真结果对比(见彩图)

从图 3-14 中可以看出,低频波浪条件(T7)下 3 自由度操纵运动模型和 6 自由度操纵运动模型模拟的 Z 形运动轨迹与艏向角、舵角时历曲线基本吻合,模型的差距对结果影响不大。

(2) Z 形运动对摇荡运动的影响分析。讨论有波浪作用下的摇荡运动规律,比较高频波浪条件下考虑二阶波浪漂移力和不考虑二阶波浪漂移力的情况。以 T1 波浪条件为例,选取波幅为 15mm,横浪工况,现比较结果如图 3-15 所示。

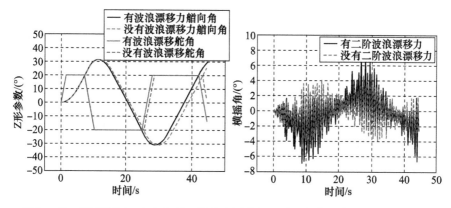

图 3-15　高频波浪(T1)中有无二阶波浪漂移力 Z 形运动模拟结果对比(见彩图)

从图 3-15 中可以看出,高频波浪条件(T1)下,有无二阶波浪漂移力对 Z 形横摇运动有很大的影响,有漂移力情况下,横摇漂移由于受到横摇二阶波浪漂移力和船舶位置的双重影响,横摇平均值相对的正弦曲线幅度为 4°左右,比无漂移力情况下的结果大 2°;有漂移力作用下,Z 形运动周期增大,比无漂移情况下的结果大 5% 左右,超越角基本一致。

讨论有波浪作用下的摇荡运动规律,比较低频波浪条件下考虑二阶波浪漂移力和不考虑二阶波浪漂移力的情况。以 T7 波浪条件为例,选取波幅为 15mm,横浪工况,现比较结果如图 3-16 所示。

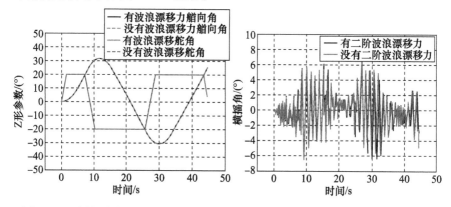

图 3-16　低频波浪(T7)中有无二阶波浪漂移力 Z 形运动模拟结果对比(见彩图)

从图 3-16 中可以看出,低频波浪条件(T7)下,有无二阶波浪漂移力对 Z 形横摇运动影响不大,两种情况下 Z 形运动艏摇角和舵角时历曲线有很高的重合度,同时横摇时历曲线也基本吻合。

3) 综合分析

对于回转运动,3 自由度运动模型和 6 自由度运动模型在预报静水中与高频波浪中的回转运动时精度相似,在预报低频波浪中回转运动时,有 5% 左右的差别,摇荡运动对回转运动的影响在低频波浪环境下更加剧烈;考虑船舶回转漂移(即考虑二阶波浪漂移力)模型和不考虑船舶回转漂移模型在预报低频波浪中回转摇荡运动时精度相似,在预报高频波浪中回转摇荡运动时,有 20% 左右的差别,回转运动对摇荡运动的影响在高频波浪环境下更加剧烈。

对于 Z 形运动,3 自由度运动模型和 6 自由度运动模型在预报波浪中的运动精度相似,摇荡运动对 Z 形运动影响不明显;考虑船舶漂移模型和不考虑船舶漂移模型在预报低频波浪中 Z 形运动过程中的摇荡运动时精度相似,在预报高频波浪中 Z 形运动摇荡时,有 5% 左右的差别,Z 形运动对摇荡运动的影响在高频波浪环境下比较剧烈。基于以上分析结果,6 自由度全耦合运动模型对回转运动影响较大,而对 Z 形运动规律则影响较小。

参 考 文 献

[1] 乐美龙. 船舶操纵性预报与港行操纵运动仿真[M]. 上海:上海交通大学出版社,2004.

[2] Jaroslaw Artyszuk. A look into motion equations of the "esso Osaka" manoeuvring[J]. International Sipbuilding Progress,2003,50(4):297-315.

[3] 张国庆. 超恶劣海况下船舶运动简捷鲁棒自适应控制[D]. 大连:大连海事大学,2015.

[4] Norrbin N H. Theory and observation on the use of a mathematical model for ship manoeuvring in deep and confined waters. Proceedings of the 8th Symposium on Naval Hydrodynamics, Statens Skeppsprovningsanstalt,1970[C]. Gothenburg:Sweden Swedish Maritime Research Centre,SSPA,1981.

[5] 贾欣乐,杨盐生. 船舶运动数学模型[M]. 大连:大连海事大学出版社,1999.

[6] Abkowitz M A. Measurement of hydrodynamic characteristic from ship maneuvering trials by system identification[J]. Transactions of Society of Naval Architects and Marine Engineers,1980,88:283-318.

[7] 张心光. 基于船舶操纵性试验分析的辨识建模研究[D]. 上海:上海交通大学,2012.

[8] 野本谦作. 船舶操纵性和控制及其在船舶设计中的应用[R]. 中国船舶科学研究中心报告,1985.

[9] 惠小锁. 船舶 4 自由度响应型数学模型的研究[D]. 大连:大连海事大学,2010.

[10] Fossen T I,Blanke M. Nonlinear output feedback control of underwater vehicle propellers using feedback form estimated axial flow velocity[J]. IEEE Journal of Oceanic Engineering,2000,25(2):241-255.

[11] 杨承恩,贾欣乐,毕英君. 船舶舵阻横摇及其鲁棒控制[M]. 大连:大连海事大学出版社,2001.

[12] 徐静. 船舶在波浪中的六自由度操纵运动模型研究[D]. 上海:上海交通大学,2013.

[13] Kijima K,Toshiyuku K,Yasuaki N,et al. On the maneuvering performance of ship with the parameter of loading condition[J]. Journal of the Society of Naval Architects of Japan,1990,168:141-148

[14] Tasai F. Damping force and added mass of ships heaving and pitching[J]. Transactions of the West Japan Society of Naval Architects,1961,21:109-132.

[15] 伍绍博. 船舶在波浪中操纵及其控制系统研究[D]. 上海:上海交通大学,2009.

第4章 船舶操纵仿真器

4.1 船舶操纵仿真器概述

船舶操纵仿真器,是指在实验室内利用电子仪表、计算机控制和显示装置,模拟船舶操纵的仿真装置。该装置模拟船舶在海上航行的实况,以培养海员今后在海上实船操纵的能力。在模拟器上,可以预先设定海上经常发生的各种船舶操纵故障以及应急处理方法。

船舶操纵性直接关系到船舶航行的安全性和经济性,是船舶最基本和重要的航行性能之一。自2003年国际海事组织(IMO)正式发布《船舶操纵性标准》以来,国内外设计、使用部门对于船舶操纵性的不断重视,使得船舶操纵性研究得到很好的发展机遇。近年来,国际拖曳水池会议(International Towing Tank Conference,ITTC)对于操纵性热点问题的关注及相关操纵性试验规程的发布,有力地推动了国内外操纵性的研究。

20世纪60年代末荷兰建立了世界上第一台用于船舶操纵训练的航海仿真器,此后的一段时间内又出现了雷达防撞训练器、导航训练器、机舱训练器、装载训练器和捕鱼训练器等。这些训练器可以用计算机结合在一起构成整体的航海训练仿真器。此外,还研制出潜艇训练仿真器用于水下操纵训练、声纳训练、潜望镜攻击训练等。随着海洋运输和海洋开发事业的发展,海难事故不断增加,航海训练仿真器技术发展很快。目前的航海训练仿真器在技术上有以下特点。

(1) 船舶运动的自由度较少,数学模型比较简单。

(2) 船舶运动速度比较低,仿真计算时可采用较长的采样周期。

(3) 船桥尺寸较大,被训练者的位置又允许移动,因此要求视景显示设备形成的视角较大,一般水平视角不小于120°,垂直视角不小于30°。

(4) 很难驱动庞大的船桥运动起来,所以被训练人员通常只能依靠视景仿真装置和视景显示设备来获得运动感觉。

船舶操纵仿真器由船舶操纵人员输入舵角和主机转速等信号,计算机采样接收后,按船舶数学模型和环境(风、流、浪、侧壁和浅水效应)数学模型进行实时仿真计算,其输出用于雷达、导航仪表和仿真视景装置,它们共同产生一个同真实海上操船舶相仿的内外环境。船长通过对环境的感受,根据操纵船舶的经验,向船舶操纵人员发布命令,完成系统的闭环。被训练人员(船长和船舶操纵人员)在这种闭环系统中受到训练。

船舶操纵仿真器主要应用于以下几方面。

(1) 现代综合船桥技术展示。

(2) 团队配合与船舶安全航行。

(3) 熟悉世界著名港口和航道的水文特点和物标景观。

(4) 港口、狭水道、内河与开阔水域的船舶引航和操纵。

(5) 驾驶台资源管理。

(6) 海上搜救训练。

(7) 船舶操纵性研究。

(8) 港口航道设计开发及引航试验。

(9) 海事分析等。

4.2 船舶操纵仿真器的构成及系统结构

4.2.1 船舶操纵仿真器系统简介

船舶操纵仿真器主要可用3个真实感来评价其性能,它们分别是行为真实感、环境真实感和物理真实感。其中,行为真实感主要由所采用的船舶运动数学模型所确定,环境真实感主要由视景系统所确定,物理真实感主要由所采用的仿真驾驶台及仪器设备所确定。

船舶操纵仿真器基于先进的分布交互仿真(Distribute Interactive Simulation, DIS)和高层体系结构(High Level Architecture, HLA)的设计思想研制。该系统通常由1个教练员站、1条主本船、若干条副本船构成,各本船之间通过三维视景和雷达图像互见。教练员站与各本船中的计算机均采用高性能微型计算机,微型计算机间采用网络连接。主本船配备模拟驾驶舱、完整的驾驶台设备、270°水平视场角环幕投影视景系统,可以为使用者提供类似实船的操作环境。仿真驾驶台配备了与实船相似的设备(如电子海图、雷达/ARPA、车钟、舵轮、各种仪表等),透过驾驶台窗户看到的是由计算机成像系统生成、投影在270°水平视场角柱幕上的视景,操作人员置身于这个与实船相似的驾驶舱中,能看到所在海区不同能见度条件下白天和夜间从驾驶台看到的真实场景,能感受到船舶6自由度的运动,犹如驾驶一艘实船在人工创建的虚拟环境中航行。

图4-1和图4-2为船商NTPro5000型船舶操纵仿真器。配备实船用的雷达,电子海图显示与信息系统(ECDIS),综合信息显示(Conning Display)单元,测深仪,计程仪,自动识别系统(Automatic Identification System, AIS), GPS, 全球海上遇险与安全系统(GMDSS)单元,自动化机舱监控单元,侧推器操作、号灯号型及其管理单元,值班报警单元,内外部通信以及通用报警、船舶广播系统等仿真设备。

图 4-1 船舶操纵仿真器

图 4-2 船舶操纵仿真器内部视景

4.2.2 船舶操纵仿真器的特点及构成

船舶操纵仿真器具有以下特点。

(1) 航线设计与实施。

(2) 沿岸、近海、狭水道、内河航线及船舶避碰的模拟。

(3) 不同天气及能见度(晴天、多云、阴天、雾、雨等)、不同海况(风、浪、流等)、不同时间(白天、昼夜连续可变)条件下的航行、操纵模拟。

(4) 使用助航仪器、雷达/ARPA、ECDIS、无线通信等为一体的综合智能导航模拟。

(5) 搜救行动模拟。

(6) 船舶交通服务(Vessel Traffic Service,VTS)模拟。

(7) 基于 6 自由度船舶运动数学模型的基础上,模拟本船在开阔水域的水动力学特征(包括气象、潮汐、流的影响),本船在受限水域的水动力学特征(包括浅水、岸壁和船间效应),以及本船的锚、车(主机)、舵、缆、拖轮作用下的响应。

(8) 各种类型、大小的船舶操纵模拟(包括杂货船、散货船、客船、油船、集装箱船、液化气船、化学品船、高速船、超大型船舶、拖轮等)。

(9) 靠离泊操纵模拟(车、舵、锚、缆以及拖轮协同操纵)。

船舶操纵仿真器的构成一般包括综合船桥驾驶台模块、船舶控制模块、雷达/ARPA 模块、ECDIS 模块、GMDSS 模块、导航仪器模块、视景系统模块、音响模拟模块等,而且还包括船舶动态软件、三维视景软件、教练监控软件、视景及船模开发软件、实物驾驶台硬件、基于网络分布式处理计算机系统。

4.3 船舶操纵仿真器的数学模型

1946 年以来,世界各国使用的船舶操纵运动方程较多,如 Davision 方程、Abkowitz 方程、MMG 操纵运动方程、GILL 方程等。但基本上都是以 3 自由度运动方程为基础。为便于说明,首先介绍其坐标系。

4.3.1 水面船舶坐标系

本节以船商 NTPro5000 操纵仿真器为例介绍其数学模型。图 4-3 和图 4-4

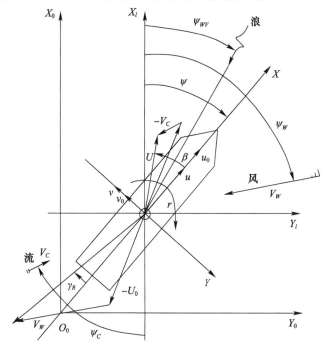

图 4-3 水面船舶的坐标系(水平投影)

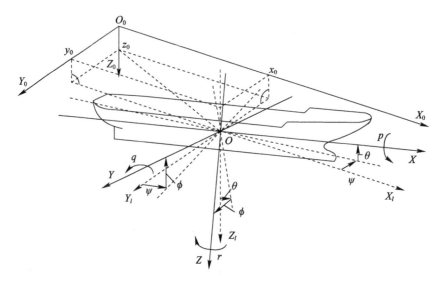

图 4-4 水面船舶的坐标系

是水面船的坐标系示意图。图中大写的 $X_0Y_0Z_0$ 是固定于地球表面的惯性坐标系,O_0 为中心,X_0 轴指向正北,Y_0 轴指向正东,Z_0 轴指向下,XYZ 是固定于船舶重心(CG)的载体坐标系,X 轴指向船艏,Y 轴指向船舶右舷,Z 轴指向下。$X_1Y_1Z_1$ 是固定于船舶重心(CG)的平面坐标系,X_1 轴指向正北,Y_1 轴指向正东,Z_1 轴指向下。

4.3.2 运动学方程

1) 欧拉运动学方程

横摇、纵摇和垂荡速率欧拉运动方程允许船舶通过角度导数在笛卡儿体坐标系下确定横摇速率、纵摇速率和艏摇速率向量投影:

$$\begin{cases} p = \dot{\phi} - \dot{\psi}\sin\theta \\ q = \dot{\theta}\cos\phi + \dot{\psi}\cos\theta\sin\phi \\ r = -\dot{\theta}\sin\phi + \dot{\psi}\cos\theta\cos\phi \end{cases} \quad (4-1)$$

式中:p、q 和 r 分别为横摇角速度、纵摇角速度和艏摇角速度;θ 为纵倾角;ϕ 为横倾角;ψ 为方位角。

具体应用时,在考虑 4 自由度运动时,简化为

$$\begin{cases} p = \dot{\phi} \\ r = \dot{\psi}\cos\phi \end{cases} \quad (4-2)$$

考虑到3自由度运动时,只有一个方程:

$$p = \dot{\phi} \quad (4-3)$$

2)线性速度运动学方程

线性速度运动学方程允许从固定轴 u_0、v_0、ω_0 上速度向量的投影确定重心坐标 $\dot{x}_0 = U_{X_0}$,$\dot{y}_0 = U_{Y_0}$,$\dot{z}_0 = U_{Z_0}$ 的导数,即

$$\begin{cases} \dot{x}_0 = u_0\cos\psi\cos\theta + v_0(\sin\phi\cos\psi\sin\theta - \cos\phi\sin\psi) + \omega_0(\cos\phi\cos\psi\sin\theta + \sin\phi\sin\psi) \\ \dot{y}_0 = u_0\sin\psi\cos\theta + v_0(\sin\phi\sin\psi\sin\theta + \cos\phi\cos\psi) + \omega_0(\cos\phi\sin\psi\sin\theta - \sin\phi\cos\psi) \\ \dot{z}_0 = -u_0\sin\theta + v_0\sin\phi\cos\theta + \omega_0\cos\phi\cos\theta \end{cases}$$

$$(4-4)$$

具体应用时,在考虑4自由度运动的情况下,简化为

$$\begin{cases} \dot{x}_0 = u_0\cos\psi - v_0\cos\phi\sin\psi \\ \dot{y}_0 = u_0\sin\psi + v_0\cos\psi \end{cases} \quad (4-5)$$

考虑到3自由度运动时,有

$$\begin{cases} \dot{x}_0 = u_0\cos\psi - v_0\sin\psi \\ \dot{y}_0 = u_0\sin\psi + v_0\cos\psi \end{cases} \quad (4-6)$$

3)船舶速度相对流体的运动学方程

$$\boldsymbol{U} = \boldsymbol{U}_0 - \boldsymbol{V}_C \quad (4-7)$$

该向量分量由下式确定:

$$\begin{cases} u = u_0 - V_{C_X} \\ v = v_0 - V_{C_Y} \\ \omega = \omega_0 - V_{C_Z} \end{cases} \quad (4-8)$$

由于船舶的实际横摇角和纵摇角很小,V_{C_Z} 可忽略不计。使用 $\boldsymbol{U}$ 向量分量计算船体上的力。

另一组运动学方程允许在固定轴 u、v、ω 上,根据船舶速度向量相对于流体的投影来确定漂移角 β 和攻角 α:

$$\begin{cases} u = U\cos\beta\cos\alpha \\ v = -U\sin\beta\cos\alpha \\ \omega = -U\sin\alpha \end{cases} \quad (4-9)$$

考虑到 3 自由度运动时,有

$$\begin{cases} u = U\cos\beta \\ v = -U\sin\beta \end{cases} \quad (4-10)$$

4) 风的运动学方程

使用风速 V_{RW} 和风舷角 γ_{RW} 计算空气动力。风速向量 V_{RW} 及其组成由以下公式决定:

$$\begin{cases} \boldsymbol{V}_{RW} = -\boldsymbol{U}_0 + \boldsymbol{V}_W \\ V_{RW_X} = -u_0 + V_{W_X} \\ V_{RW_Y} = -v_0 + V_{W_Y} \end{cases} \quad (4-11)$$

由于船舶的实际横摇角和纵摇角很小,V_{W_Z} 可忽略不计,故表示为以下形式:

$$\begin{cases} V_{RW} = \sqrt{V_{RW_X}^2 + V_{RW_Y}^2} \\ V_{RW_X} = -V_{RW}\cos\gamma_{RW} \\ V_{RW_Y} = V_{RW}\sin\gamma_{RW} \end{cases} \quad (4-12)$$

4.3.3 船舶运动方程

6 自由度船舶运动方程如下式所示:

$$\begin{cases} m(\dot{u}_0 - v_0 r + \omega_0 q) = X \\ m(\dot{v}_0 + u_0 r - \omega_0 p) = Y \\ m(\dot{\omega}_0 - u_0 q + v_0 p) = Z \\ I_{x_c}\dot{p} + (I_{z_c} - I_{y_c})qr = K \\ I_{y_c}\dot{q} + (I_{x_c} - I_{z_c})rp = M \\ I_{z_c}\dot{r} + (I_{y_c} - I_{x_c})pq = N \end{cases} \quad (4-13)$$

为了确定船舶位置,使用地球坐标系的重心坐标 x_0、y_0、z_0;为了确定船体方向,使用船舶横摇角 ϕ、纵摇角 θ 和艏向角 ψ;同时,为了组合运动方程,获取速度和旋回速率向量的分量 u、v、ω、p、q、r;运动学方程用于确定质心坐标和船舶角度

的导数 $\dot{x}_0$、$\dot{y}_0$、$\dot{z}_0$、$\dot{\phi}$、$\dot{\theta}$、$\dot{\psi}$。

总的力和力矩如下：

$$\begin{cases} X = X_I + X_H + X_P + X_R + X_T + X_C + X_A + X_W + X_{EXT} \\ Y = Y_I + Y_H + Y_P + Y_R + Y_T + Y_C + Y_A + Y_W + Y_{EXT} \\ Z = Z_I + Z_H + Z_W + Z_{EXT} \\ K = K_I + K_H + K_P + K_R + K_T + K_C + K_A + K_W + K_{EXT} \\ M = M_I + M_H + M_P + M_W + M_{EXT} \\ N = N_I + N_H + N_P + N_R + N_T + N_C + N_A + N_W + N_{EXT} \end{cases} \quad (4-14)$$

式中：X_I、Y_I、Z_I、K_I、M_I、N_I 表示惯性力和力矩；X_H、Y_H、Z_H、K_H、M_H、N_H 表示水动力和力矩；X_A、Y_A、K_A、N_A 表示空气动力和力矩；X_C、Y_C、K_C、N_C 表示水流力和力矩；X_R、Y_R、K_R、N_R 表示舵力和力矩；X_T、Y_T、K_T、N_T 表示推进力和力矩；X_P、Y_P、K_P、M_P、N_P 表示螺旋桨力和力矩；X_W、Y_W、Z_W、K_W、M_W、N_W 表示波浪力和力矩；X_{EXT}、Y_{EXT}、Z_{EXT}、K_{EXT}、M_{EXT}、N_{EXT} 表示外力和力矩，包括船舶之间的相互作用力。

出于实际应用的考虑，式(4-13)简化为

$$\begin{cases} m(\dot{u}_0 - v_0 r) = X \\ m(\dot{v}_0 + u_0 r) = Y \\ I_{x_c} \dot{p} = K \\ I_{z_c} \dot{r} = N \end{cases} \quad (4-15)$$

对于排水型船舶而言，模型化自由度的数量可以减少到3个。在这种情况下，表示为如下形式：

$$\begin{cases} m(\dot{u}_0 - v_0 r) = X \\ m(\dot{v}_0 + u_0 r) = Y \\ I_{z_c} \dot{r} = N \end{cases} \quad (4-16)$$

1）惯性力和力矩

式(4-13)中的附加船体质量是根据船体形状计算得到的。模拟器中模拟船舶运动建模时，额外液体质量矩阵的横截面相对小，可以忽略它们。因此，模型假设的力和力矩具有以下形式：

$$\begin{cases} X_I = X_{\dot{u}}\dot{u} - Y_{\dot{v}}vr + Z_{\dot{\omega}}\omega q \\ Y_I = Y_{\dot{v}}\dot{v} - Z_{\dot{\omega}}\omega p + X_{\dot{u}}ur \\ Z_I = Z_{\dot{\omega}}\dot{\omega} - X_{\dot{u}}uq + Y_{\dot{v}}vp \\ K_I = K_{\dot{p}}\dot{p} + (N_{\dot{r}} - M_{\dot{q}})qr + (Z_{\dot{\omega}} - Y_{\dot{v}})v\omega \\ M_I = M_{\dot{q}}\dot{q} + (K_{\dot{p}} - N_{\dot{r}})rp + (X_{\dot{u}} - Z_{\dot{\omega}})\omega u \\ N_I = N_{\dot{r}}\dot{r} + (M_{\dot{q}} - K_{\dot{p}})pq + (Y_{\dot{v}} - X_{\dot{u}})uv \end{cases} \quad (4-17)$$

2) 运动方程中的外力

外力 $\boldsymbol{F}_{EXT} = [X_{EXT}, Y_{EXT}, Z_{EXT}]^T$ 和力矩 $\boldsymbol{M}_{EXT} = [K_{EXT}, M_{EXT}, N_{EXT}]^T$ 与其他船舶的相互作用的力为

$$\begin{cases} \boldsymbol{F}_{EXT} = \dfrac{\sum P_{EXT}}{\Delta t} \\ \boldsymbol{M}_{EXT} = \dfrac{\sum L_{EXT}}{\Delta t} \end{cases} \quad (4-18)$$

式中：Δt 是时间步长；$\sum P_{EXT} = \sum\limits_i \int_t^{t+\Delta t} F_{EXTi}(t)\mathrm{d}t$；$\sum L_{EXT} = \sum\limits_i \int_t^{t+\Delta t} M_{EXTi}(t)\mathrm{d}t$。

4.3.4 船体动力数学模型

1) 水动力

水动力和力矩如下式所示：

$$\begin{cases} X_H = \dfrac{\rho}{2}A_C U^2 C_{XH} \\ Y_H = \dfrac{\rho}{2}A_C(U^2 + L^2 r^2) C_{YH} \\ Z_H = -(N_{\dot{z}}w + \rho g A_{wp}z) \\ K_H = -\overline{HG}_y Y_H - (N_p p + mg\overline{GM}_T \phi) \\ M_H = -(N_q q + mg\overline{GM}_L \theta) \\ N_H = \dfrac{\rho}{2}A_C L(U^2 + L^2 r^2) C_{NH} \end{cases} \quad (4-19)$$

式中：C_{XH}、C_{YH}、C_{NH} 是水动力和艏摇力矩的无量纲系数；A_C 是中心侧向平面浸没部分的面积；A_{wp} 是水线面面积；N_p、N_q、$N_{\dot{z}}$ 分别为横摇、纵摇和垂荡阻尼系数；$\overline{HG}_z =$

$z_G - z_H$ 是重心间距离;$\overline{GM_T}$ 和 $\overline{GM_L}$ 分别为横向和纵向的稳心高度。

系数 N_p、N_q、N_z 由船体形状、船舶速度 U 和遭遇频率 σ 决定;无量纲系数 C_{XH}、C_{YH}、C_{NH} 是船体参数、艏摇角速度(无因次转动率 $\bar{r} = L \times r/U$)和漂移角 β 的非线性函数;纵向水动力系数 $C_{XH}(V,\beta)$ 是漂移角的偶数函数,并且由船舶尺度决定;值 $C_T(V) = C_{XH}(V,0)$ 由向前运动的船体阻力决定;船舶阻力系数可分解为黏性分量和波浪分量:

$$C_T(V) = C_T(R_n, F_n) = (1+k)C_F(R_n) + C_W(F_n) \tag{4-20}$$

式中:R_n 是雷诺兹数;F_n 是弗劳德数。

系数 C_{YH}、C_{NH} 最好分解为下式:

$$\begin{cases} C_{YH} = C_{YHp}U^2/(U^2 + L^2r^2) + C_{YHd} \\ C_{NH} = C_{NHp}U^2/(U^2 + L^2r^2) + C_{NHd} \end{cases} \tag{4-21}$$

式中:$C_{YHp}(\beta)$、$C_{NHp}(\beta)$、$C_{YHd}(\beta,\bar{r})$、$C_{NHd}(\beta,\bar{r})$ 是水动力系数;"p" 指数表示"位置"(无艏摇角速度漂移的影响);"d" 表示"阻尼"(艏摇角速度的影响)。因此,水动力的 Y 力和艏摇力矩为

$$\begin{cases} Y_H = \dfrac{\rho}{2}A_C[C_{YHp}U^2 + C_{YHd}(U^2 + L^2r^2)] \\ N_H = \dfrac{\rho}{2}A_CL[C_{NHp}U^2 + C_{NHd}(U^2 + L^2r^2)] \end{cases} \tag{4-22}$$

式中:系数 $C_{YHp}(\beta)$、$C_{NHp}(\beta)$ 是漂移角和船舶尺度的函数;系数 $C_{YHd}(\beta,\bar{r})$、$C_{NHd}(\beta,\bar{r})$ 是艏摇角速度漂移角和船体尺度的函数,$\bar{r}$ 的范围无穷大,其对应部分是艏摇角 $\gamma = \arctan(\bar{r})$。

2) 空气动力

空气动力由无量纲空气动力特性来表示:

$$\begin{cases} X_A = -C_{XA}(\gamma_R)\dfrac{\rho_A V_{RW}^2}{2}A_T \\ Y_A = C_{YA}(\gamma_R)\dfrac{\rho_A V_{RW}^2}{2}A_L \\ N_A = C_{NA}(\gamma_R)\dfrac{\rho_A V_{RW}^2}{2}A_L L \\ M_A = \overline{AG_z}Y_A \end{cases} \tag{4-23}$$

式中:V_{RW} 是相对风速;γ_R 是相对风舷角;A_T 和 A_L 是横向与侧向投影风场。

考虑到船舶水上部分的结构,无量纲系数 C_{XA}、C_{YA}、C_{NA} 作为相对风舷角 γ_R 的函数进行计算。

3）水动力系数

为了得到 $C_{XH}(\beta)$、$C_{YH}(\beta,\bar{r})$、$C_{NH}(\beta,\bar{r})$ 或者 $C_{YHp}(\beta)$、$C_{NHp}(\beta)$、$C_{YHd}(\beta,\bar{r})$、$C_{NHd}(\beta,\bar{r})$，在整个漂移角和艏摇角速度范围内，采用了油轮试验的结果。

图 4-5 为油轮试验。图 4-6 和图 4-7 给出了集装箱船的水动力系数（长 203m，宽 25.4m，吃水 9.8m）。

图 4-5 油轮试验

水动力系数 $C_{XH}(\beta)$、$C_{YHp}(\beta)$ 和 $C_{NHp}(\beta)$ 如图 4-6 所示。

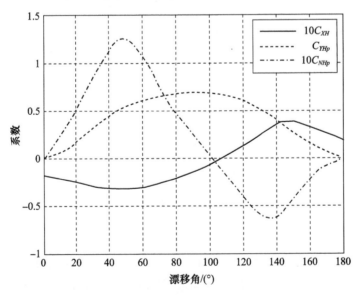

图 4-6 集装箱船的水动力系数

图 4-7 给出了水动力系数 $C_{YH}(\beta,\bar{r})$ 和 $C_{NH}(\beta,\bar{r})$。

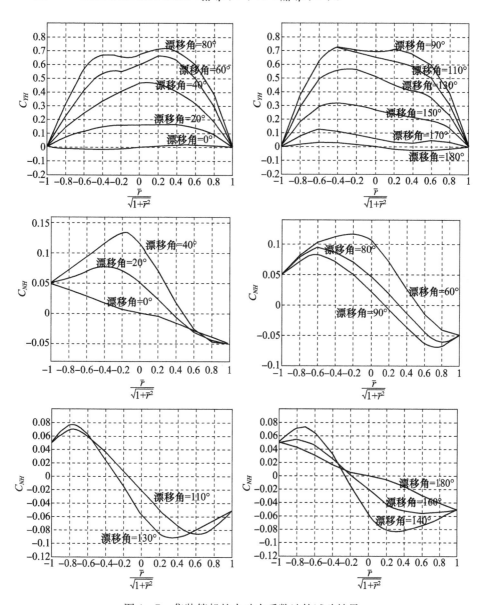

图 4-7 集装箱船的水动力系数油轮试验结果

其中,油轮试验结果不可用的情况下,使用三角级数展开计算 $C_{YHp}(\beta)$ 和 $C_{NHp}(\beta)$,使用插值公式计算 $C_{YHd}(\beta,\bar{r})$ 和 $C_{NHd}(\beta,\bar{r})$。为了验证近似值,将油轮试验与计算结果进行比较。图 4-8 中给出了水动力系数 $C_{XH}(\beta)$、$C_{YHp}(\beta)$ 和 $C_{NHp}(\beta)$。船舶的主要参数:船长 56m,船宽 10m,吃水 3.15m。

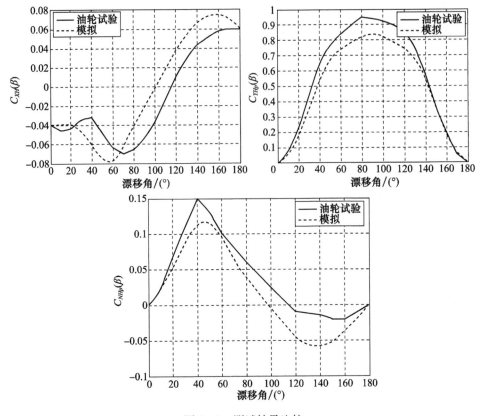

图 4-8 测试结果比较

4) 空气动力系数

对于已知风洞结果的特定船舶而言,C_{XA}、C_{YA}、C_{NA}在整个风舷角 γ_R 范围内以表格形式给出。图 4-9 给出了油轮模型预测和风洞试验数据的比较结果。船舶的主要参数:船长 295m,船宽 45m,吃水 17m。

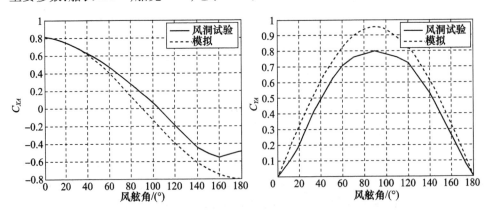

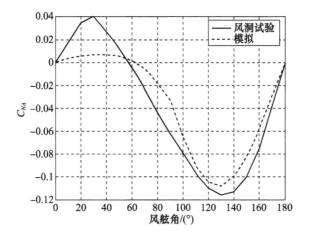

图 4-9 油轮的空气动力系数

4.3.5 定螺距与可调螺距螺旋桨系统建模

该数学模型考虑了由调距桨（CPP）或定距桨（FPP）产生的纵向力 X_P、横向力 Y_P 和垂直力 Z_P、艏摇力矩 N_P、横倾力矩 K_P 和纵倾力矩 M_P。

受影响的螺旋桨推力 T_e、侧向力 Y_P 和轴扭矩 Q_P 由下式确定：

$$\begin{cases} T_e = \rho n^2 D^4 (1 - \bar{t}) K_T(J, P/D) \\ Y_P = \rho n^2 D^4 K_{YP}(J, P/D) \\ Q_P = \rho n^2 D^5 K_Q(J, P/D) \end{cases} \quad (4-24)$$

式中：P/D 是螺旋桨螺距比；J 是螺旋桨进距；n 是螺旋桨轴频率；K_T、K_Q 和 K_{YP} 是无量纲系数。

纵向力和垂向力如下：

$$\begin{cases} X_P = T_e \cos\theta_P \\ Z_P = T_e \sin\theta_P \end{cases} \quad (4-25)$$

式中：θ_P 是轴倾角。

单螺旋船的艏摇力矩为

$$N_P = Y_P x_P \quad (4-26)$$

双螺旋桨船的艏摇力矩为

$$N_P = \sum_{i=1}^{2} (Y_{Pi} x_{Pi} + X_{Pi} y_{Pi}) \quad (4-27)$$

螺旋桨产生倾斜力矩 K_P，平衡力矩 M_P 由螺旋桨的相对坐标 x_P、y_P 和 z_P 决定。图 4-10 为 FPP 的应用，其中，叶片数为 4，圆盘面积比为 0.67，P/D 螺距比为 1。图 4-11 为 CPP 的应用，其中，叶片数为 4，圆盘面积比为 0.7，P/D 螺距比为 -1~1.4。

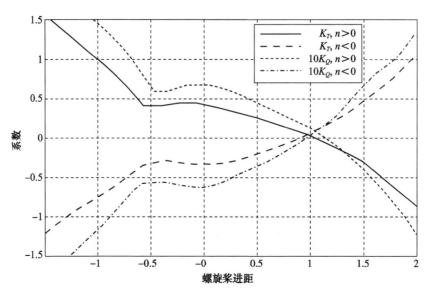

图 4-10 FPP 的应用

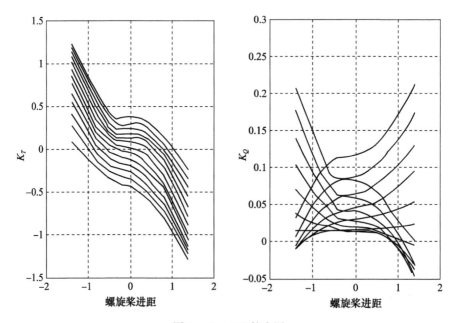

图 4-11 CPP 的应用

相对螺旋桨推进由下式决定：

$$J = \frac{u_P(1-W)}{nD} \quad (4-28)$$

式中：u_P 是螺旋桨在轴向上的水流几何速度。

利用尾流系数 $W=W(U)$ 和推力减额系数 $\bar{t}=\bar{t}(J/J^*)$ 考虑螺旋桨与船体的相互作用，其中，J^* 是在给定 RPM 值下螺旋桨进距的稳定值。这些相关性的参数是螺旋桨直径、螺旋桨夹具的类型、船舶尺度。

高速船螺旋桨水动力特性依赖于气蚀数 α，即

$$\alpha = \frac{2(p_{\text{atm}} + \rho g h - p_{\text{vap}})}{\rho u_P^2} \quad (4-29)$$

式中：大气压 $p_{\text{atm}} = 101300\text{Pa}$；$h$ 是螺旋桨轴相对于实际水面的下沉量，以 m 为单位；p_{vap} 是蒸汽压，以 Pa 为单位。图 4-12 给出了高速船舶螺旋桨工作图 $K_T(J)$、$K_Q(J)$，其中，圆盘面积比为 1.35，P/D 螺距比为 1.9。

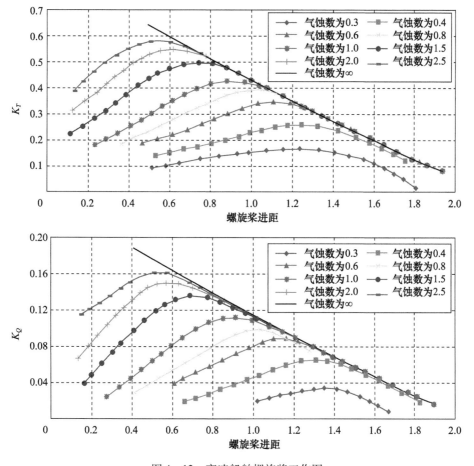

图 4-12　高速船舶螺旋桨工作图

图 4-13 给出了 FPP 对 $K_Y(J)$ 的相互关系。

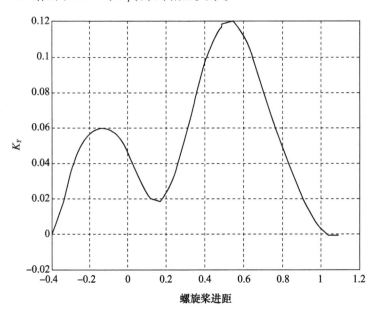

图 4-13 横向力系数

单桨船横向力的研究是使用附加舵角 $\delta_0 = \delta_0(J, P/D)$ 来考虑螺旋桨盘旋流的非均匀分布。当船舶漂流运动时,并且在船舶曲线运动过程中,螺旋桨附近的速度场会发生变化,从而引起螺旋桨牵引力的变化,即

$$J = \frac{u'_P}{nD} \tag{4-30}$$

式中:$u'_P = u_P(1-W')\cos(\kappa\beta_P)$ 是螺旋桨轴向流入速度,β_P 是螺旋桨的几何流入角,$W' = W'(W, \beta_P)$ 是尾流系数,$\kappa = \kappa(\beta_P)$ 是侧洗角系数。

4.3.6 舵的数学模型

1) 平衡舵

该数学模型考虑了纵向力 X_R 和横向力 Y_R 及艏摇力矩 N_R 和倾斜力矩 K_R。这些力和力矩如下:

$$\begin{cases} X_R = C_{XR}\dfrac{(\bar{u}_R^2 + v_R^2)}{2}A_R \\[4pt] Y_R = C_{YR}\dfrac{(\bar{u}_R^2 + v_R^2)}{2}A_R \\[4pt] N_R = C_{NR}\dfrac{(\bar{u}_R^2 + v_R^2)}{2}A_R L \\[4pt] K_R = (z_R - z_G)Y_R \end{cases} \tag{4-31}$$

式中:C_{XR}、C_{YR} 和 C_{NR} 是无量纲系数;u_R 和 v_R 是舵的流入速度;$\bar{u}_R$ 是平均纵向流速;A_R 是舵的总面积。

舵的流入速度为

$$\begin{cases} u_R = u(1 - W_R) \\ v_R = v + x_R r \end{cases} \quad (4-32)$$

式中:W_R 是伴流系数。

平均纵向流速 $\bar{u}_R$ 为

$$\bar{u}_R^2 = \frac{A_{RP} u_{RP}^2 + (A_R - A_{RP}) u_R^2}{A_R} \quad (4-33)$$

式中:A_{RP} 是螺旋桨区扫掠舵面积;$u_{RP} = f(C_T, u_R)$ 是舵位置的轴向流速,C_T 是螺旋桨推力载荷系数。

无量纲系数 C_{XR}、C_{YR} 和 C_{NR} 取决于舵角 δ_R、漂移角 β、艏摇角速度 r 和螺旋桨推力载荷系数 C_T:

$$\begin{cases} C_{XR} = C_{XR}(\beta, r, \delta_R, C_T) \\ C_{YR} = C_{YR}(\beta, r, \delta_R, C_T) \\ C_{NR} = C_{NR}(\beta, r, \delta_R, C_T) \end{cases} \quad (4-34)$$

这种相互关系扩展到 δ_R 如下式:

$$C_{XR} = C_{XR}^0 + C_{XR}^{\delta_R} \delta_R + C_{XR}^{\delta_R^2} \delta_R^2 + C_{XR}^{\delta_R^3} \delta_R^3 \quad (4-35)$$

图 4-14 给出了双舵双桨船的 $C_{YR}^{\delta_R}(\beta, C_T, r=0)$。

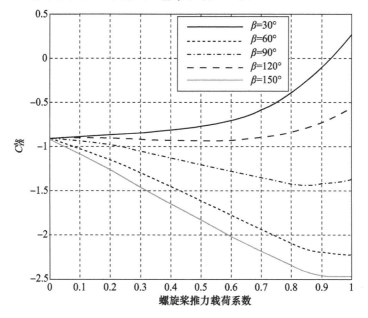

图 4-14 双舵双桨船 $C_{YR}^{\delta_R}$ 特性

2）侧向舵

船舶运动数学模型考虑了纵向力 X_{FR} 和横向力 Y_{FR} 及艏摇力矩 N_{FR} 和倾斜力矩 K_R：

$$\begin{cases} X_{FR} = C_{XFR} \dfrac{(\bar{u}_{FR}^2 + v_{FR}^2)}{2} A_{FR} \\[6pt] Y_{FR} = C_{YFR} \dfrac{(\bar{u}_{FR}^2 + v_{FR}^2)}{2} A_{FR} \\[6pt] N_{FR} = C_{NFR} \dfrac{(\bar{u}_{FR}^2 + v_{FR}^2)}{2} A_{FR} L \\[6pt] K_{FR} = (z_{FR} - z_{FG}) Y_{FR} \end{cases} \quad (4-36)$$

式中：C_{XFR}、C_{YFR} 和 C_{NFR} 是无量纲系数；u_{FR} 和 v_{FR} 是侧向舵的流入速度；$\bar{u}_{FR}$ 是平均纵向流速；A_{FR} 是侧向舵的总面积。

无量纲系数 C_{XFR}、C_{YFR} 和 C_{NFR} 取决于舵角 δ_R、侧向舵角 δ_{FR}、漂移角 β、艏摇角速度 r 和螺旋桨推力载荷系数 C_T。

3）高升力舵

对于贝克（Becker）舵而言，无量纲系数 C_{XR}、C_{YR} 和 C_{NR} 取决于舵角 δ_R、襟翼角 δ_F、漂移角 β、艏摇角速度 r 和螺旋桨推力载荷系数 C_T。

西林（Shilling）舵由顶部和底部带有滑流导板的整体式平衡舵及一种特殊的水动力剖面组成，该剖面允许最大 75°的舵角。对于西林舵而言，常规舵的计算公式都适用，但是无量纲系数 C_{XR}、C_{YR} 和 C_{NR} 是特殊的。

图 4-15 给出了高升力舵与常规舵的风洞对比试验。高升力舵的水动力特性延迟了失速角，并且在大约 30°的位置处接近最大升力（舵力）。

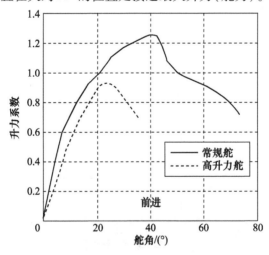

图 4-15　高升力舵系数与常规舵升力系数的比较

图 4-16 和图 4-17 给出了船商模型试验的结果。

在图 4-16 中,给出了深水区域中右转轨迹图及其相应的速度时间历程。L 是船长,U 是当前船速,U_{max} 是全速,t 是当前时间。

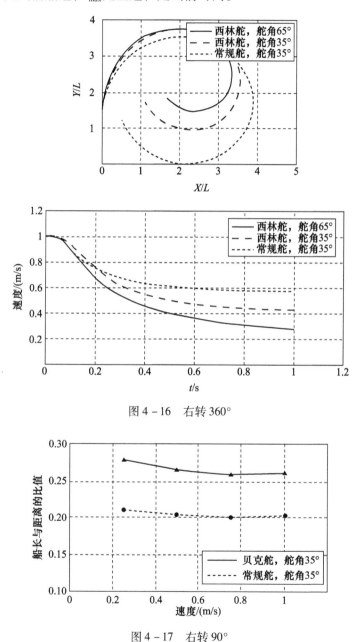

图 4-16 右转 360°

图 4-17 右转 90°

从图 4-15~图 4-17 中可以看出,高升力舵的改进性能是很明显的。主要尺度如表 4-1 所列。

111

表4-1 常规舵船舶和贝克舵船舶的主要尺度

模型名	常规舵船舶	贝克舵船舶
排水量/t	31585	25598
船长/m	183.8	179.6
船宽/m	30.3	29.4
吃水/m	9.8	8.0
舵的数量,轮廓舵面积/m²	2×12	2×10

4.3.7 推进器建模

船舶数学模型考虑了推进器产生的侧向力 Y_T、艏摇力矩 N_T 和横摇力矩 K_T。对于每个推进器,力和力矩如下式:

$$\begin{cases} Y_T = T_0 C_{YT}(\beta, u_T, u) \\ K_T = (z_T - z_G) Y_T \\ N_T = T_0 C_{NT}(\beta, u_T, u) x_T \end{cases} \quad (4-37)$$

式中:T_0 是推进器在 $u=0$ 时的推力值;u_T 是推进器输出的水射流速度。船体 $C_{YT}(\beta, u_T, u)$ 和 $C_{NT}(\beta, u_T, u)$ 的影响系数由同时操作的推进器的数量和推进器的位置(船艏或船艉)决定。

图4-18和图4-19给出了单艏和单艉推进器系数 $C_{YT}(\beta, u_T, u)$ 与 $C_{NT}(\beta, u_T, u)$。

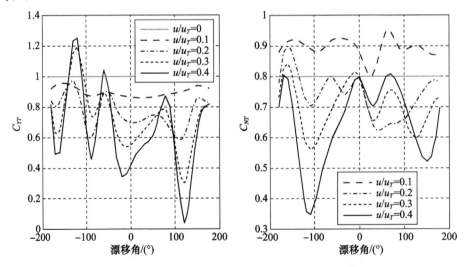

图4-18 单艏推进器系数 $C_{YT}(\beta, u_T, u)$ 和 $C_{NT}(\beta, u_T, u)$

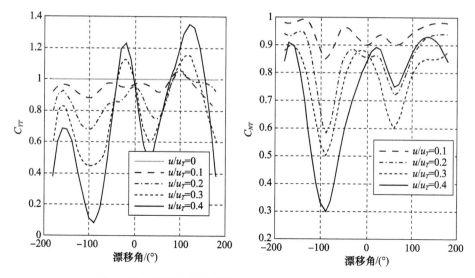

图 4-19 单艇推进器系数 $C_{YT}(\beta,u_T,u)$ 和 $C_{NT}(\beta,u_T,u)$

4.3.8 风的扰动模型

风扰动模型包括由风向和风速（约 6m）确定的恒定风 V_{W0} 模型,以及叠加的阵风随机风 V_{WG} 模型和飑线 V_{WS} 模型:

$$V_W(t) = V_{W0} + V_{WG}(t) + V_{WS}(t) \tag{4-38}$$

1）飑线

飑线模型由最大风速最大值 V_{max} 和飑线持续时间 t_{max} 决定,即

$$V_{WS}(t) = f(V_{max}, t_{max}, t) \tag{4-39}$$

飑线的平均风和最大速度之间的关系由蒲福风力等级决定。图 4-20 给出了 $V_{WS}(t)$ 的过程。

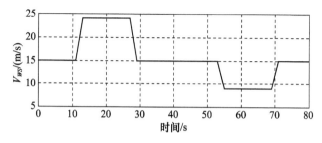

图 4-20 飑线风速样本

2）阵风随机风

阵风可变风分量的模型是基于湍流和波变风分量的谱特性给出的:

$$S_{GW}(\omega) = S_{GW\text{turb}}(\omega) + S_{GW wv}(\omega) \qquad (4-40)$$

式中：$S_{GW\text{turb}}(\omega)$是湍流分量谱；$S_{GW wv}(\omega)$是波分量谱，即

$$\begin{cases} S_{GW\text{turb}}(\omega) = \dfrac{D\alpha}{\omega^2 + \alpha^2} \\ S_{GW wv}(\omega) = A\omega^{-5}\exp(-B\omega^{-4}) \end{cases} \qquad (4-41)$$

式中：系数 A、B、D 和 α 是风强度的谱参数。

4.3.9 波浪建模

波浪包括纵荡力 $X_W(t)$、横荡力 $Y_W(t)$、垂荡力 $Z_W(t)$ 以及横摇力矩 $K_W(t)$、纵摇力矩 $M_W(t)$ 和艏摇力矩 $N_W(t)$。

1）风生波

由风引起的波浪产生的过程始于水面上出现的小波。短波持续生长直到最终破裂，能量消散。

风生波通常表示为大量波浪分量的总和。波面由以下公式确定：

$$\zeta(x,y,t) = \sum_{i=1}^{N}\zeta_i(x,y,t) = \sum_{i=1}^{N} A_i \cdot \text{trochoid}(k_{xi}x + k_{yi}y - \omega_i t + \phi_i) \qquad (4-42)$$

式中：N 是分量（谐波）数；A_i 是分量的振幅；k_i 是分量的波数；ω_i 是分量的角速度；θ_i 是谐波的方向；ϕ_i 是相位。波参数 N、A_i、ω_i、k_i、θ_i ($i=1,2,\cdots,N$) 可以根据波谱计算。一般来说，谐波 N 的总数大约是 20。

每个流体粒子的运动是一个围绕固定点 (x_0,z_0) 的半径为 r 的圆：

$$\begin{cases} x = x_0 + r\sin(kx_0 - \omega t) \\ z = z_0 - r\sin(kx_0 - \omega t) \end{cases} \qquad (4-43)$$

第 i 个波分量的波幅 A_i 与波二维谱密度函数 $S(\omega)$ 有关，对应于第 i 个波分量的 θ_i 方向：

$$A_i^2 = 2S(\omega_i)\Delta\omega \qquad (4-44)$$

式中：ω_i 是第 i 个波分量的角速度；$\Delta\omega$ 是连续角速度之间的差值（图 4-21）。波相位 ϕ_i 是在 $[0,2\pi)$ 范围内均匀分布的随机相位。

波数 $k_i = 2\pi/\lambda_i$ 和角速度 ω_i 之间的关系为

$$\omega_i^2 = k_i g \text{th}(k_i H) \qquad (4-45)$$

式中：H 表示水深；g 是重力加速度。在深水中 $\omega_i^2 = k_i g$。

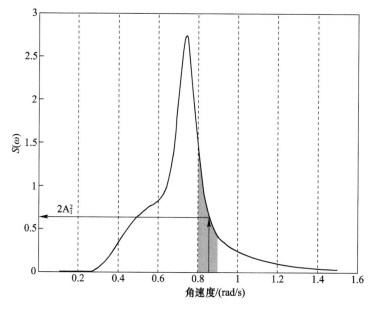

图 4-21　风浪频谱

图 4-22 给出了波面模拟的实例。

图 4-22　波面模拟

2）波谱

标准波谱有多种：Neumann 单参数谱、Bretschneider 谱、Pierson – Moskowitz 谱、Phillips 谱、ITTC 谱等。

Pierson 和 Moskowitz 假定，如果风在大面积范围内长时间稳定地吹，波浪就会与风达到平衡。计算了各种风速的波谱，并且发现光谱的形式为

$$S(k) = \frac{0.0081}{4k^3}\exp\left(-\frac{0.74g}{|k|^2 V^4}\right) \quad (4-46)$$

式中：V 是风速。

表 4 – 2 给出了不同海况下的平均波浪参数。

表 4 – 2　海况表

海况	有义波高 $H_{3\%}$/m	有义波高 $H_{1/3}$/m	波长/m	周期/s	蒲福级	风速/(m/s)
1	0.1～0.25	0.08～0.19	1～2.5	1～2	2	1.8～3.3
2	0.25～0.75	0.19～0.57	2.5～7.5	2～3	2～3	1.8～5.2
3	0.75～1.25	0.57～0.95	7.5～14	3～4	3	3.4～5.2
4	1.25～2.0	0.95～1.52	12～26	4～5	4	5.3～7.4
5	2.0～3.5	1.52～2.65	26～58	5～6.5	5～6	7.5～12.4
6	3.5～6.0	2.65～4.5	58～115	6.5～8.5	7	12.5～15.2
7	6.0～8.5	4.5～6.44	115～190	8.5～10	8	15.3～18.2
8	8.5～11.0	6.44～8.3	190～270	10～13	9	18～21

Hasselmann 等在分析北海联合波浪观测项目期间所收集的数据后，提出了如图 4 – 23 所示的波谱。

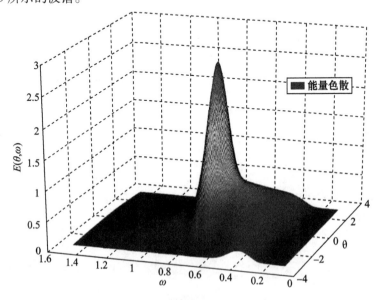

图 4 – 23　波谱（$U_{10} = 25\text{m/s}$）

$$S(\omega) = \frac{\alpha g^2}{\omega^5} \exp\left(-\frac{5}{4}\left(\frac{\omega_p}{\omega}\right)^4\right) \gamma^{\psi(\omega)} \tag{4-47}$$

式中：$\omega_p = 2\pi/T_p$ 是波谱的峰值频率；$\alpha = 0.0076 \left(\dfrac{U_{10}^2}{Fg}\right)^{0.22}$，$U_{10}$ 是海拔 10m 以上的风速，F 是距下风岸的距离；$\gamma = 3.3$ 是常值。

$$\psi(\omega) = \exp\left(\frac{(\omega - \omega_p)^2}{2\sigma^2 \omega_p^2}\right), \quad \sigma = \begin{cases} 0.07, & \omega < \omega_p \\ 0.09, & \omega > \omega_p \end{cases} \tag{4-48}$$

3) 波浪力和力矩

波浪诱导力和力矩包括 1 阶波浪力与 2 阶波浪力：

$$\begin{cases} X_W(t) = X_1(t) + X_2 \\ Y_W(t) = Y_1(t) + Y_2 \\ Z_W(t) = Z_1(t) \\ K_W(t) = K_1(t) \\ M_W(t) = M_1(t) \\ N_W(t) = N_1(t) + N_2 \end{cases} \tag{4-49}$$

(1) 波进角与遭遇频率。对于前进速度为 U 的船舶，波浪频率 ω 将根据遭遇频率 ω_e 进行修正：

$$\omega_e = \omega(1 - \omega/gU\cos\chi) \tag{4-50}$$

式中：χ 为波进角，$\chi = 0°$ 对应于迎浪，$\chi = \pm 90°$ 对应于横浪，$\chi = 180°$ 对应于顺浪。

(2) 1 阶波浪力和力矩。在计算 1 阶波浪力和力矩时，使用广义无量纲折减系数 $\kappa_i(\omega_i, \chi_i)$，系数是船舶吃水、波长/船长（沿船体的波浪分布）、迎浪角的函数。$\kappa_i(\omega_i, \chi_i)$ 小于 1，详见图 4-24。

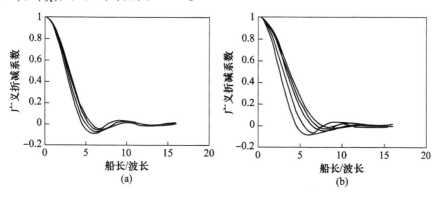

图 4-24 船长/波长比的广义折减系数
(a)横荡；(b)纵摇。

横荡波浪力为

$$Y_1(t) = \sum_{i=1}^{N} \kappa_{iy}(\omega_i,\chi_i)mg\frac{\partial \zeta_i(x,y,t)}{\partial l_i} \quad (4-51)$$

式中:l_i是第i个谐波的方向;χ_i是第i个波分量逼近角;κ_{iy}是折减系数;$\frac{\partial \zeta_i(x,y,t)}{\partial l_i}$是第$i$个波分量的波面角。

(3) 2阶波浪力和力矩。2阶波浪力和力矩是恒定的力,取决于波浪角、波高和船速,即

$$\begin{cases} X_2(t) = I_X(\chi,H_{1/3})\rho gLH_{1/3}^2 + \Delta X(U,\chi,H_{1/3})^3 \\ Y_2(t) = I_Y(\chi,H_{1/3})\rho gLH_{1/3}^2 \\ N_2(t) = I_N(\chi,H_{1/3})\rho gL^2H_{1/3}^2 \end{cases} \quad (4-52)$$

式中:$I_{X,Y,N}(\chi,H_{1/3})$是基于船舶尺度的无量纲系数;$\Delta X(V,\chi,H_{1/3})$是附加阻力。

(4) 船舶运动仿真结果。图4-25~图4-27给出了船舶艏摇仿真和海上实验结果,条件如下:

① 江河船舶,排水量:3510t(图4-25)。
② 速度:10kn。
③ 船舶初始艏向:255°。
④ 波向:120°。
⑤ 有效波高:大约0.5m。
⑥ 自动舵开启。

图4-26给出了艏摇率,图4-27给出了艏摇率频谱。

图4-25 江河船舶

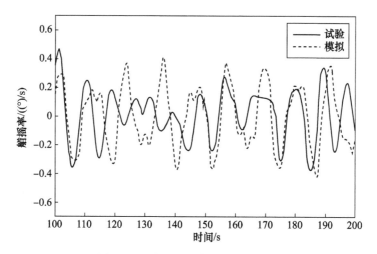

图4-26 艏摇率的仿真和实船结果

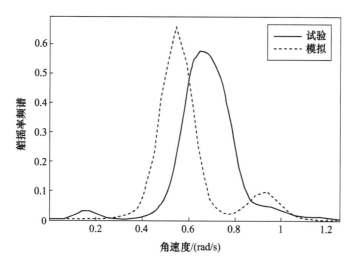

图4-27 艏摇率频谱的仿真和实船结果

图4-28~图4-30给出了船舶横摇和纵摇仿真和实船结果,条件如下:
① 近海供应船,排水量:2200t(图4-28)。
② 速度:5kn。
③ 船舶初始艏向:90°。
④ 波向:120°。
⑤ 有效波高:大约1.7m。
⑥ 自动舵开启。

图4-29给出了纵摇角,图4-30给出了纵摇角频谱,图4-31给出了横摇角,图4-32给出了横摇角频谱。

图 4-28 近海供应船

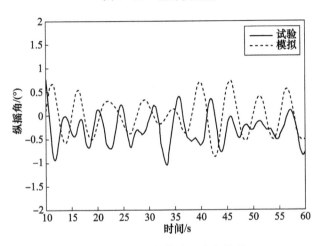

图 4-29 纵摇角仿真和实船结果

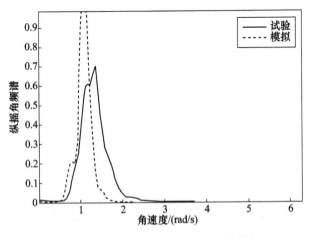

图 4-30 纵摇角频谱仿真和实船结果

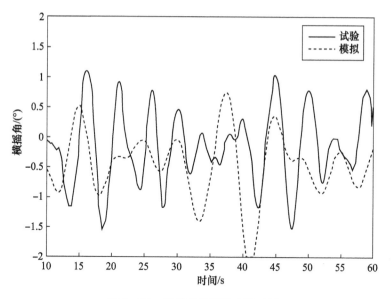

图 4-31 横摇角仿真和实船结果

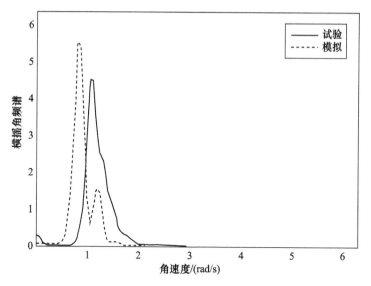

图 4-32 横摇角频谱仿真和实船结果

4.3.10 海上试验

船舶的基本参数如下(图 4-33):
(1)排水量:3510t。
(2)船长:95m。
(3)船宽:13m。

(4) 吃水:3.7m。

(5) 发电机:2×640kW。

(6) 速度:11.1kn。

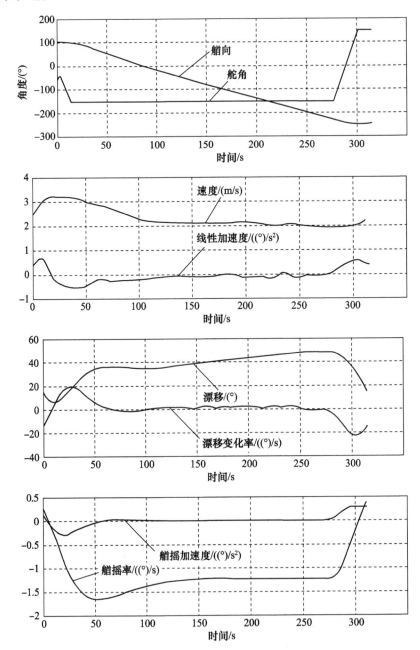

图4-33 船舶运动参数的变化(右舵30°旋回操纵)

122

执行了船舶适航性和操纵试验。在试验期间,记录以下内容。
(1) 舵工控制下船舶运动。
(2) 自动舵控制下船舶运动。
(3) 惯性和反向特性。
(4) 旋回、Z 型、螺旋型。
(5) 推进器作用下的船舶运动。

右舵30°旋回和全速前进－全速后退操纵结果的记录如图4-34～图4-36所示。

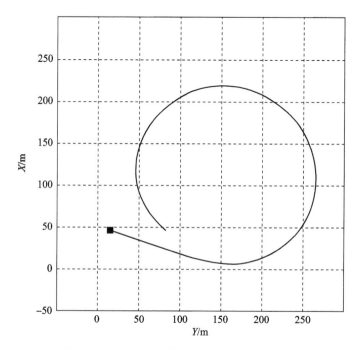

图4-34 船舶运动轨迹(右舵30°旋回操纵)

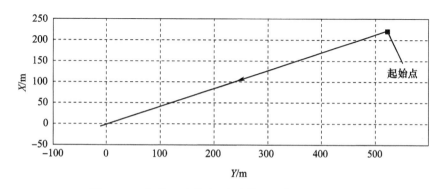

图4-35 船舶运动轨迹(全速前进－全速后退操纵)

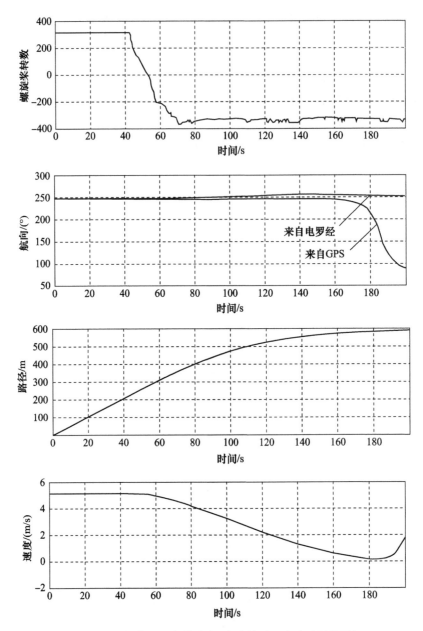

图 4-36 船舶运动参数改向(全速前进-全速后退操纵)

在考虑已经完成的适航性和操纵试验的结果基础上对船舶数学模型进行修正。具体而言,操纵试验表明,该船具有不稳定的可控性,当在模型上调整时应考虑此点。图 4-37(a)给出了在模型修正之前的船舶可控性图,图 4-37(b)给出了"螺旋"操纵处理结果以及相应的重新调整的数学模型的可控性图。

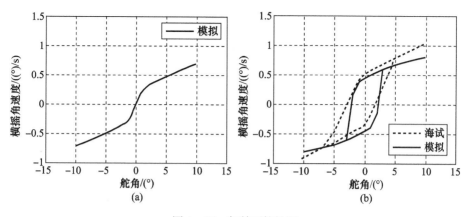

图 4-37 船舶可控性图

4.4 典型船舶操纵仿真器实例

4.4.1 船舶操纵仿真器的构成

本章以船商 NTPro5000 船舶操纵模拟器为例进行介绍。该仿真器是一个以连接到本地计算机网络的以个人计算机为终端,由教练员台控制下的全任务导航船桥专用操作设备组成的大型硬软件集成仿真系统。操纵模拟器具有模块化结构,其软件可以针对学员训练船桥的需求进行调整。船桥包括内置监视器的控制台、具有真实船舶控制的面板及读数装置、可视化的大屏幕和投影仪以及安装在前舱壁顶部的仪器仪表(图4-38)。

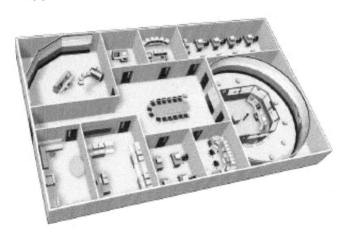

图 4-38 船舶操纵模拟器全貌

教练员室是一个独立的房间,能够设计航行区域、数学模型和练习、控制训练船桥操作和任务报告等任务。一般配有对讲机、雷达和视频监控设备、打印机、投影仪和其他设备(图4-39)。

图4-39 教练员室及组成

软件包括以下模块:网络操作管理;本船,目标船,浮动物标,拖船,三维风浪模型,系泊缆绳的数学模型;综合信息显示;视频通道;教练员主显示信息;具有ARPA功能的雷达模拟器;无线电导航系统;电子海图信息及显示系统(ECDIS);练习结果的存储和分析;空间数据建模系统;与真实设备的接口。

模拟器提供以下永久扩展和更新的数据库:特定区域的三维视景库;雷达视景库;船舶数学模型库;全球潮流数据库;全球罗兰C站数据库;全球罗兰C修正数据库;全球DGPS改正数据库;全球无线电信标数据库。学员训练室如图4-40所示。

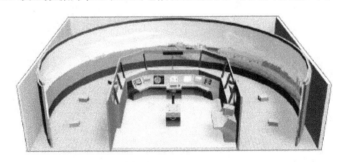

图4-40 学员训练室

4.4.2 船舶操纵仿真器的配置

1) 综合信息显示(Conning Display)的构成

综合信息显示能够保证学员控制船舶,快速地获取船舶运动和练习完成这一过程的必要信息。船舶控制和导航设备信息显示在不同的屏幕页面上。通过使用"press"按键,可以在不同的屏幕页面转换。

综合信息显示能够提供的信息包括信息卡、船舶控制和显示面板、导航仪器、船舶号灯号型、助航设备、报警、系泊操作控制页面、搜救行动中遇险信息控制页面、开启视觉通道至综合信息显示、学员能力评估系统的信息页面、冰区监控系统页面、对讲电台模拟器、VHF 站模拟器。

导航仪器中包括自动舵、测深仪、电罗经、计程仪、船舶保安警报系统。

号灯号型中包括船舶航行灯、号型和声音信号及国际信号旗。

助航设备中包括 GPS、AIS、罗兰 C、测向仪。

报警中包括通用报警信号、主机故障报警、舵机故障报警、火灾报警。

搜救中包括遇险信号页面、搜救测向仪。

综合信息显示页面如图 4-41 所示。

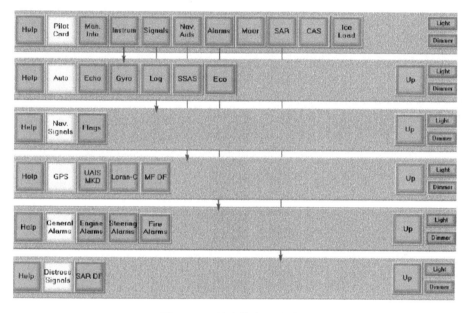

图 4-41 综合信息显示页面

2）雷达模拟器

操纵模拟器中的航海雷达模拟器一般具有以下功能，如表 4-3 所列。

表 4-3 雷达功能列表

功能	附加详细资料
收发机控制	手动/自动调谐
视频处理控制	手动/自动海浪/雨雪抑制控制； 回波增强模式
显示控制	图像亮度（昼/夜选择）； 亮度检查； 船艏线及人造符号的显示/隐藏； 图像的偏心显示

127

续表

功能	附加详细资料
定义及显示	本船位置； 航路点数据； 风及深度数据
量程选择	量程从 0.125n mile 到 96n mile
固定距标圈	固定距标圈开或关，距标圈的距离
船艏向和速度显示	罗经校准； 速度模式的选择（对水或对地）； 对水或对地稳定模式的选择
传感器的选择	传感器的选择（船艏向、对水速度、位置等）
显示方式的选择	北向上或航向向上（稳定），艏向上（不稳定）
运动方式的选择	相对运动或真运动
向量方式的选择	真向量或相对向量的选择，向量时间长度的选择
真尾迹和相对尾迹	真尾迹和相对尾迹的选择
定义和显示电子方位线，活动距标圈	两条电子方位线——EBL 1 & EBL 2； 两个活动距标圈——VRM 1 & VRM 2； 每个 EBL/VRM 对可以显示一个组合 ERBL - ERBL 1 和/或 ERBL 2
导航功能	来源于导航传感器的位置或估计位置
航路功能	监视和显示内部、外部和暂时的航路数据； 输入或输出航线计划
导航工具	包括下列导航工具： 平行避险线； 历史航迹； 平行标尺； 锚泊； 人员落水
试操船	一种基于本船转向速率模拟操纵效果显示的功能
报警通告	在状态显示器上显示报警、警告和警示

3) ECDIS 模拟器

操纵模拟器中的 ECDIS 模拟器一般具有以下功能（图 4 - 42）。

ECDIS 操作单元是整个船舶操纵仿真器系统的核心单元，其功能应完全满足 IMO 关于 ECDIS 性能标准要求。其基本特征功能有 6 个。

(1) 电子海图数据和显示。

① 满足 UKHO 官方认可的 ENC 数据 S63 加密文件的安装，S57 数据的导入及转换，ENC 数据调用、出版、发行及改正信息查询。

② 电子海图数据管理（查询海图状况及其改正时间、装载海图、改正海图、更新许可证）。

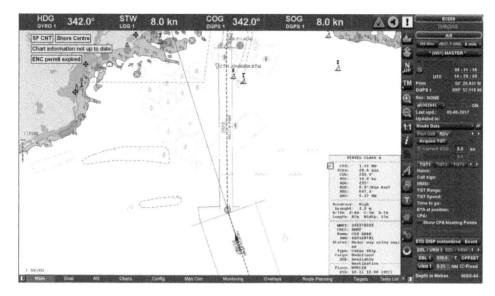

图 4-42 ECDIS 界面

③ 信息显示功能(包括分层显示、局部放大或缩小、屏幕移动),可随时查询电子海图上所有要素的信息和含义,如海图数据来源、海图出版或改正日期、灯标(经纬度、颜色和周期)、浮标及各种海图标志等。

④ 支持 ECDIS 软件界面和 ENC 海图数据的中英文显示。

⑤ 电子海图颜色选择(白天、清晨、黄昏、夜晚)。

⑥ 电子海图显示模式选择(真北向上,艏向上,航向向上)。

⑦ 支持自动和手动改正海图及辅助数据。

⑧ 支持船员标绘、数据更新检验。

⑨ 标志圈/电子方位线(可迅速获得任何点的坐标(经纬度),船位至任意点的方位,任意点至船位的方位,船位至任意点的 CPA 和 TCPA,海图上任意两点间的距离)。

(2) 航行计划。

① 航线设计功能,支持新创建航段和转向点、生成航线、保存航线,支持导入航线、修改航线(添加或删除航线),支持大圆航线设计。

② 航行选择功能,支持选择航段或转向点并合并已存在的多条航线作为一条新的航线,支持航线反向使用,对航线进行安全检查。

③ 航次计划表,调出航线计划表对航线进行有关转向点、大圆航线或恒向线航线、安全偏航距、航向、开航时间、停留时间、预计航速等参数的调整、编辑及存储。

(3) 航行监控。

① 系统安全参数的设置,本船参数的设置(包括本船尺度、吃水,与系统连接

的定位系统天线、雷达天线、测深仪的位置);本船安全等深线的设定;安全水深(安全水域)和安全距离的设定。

② 航行监视功能,能清楚地给出船舶当前状态与计划航线的关系,ECDIS 能自动计算船舶偏离计划航线的距离,必要时给出指示和报警,实现航迹保持;ECDIS 还可自动检测航行前方的危险海区、暗礁、禁航区和浅滩等,实现避碰,防止搁浅;当本船船位偏离计划航线的距离大于设定距离时,该系统会发出报警。

③ 报警功能,能提供定位仪器和助航仪器失灵、横向偏移(XTE)、偏离航向、偏离航线、换图、接近转向点(WP)、接近危险(如沉船、浅滩、礁石等,以及用户自己设定的危险标志)、时区改变、预防搁浅(接近预警区域)、进入某设定边界或区域、CPA 和 TCPA 小于设定值、接近设定水深、接近设定的安全等深线等报警。

(4) 航行日志与记录。

① 航行记录功能(包括电子航海日志存储,航线设计和船舶动态监控),航迹自动记录(包括随意选择的比例)。

② 支持对航行历史数据回放。

(5) 外部传感器接入模拟功能。支持 GPS、LOG、GYRO、AIS 等设备的模拟信号接入,支持学员配置各种传感器信号的参数。

(6) 训练与考试过程记录。支持对学生整个训练或考试过程进行屏幕视频记录和回放。

4) 助航设备

(1) GPS 模拟器。GPS 模拟器一般具有以下功能(图 4-43)。

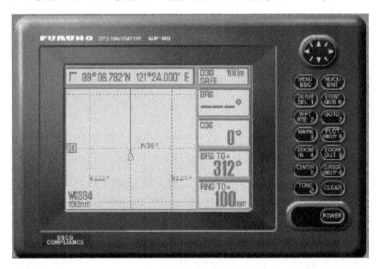

图 4-43 GPS 界面

① 航迹。放大/缩小显示器,选择显示方向,移动光标,移动显示器,光标位置居中,本船位置置于中心。轨道的停止/启动绘图和记录,擦除航迹,选择航迹标绘

间隔,选择方位参考。

② 标识。输入/删除标识,选择标识形状,连接标识,进入事件标识记录,选择事件标识形状,输入 MOB 标识。

③ 航行计划。编辑航路点,删除航路点,删除航线上的航路点,更换航线航路点,删除路线。

④ 报警功能。到达警,锚更警,偏航警,船舶速度警,时间警,DGPS 警。

(2) AIS 模拟器。AIS 模拟器一般具有以下功能(图 4 – 44)。

查看传感器信息,查看并编辑静态和航次信息,发送文本信息,查看收到的文本信息。

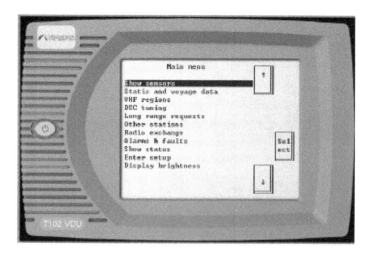

图 4 – 44　AIS 界面

(3) 罗兰 C 模拟器(图 4 – 45)。

读取速度和航向,设置平均时间,选择航路点,距离和方位计算,报警功能,航路功能,坐标转换,报警显示。

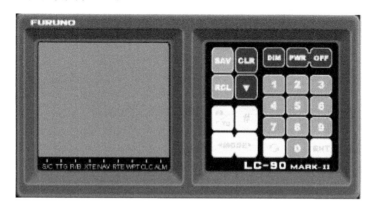

图 4 – 45　罗兰 C 界面

(4)测向仪模拟器(图4-46)。

手动模式,信道模式,浏览模式,清除内存,测量距离,测量方向,使用1个岸台地位,使用2个岸台定位,使用3个岸台定位。

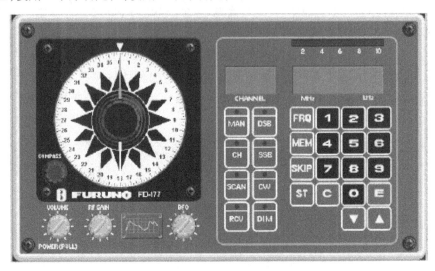

图4-46 测向仪界面

(5)绞缆设备。绞缆设备模拟器一般具有以下功能(图4-47)。

绞缆驱动控制单元,线条颜色指示器,艉销控制单元,绞缆传感器数据显示单元,内置可视化面板,可视化控制,"绞车"和"系泊"面板切换,灯光,调光器,当前状态指示器。

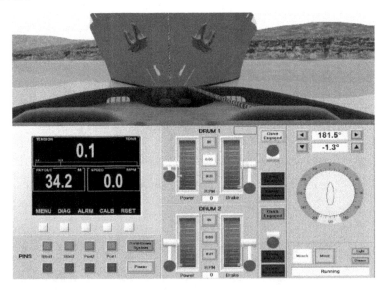

图4-47 绞缆模拟器界面

（6）对讲机和 VHF 模拟器。对讲机模拟器一般具有以下功能（图4-48）。

控制和指示器,控制扬声器音量和亮度显示,呼叫用户,相应用户呼叫,结束通信会话。

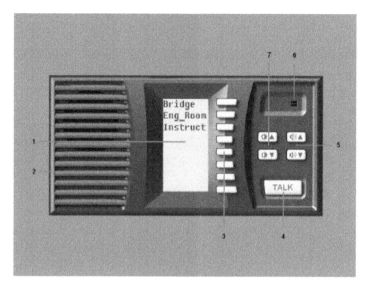

图4-48 对讲机模拟器界面

VHF 模拟器一般具有以下功能（图4-49）。

开关,静噪、音量和调光控制,VHF 站的设置,信道设置,收听无线电话,接收无线电话呼叫,无线电话呼叫,遇险呼叫。

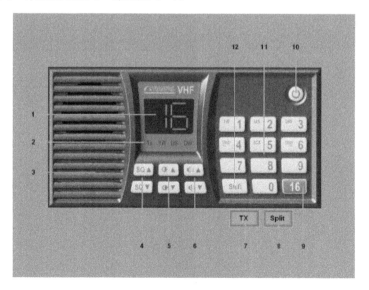

图4-49 VHF 模拟器界面

参 考 文 献

[1] 杨盐生,方祥麟. 船舶操纵性能仿真预报[J]. 大连海事大学学报(自然科学版),1997(23):1-6.
[2] Transas Marine Ltd. Description of transas mathematical model [M]. 2nd ed. London:Transas Marine Ltd,2011.
[3] 黄柏刚,邹早建. 基于固定网格小波神经网络的不规则波中船舶横摇运动在线预报[J]. 船舶力学,2020,24(200):3-15.
[4] 刘义,李彪,邹璐,等. 集装箱船在深浅水中的操纵性能预报[J]. 船舶力学,2019,23(185):25-40.
[5] Zhang Q,Zhang X K,Im N K. Ship nonlinear-feedback course keeping algorithm based on MMG model driven by bipolar sigmoid function for berthing[J]. International Journal of Naval Architecture and Ocean Engineering,2017,9(5):525-536.
[6] Ha Y J,Lee Y G. A Fundamental Study on the Power Prediction Method of Ship by using the Experiment of Small Model[J]. Journal of the Society of Naval Architects of Korea,2014,51(3):231-238.
[7] Transas Marine Ltd. Navi-trainer 5000 navigational bridge [M]. 5th ed. London:Transas Marine Ltd,2011.

第5章 船舶柴油机主推进装置及其控制系统的建模与仿真

在各种船舶推进方式中,船舶柴油机以其热效率高、适应性好、功率范围广等优点广泛应用于船舶主推进动力。本章首先以船用大型低速二冲程柴油机为例,建立船舶推进装置各部分的仿真数学模型,包括压缩空气起动装置模型、气缸模型、扫气箱模型、排气总管模型、空气冷却器模型、废气涡轮增压器模型及船机桨模型。建模过程中采用模块化建模的思想,综合考虑各模块之间的关联因素。然后,以实船柴油机–可调螺距螺旋桨(简称调距桨或CPP)推进控制系统 Alphatronic 2000 为例,详细讨论其仿真数学模型建立,仿真系统交互界面生成并给出仿真分析结果。

5.1 船舶柴油机推进装置建模

典型的船用柴油机推进装置组成框图如图5–1所示,主要包括废气涡轮增压器、空气冷却器、进气管、排气总管、气缸、调速器、螺旋桨以及曲轴,此外,还有起动

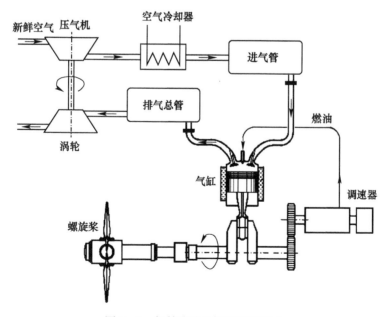

图5–1 船舶柴油机推进装置组成

装置、辅风机等。柴油机起动时,辅风机投入运行,给进气管提供一定的扫气压力,同时空气瓶按照柴油机发火顺序在膨胀行程引入气缸推动活塞做功。柴油机达到发火转速后切断起动装置,逐渐调节供油量,使柴油机转速逐渐增大并稳定。涡轮增压器在废气的驱动下转速逐渐升高,带动压气机工作,当压气机进气流量能够满足柴油机运行所需的空气量时,切断辅风机。柴油机输出扭矩克服螺旋桨水阻力矩,带动螺旋桨工作,推动船舶前进或倒航。

5.1.1 船用柴油机气缸数学模型

1) 容积法模型原理及基本假设

容积法模型是 1966 年由 Krieger 和 Borman 提出用于计算内燃机燃烧放热率,1980 年,Watson 等首次将容积法模型用于电控增压柴油机的计算。容积法建模是一种基于机理的建模方法,能真实反应柴油机的工作过程,比较适用于柴油机工作过程稳态仿真分析。它将柴油机系统分解为各个容积单元(如进气管、排气管、空气冷却器、扫气箱、气缸等),并假定每个容积单元内的工质在任一瞬间都是混合均匀,各处的工质成分、压力和温度都是相同的,用 3 个基本参量(即质量、温度及压力)表示容积单元内气体的状态,并用质量方程、能量方程和理想气体状态方程把整个容积单元的工作过程联系起来。

采用容积法计算缸内热力过程时,假设如下:

(1) 气缸内的状态是均匀的,不考虑气缸内各点的压力、温度和浓度差异,并认为在进气期间,流入气缸内的空气与气缸内的残余废气实现瞬间的完全混合。

(2) 工质为理想气体,其比热、内能仅与气体温度和气体成分有关。

(3) 气体流入或流出气缸为准稳定流动。

(4) 进、出口的动能忽略不计。

2) 基本微分方程

柴油机气缸热力过程包括压缩、燃烧、膨胀和换气 4 个过程,通过计算各个过程中缸内工质状态变化可分析气缸实际工作过程。首先,根据能量守恒和质量守恒定律,建立描述缸内气体状态变化的两个基本微分方程式,解这两个微分方程所需的边界条件,如工质的热力性质、燃烧放热规律、换热系数、进排气流动等。

图 5-2 所示为气缸热力系统,系统边界由活塞顶、气缸盖和气缸壁组成。描述缸内工质状态变化的参数有压力 p_z、温度 T_z、质量 m_z、过量空气系数 λ_z、气体比内能 u_z 等。根据能量守恒方程、质量守恒方程及理想气体状态方程可将这些参数联系起来,最终求解缸内工质压力 p_z、温度 T_z 和质量 m_z。下面具体推导用于仿真迭代计算 T_z 的基本微分方程,定义气缸曲柄转角为 φ、气缸瞬时容积为 V_z。

在上述假设下,考虑柴油机从压缩空气起动到稳定转速运行这一过程,该热力系统边界能量交换有以下几种。

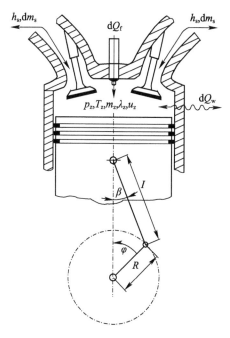

图 5-2 气缸热力系统图

（1）热量交换。主要有燃油燃烧放热率 $\dfrac{dQ_f}{d\varphi}$ 和气缸周壁散热率 $\dfrac{dQ_w}{d\varphi}$，热量交换之和为

$$\sum_i \frac{dQ_i}{d\varphi} = \frac{dQ_f}{d\varphi} + \frac{dQ_w}{d\varphi} \tag{5-1}$$

（2）机械功，即活塞往复运动所做的功：

$$\frac{dW}{d\varphi} = -p_z \frac{dV_z}{d\varphi} \tag{5-2}$$

（3）质量交换带来的能量。主要有起动过程3MPa空气瓶进气能量 $h_a \dfrac{dm_a}{d\varphi}$、扫气过程新鲜空气进气能量 $h_s \dfrac{dm_s}{d\varphi}$，以及排气过程废气排放能量 $h_e \dfrac{dm_e}{d\varphi}$。规定加入系统的能量为正，流出系统的能量为负，质量交换能量之和为

$$\sum_j h_j \frac{dm_j}{d\varphi} = h_a \frac{dm_a}{d\varphi} + h_s \frac{dm_s}{d\varphi} - h_e \frac{dm_e}{d\varphi} \tag{5-3}$$

根据热力学第一定律，对于每一个控制容积，可得

$$\frac{dU}{d\varphi} = \frac{dW}{d\varphi} + \sum_i \frac{dQ_i}{d\varphi} + \sum_j h_j \frac{dm_j}{d\varphi} \tag{5-4}$$

通常情况下,气缸内比内能 u_z 和质量 m_z 同时变化,故有

$$\frac{\mathrm{d}U}{\mathrm{d}\varphi} = \frac{\mathrm{d}(m_z u_z)}{\mathrm{d}\varphi} = u_z \frac{\mathrm{d}m_z}{\mathrm{d}\varphi} + m_z \frac{\mathrm{d}u_z}{\mathrm{d}\varphi} \tag{5-5}$$

因此,有

$$u_z \frac{\mathrm{d}m_z}{\mathrm{d}\varphi} + m_z \frac{\mathrm{d}u_z}{\mathrm{d}\varphi} = \frac{\mathrm{d}W}{\mathrm{d}\varphi} + \sum_i \frac{\mathrm{d}Q_i}{\mathrm{d}\varphi} + \sum_j h_j \frac{\mathrm{d}m_j}{\mathrm{d}\varphi} \tag{5-6}$$

对于柴油机,气体成分可用过量空气系数表示,因此,气缸工质比内能可简化为温度 T_z 和过量空气系数 λ_z 的函数,即 $u_z = u_z(T_z, \lambda_z)$,过量空气系数的概念由 5.2.3 节给出。将 u_z 写成全微分的形式:

$$\frac{\mathrm{d}u_z}{\mathrm{d}\varphi} = \frac{\partial u_z}{\partial T_z} \frac{\mathrm{d}T_z}{\mathrm{d}\varphi} + \frac{\partial u_z}{\partial \lambda_z} \frac{\mathrm{d}\lambda_z}{\mathrm{d}\varphi} \tag{5-7}$$

根据质量守恒原理,气缸内工质质量变化率等于其流入和流出之和,即

$$\frac{\mathrm{d}m_z}{\mathrm{d}\varphi} = \frac{\mathrm{d}m_a}{\mathrm{d}\varphi} + \frac{\mathrm{d}m_s}{\mathrm{d}\varphi} - \frac{\mathrm{d}m_e}{\mathrm{d}\varphi} \tag{5-8}$$

又 $\dfrac{\partial u_z}{\partial T_z} = c_{vz}$,于是得到

$$u_z \frac{\mathrm{d}m_z}{\mathrm{d}\varphi} + m_z \left(c_{vz} \frac{\mathrm{d}T_z}{\mathrm{d}\varphi} + \frac{\partial u_z}{\partial \lambda_z} \frac{\mathrm{d}\lambda_z}{\mathrm{d}\varphi} \right) = \frac{\mathrm{d}Q_f}{\mathrm{d}\varphi} + \frac{\mathrm{d}Q_w}{\mathrm{d}\varphi} + h_a \frac{\mathrm{d}m_a}{\mathrm{d}\varphi} + h_s \frac{\mathrm{d}m_s}{\mathrm{d}\varphi} - h_e \frac{\mathrm{d}m_e}{\mathrm{d}\varphi} - p_z \frac{\mathrm{d}V_z}{\mathrm{d}\varphi} \tag{5-9}$$

整理得到温度 T_z 对曲柄转角 φ 的微分方程:

$$\frac{\mathrm{d}T_z}{\mathrm{d}\varphi} = \frac{1}{m_z c_{vz}} \left(\frac{\mathrm{d}Q_f}{\mathrm{d}\varphi} + \frac{\mathrm{d}Q_w}{\mathrm{d}\varphi} + h_a \frac{\mathrm{d}m_a}{\mathrm{d}\varphi} + h_s \frac{\mathrm{d}m_s}{\mathrm{d}\varphi} - h_e \frac{\mathrm{d}m_e}{\mathrm{d}\varphi} - p_z \frac{\mathrm{d}V_z}{\mathrm{d}\varphi} - u_z \frac{\mathrm{d}m_z}{\mathrm{d}\varphi} - m_z \frac{\partial u_z}{\partial \lambda_z} \frac{\mathrm{d}\lambda_z}{\mathrm{d}\varphi} \right) \tag{5-10}$$

最后,根据理想气体状态方程计算气缸瞬时压力 p_z,即

$$p_z = m_z R_z T_z / V_z \tag{5-11}$$

3) 工质热力学性质

欲求解上述微分方程,必须对气缸工质的热力学参数进行计算,如气体常数、绝热指数、比内能、焓、定容比热等。工质的热力性质与工质的组成成分有关。在二冲程柴油机实际工作过程中,由于喷油燃烧发生化学反应,以及换气过程中新鲜空气与缸内残余废气混合,所以气缸工质成分是随曲柄转角变化的。柴油机正常工作时,过量空气系数 λ_z 总大于 1,故一般总可认为燃烧过程充分完全,燃烧产物一般由 CO_2、H_2O、N_2 和 O_2 组成。根据化学反应过程中元素守恒定律,当燃油量确定时,燃烧产物中各成分含量只和过量空气系数 λ_z 有关。因此只要计算出整个循环中 λ_z 的变化,即可求出工质成分的瞬时变化。

仿真计算时,任何时刻都把气缸工质质量看成由空气质量和燃料质量两部分组成,对于残余废气也是这样处理,即 $m_z = m_a + m_f$,其中 m_a 为缸内实际空气量,m_f 为缸内瞬时燃料量。定义气缸过量空气系数:

$$\lambda_z = \frac{m_a}{L_0 m_f} = \frac{m_z - g_f \chi_k}{L_0 g_f \chi_k} \qquad (5-12)$$

式中:L_0 为完全燃烧 1kg 燃料所需的理论空气量,$L_0 = 14.4$kg;χ_k 为某瞬时气缸内气体含有的燃烧产物所相当的燃油量占每循环喷油量 g_f 的比值,若不考虑气缸残余废气,则 $\chi_k \leq 1$,若考虑气缸残余废气,则 χ_k 会出现大于1的情况。此时,有

$$\lambda_z = \frac{m_z - (g_f + m_{fr})\chi_k}{L_0(g_f + m_{fr})\chi_k} \qquad (5-13)$$

式中:m_{fr} 为由残余废气折算成的燃料量。

根据气缸工质每一瞬时的过量空气系数 λ 和温度 T_z 后,可通过一些数据拟合得到工质的气体常数、绝热指数、比内能、焓、定容比热等热力学参数计算模型,这些模型同样适用于扫气箱、排气总管和涡轮前后的气体热力学参数的计算。

根据 Justi 的比热数据,工质内能 u_z(J·kg) 可表示为过量空气系数 λ_z 和温度 $T_z(K)$ 的函数 $u_z = u_z(T_z, \lambda_z)$:

$$u_z = 144.55 \left[\begin{array}{l} -10^{-6}\left(0.0975 + \dfrac{0.0485}{\lambda_z^{0.75}}\right)(T_z - 273)^3 + 10^{-4}\left(7.768 + \dfrac{3.36}{\lambda_z^{0.8}}\right) \\ (T_z - 273)^2 + 10^{-2}\left(489.6 + \dfrac{46.4}{\lambda_z^{0.93}}\right)(T_z - 273) + 1356.8 \end{array} \right]$$

$$(5-14)$$

对 $u_z = u_z(T_z, \lambda_z)$ 关于 T_z 求偏导,得到工质定容比热 c_{vz} 表达式:

$$c_{vz} = \left(\frac{\partial u_z}{\partial T_z}\right)_{vz} = 144.55 \left[\begin{array}{l} -3 \times 10^{-6}\left(0.0975 + \dfrac{0.0485}{\lambda_z^{0.75}}\right)(T_z - 273)^2 + \\ 2 \times 10^{-4}\left(7.768 + \dfrac{3.36}{\lambda_z^{0.8}}\right)(T_z - 273) + 10^{-2}\left(489.6 + \dfrac{46.4}{\lambda_z^{0.93}}\right) \end{array} \right]$$

$$(5-15)$$

对 $u_z = u_z(T_z, \lambda_z)$ 关于 λ_z 求偏导,得

$$\frac{\partial u_z}{\partial \lambda_z} = 5.258 \times 10^{-6} \lambda_z^{-1.75}(T_z - 273)^3 - 388.55 \times 10^{-4} \lambda_z^{-1.8}(T_z - 273)^2 -$$
$$6237.622 \times 10^{-2} \lambda_z^{-1.93}(T_z - 273) \qquad (5-16)$$

瞬时绝热指数 k_z 的串山公式:

$$k_z = 1.4373 - 1.318 \times 10^{-4} T_z + 3.12 \times 10^{-8} T_z^2 - \frac{4.8 \times 10^{-2}}{\lambda_z} \qquad (5-17)$$

根据 Keenan&Kaye 气体表,用最小二乘法求出以 λ_z 为参量的工质气体常数 R_z 和分子量 M_z:

$$R_z = 29.2647 - \frac{0.0402}{\lambda_z} \quad (5-18)$$

$$M_z = 28.9705 - \frac{0.0403}{\lambda_z} \quad (5-19)$$

4) 气缸工作容积变化率及周壁散热率

在进行柴油机气缸循环模拟计算时,柴油机的主要结构参数(如气缸直径 D、行程 S、压缩比 ε、连杆曲柄比 γ 等)是作为已知数据输入计算机的,根据这些数据可计算出气缸瞬时容积 V_z 和气缸容积随曲柄转角变化率 $\frac{dV_z}{d\varphi}$ 为

$$V_z = \frac{\pi D^2}{4}\left\{\frac{S}{\varepsilon-1} + \frac{S}{2}\left[\left(1+\frac{1}{\gamma}\right) - \cos\left(\frac{\pi}{180}\varphi\right) - \frac{1}{\gamma}\sqrt{1-\gamma^2\sin^2\left(\frac{\pi}{180}\varphi\right)}\right]\right\}$$

$$(5-20)$$

$$\frac{dV_z}{d\varphi} = \frac{\pi^2 D^2 S}{1440}\left[\sin\left(\frac{\pi}{180}\varphi\right) + \frac{\gamma}{2}\frac{\sin\left(\frac{\pi}{180}2\varphi\right)}{\sqrt{1-\gamma^2\sin^2\left(\frac{\pi}{180}\varphi\right)}}\right] \quad (5-21)$$

柴油机气缸周壁包括气缸盖燃烧室表面、活塞顶及气缸套表面。它们通过冷却水及润滑油(油冷活塞)进行冷却,从燃气至冷却液不断进行热量传递。

由传热学原理,可得气体对气缸周壁的散热率为

$$\frac{dQ_w}{d\varphi} = \alpha_w\left[\frac{4V_z}{D}(T_z - T_w) + \frac{\pi D^2}{4}(2T_z - T_{w1} - T_{w2})\right]\frac{1}{21600n} \quad (5-22)$$

式中:α_w 为传热系数,G. Woschni 在 1965 年提出的公式为

$$\alpha_w = \xi D^{-0.214}(C_m p_z)^{0.786} T_z^{-0.525} \quad (5-23)$$

C_m 为活塞平均速度;T_w 为气缸套内壁平均温度;T_{w1} 为缸盖内表面平均温度;T_{w2} 为活塞顶表面平均温度。T_w、T_{w1} 和 T_{w2} 可根据测得的壁面温度场曲线计算出来,也可按经验公式确定。ξ 为修正系数,二冲程低速柴油机取 300 左右,李斯特研究所在气缸压缩和膨胀过程时取 213,燃烧过程取 300～550。

5) 气缸进排气(阀)口流量

流入气缸和流出气缸的质量随曲柄转角的变化率按照瞬时质量流量来计算。按准稳定流动的概念,通过进、排气阀(口)的气体流动其理论流量按一维等熵流的流量公式计算,而实际流量等于理论流量乘以流量系数,若有气体倒灌,则应把上游和下游的参数相应地对换计算。

通过扫气口的气体流量为

$$\frac{dm_s}{d\varphi}=\frac{\mu_s F_s}{6n}\sqrt{\frac{2k_A}{k_A-1}}\frac{p_A}{\sqrt{R_A T_A}}\sqrt{\left(\frac{p_z}{p_A}\right)^{\frac{2}{k_A}}-\left(\frac{p_z}{p_A}\right)^{\frac{k_A+1}{k_A}}} \quad (5-24)$$

式中:k_A 为进气绝热指数;R_A 为进气气体常数(J/(kg·K));μ_s 为扫气口处的流量系数,且

$$\mu_s = 0.75 + 0.4875 e^{-9.726 h_{po}(\varphi)} - 0.875 e^{-1.42} \quad (5-25)$$

F_s 为气体流通面积(m^2),且

$$F_s = h_{po}(\varphi) B_{po} \sin\beta \quad (5-26)$$

β 为气口上沿与气缸轴心线夹角(度);$h_{po}(\varphi)$ 为扫气口开启高度;B_{po} 为气缸横截面的气口有效总宽度(m):

$$B_{po} = \sum_{i=1}^{n_{po}} b_i \quad (5-27)$$

b_i 为每个气口的有效宽度;n_{po} 为气口个数。

通过排气口的气体流量,若处于亚临界排气期,即

$$\frac{p_B}{p_z} > \left(\frac{2}{k_z+1}\right)^{\frac{k_z}{k_z-1}} \quad (5-28)$$

则

$$\frac{dm_e}{d\varphi}=\frac{\mu_e F_e}{6n}\sqrt{\frac{2k_z}{k_z-1}}\frac{p_z}{\sqrt{R_z T_z}}\sqrt{\left(\frac{p_B}{p_z}\right)^{\frac{2}{k_z}}-\left(\frac{p_B}{p_z}\right)^{\frac{k_z+1}{k_z}}} \quad (5-29)$$

若处于超临界排气期,即

$$\frac{p_B}{p_z} \leq \left(\frac{2}{k_z+1}\right)^{\frac{k_z}{k_z-1}} \quad (5-30)$$

则

$$\frac{dm_e}{d\varphi}=\frac{\mu_e F_e}{6n}\sqrt{\frac{2k_z}{(k_z+1)R_z T_z}}p_z\left(\frac{2}{k_z+1}\right)^{\frac{1}{k_z-1}} \quad (5-31)$$

式中:k_z 为燃气的绝热指数;R_z 为燃气的气体常数(J/(kg·K));F_e 为排气阀的几何截面积(m^2),且

$$F_e = \pi h_v(\varphi) \cos\sigma_v (D_v + h_v(\varphi) \sin\sigma_v \cos\sigma_v) \quad (5-32)$$

σ_v 为排气阀阀盘锥角;D_v 为排气阀阀盘内径(m);μ_e 为排气阀的流量系数,且

$$\mu_e = 0.98 - 41.497 h_v^2(\varphi) \quad (5-33)$$

式中:$h_v(\varphi)$ 为排气阀升程,可从 $h_v(\varphi)$ 升程曲线用插值法计算得到。

6) 气缸变工况燃烧放热规律

柴油机的燃烧是一个非常复杂的放热过程,伴随强烈的物理和化学反应。柴油机燃烧过程的数值模拟方法通常采用半经验公式,将极端复杂的燃烧过程归纳为几个简单的参数来表征。这种半经验公式有很多种,其中韦伯公式使用起来比较简便,用于仿真具有较大的优越性。尽管韦伯函数是在汽油机中均匀混合气的情况下,从反应动力学推导出来的半经验公式,但它用于中、低速柴油机的计算结果与试验数据的符合情况是令人满意的。

根据韦伯公式计算柴油机燃烧放热速率为

$$\frac{dQ_f}{d\varphi} = \eta_{com} H_u g_f \frac{d\chi}{d\varphi} \quad (5-34)$$

式中:η_{com} 为燃烧效率;H_u 为燃油低热值;g_f 为每缸每循环喷油量;$\frac{d\chi}{d\varphi}$ 为燃烧速率,且

$$\frac{d\chi}{d\varphi} = \frac{6.901(m+1)}{\Delta\varphi}\left(\frac{\varphi-\varphi_{VB}}{\Delta\varphi}\right)^m e^{-6.901\left(\frac{\varphi-\varphi_{VB}}{\Delta\varphi}\right)^{m+1}} \quad (5-35)$$

式中:$\Delta\varphi$ 为燃烧持续角;χ 为已燃烧燃油的百分数,且

$$\chi = \int \frac{d\chi}{d\varphi} d\varphi = 1 - e^{-6.901\left(\frac{\varphi-\varphi_{VB}}{\Delta\varphi_c}\right)^{m+1}} \quad (5-36)$$

φ_{VB} 为燃烧始角,且

$$\varphi_{VB} = \varphi_g + \Delta\varphi_{EV} + \Delta\varphi_i \quad (5-37)$$

φ_g 为几何供油角;$\Delta\varphi_{EV}$ 为喷油滞后角,且

$$\Delta\varphi_{EV} = \Delta\varphi_{EV,ref} \frac{n}{n_{ref}} \quad (5-38)$$

$\Delta\varphi_i$ 为燃烧滞后角(相当于滞燃时间 τ_{id}):

$$\Delta\varphi_i = 6n\tau_{id} \quad (5-39)$$

$$\tau_{id} = 0.1 + 0.3544 e^{\frac{1967}{T_z}} \times p_z^{-0.87} \quad (ms) \quad (5-40)$$

由式(5-40)可知,韦伯燃烧函数由 m、$\Delta\varphi$ 和 φ_{VB} 3 个参数完全确定。图 5-3 所示为燃烧品质指数 m 对韦伯函数 χ 和燃烧规律 $d\chi/d\varphi$ 的影响,当其他参数不变时,φ_{VB} 越提前,最高燃烧压力越高。m 值表征放热特性,m 越小,则初期放热量越多,压力升高率也越大;反之,m 越大,则放热图形的重心越向后移,压力升高也越平缓。

同一台柴油机的燃烧过程、燃烧规律是随工况(负荷、转速)变化而变化的。

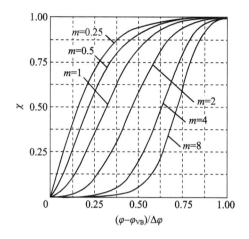 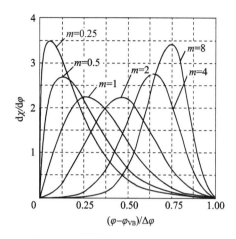

图 5-3 燃烧品质指数 m 对 χ 和 $d\chi/d\varphi$ 的影响

Woschni 在中速柴油机上进行大量试验和分析,得出燃烧放热规律随工况的变化关系,并整理出韦伯燃烧放热规律在变工况时燃烧品质指数 m、燃烧持续角 $\Delta\varphi$ 计算公式如下:

$$m = m_{\text{ref}} \left(\frac{\Delta\varphi_{i,\text{ref}}}{\Delta\varphi_i} \right)^{0.5} \left(\frac{p_{\text{IVC}}}{p_{\text{IVC,ref}}} \right) \left(\frac{T_{\text{IVC,ref}}}{T_{\text{IVC}}} \right) \left(\frac{n}{n_{\text{ref}}} \right)^{0.8} \quad (5-41)$$

式中:p_{IVC} 和 T_{IVC} 为压缩始点的压力与温度。

$$\Delta\varphi = \Delta\varphi_{\text{ref}} \left(\frac{\lambda_{z,\text{ref}}}{\lambda_z} \right)^{0.6} \left(\frac{n}{n_{\text{ref}}} \right)^{0.5} \quad (5-42)$$

以上公式中,有下标 ref 的表示标准工况参数。

对柴油机燃烧模型中 m 等参数的确定还可采用智能优化算法来选取,如遗传算法、粒子群优化算法等。

7) 气缸内各阶段热力过程分析

对气缸内的热力过程分析计算,主要是确定气缸热力循环各行程工质状态变化的规律以及能量转换情况。一个热力循环计算可从气缸排气阀关闭时刻开始,到下一个循环排气阀关闭为止,整个循环可分为压缩、燃烧、膨胀和换气 4 个行程。

(1) 压缩行程。压缩行程从排气阀关闭到燃烧开始,这一阶段进气阀和排气阀都处于关闭状态,若假设燃油在燃烧始点才喷入气缸,不考虑气缸漏气这部分的质量损失,则压缩行程气缸内工质的质量变化为 0,即

$$\frac{dm_z}{d\varphi} = 0, \quad \frac{dm_s}{d\varphi} = 0, \quad \frac{dm_e}{d\varphi} = 0, \quad \frac{dm_f}{d\varphi} = 0 \quad (5-43)$$

根据气缸过量空气系数的定义(式(5-12))可知,计算过量空气系数需要计算缸内瞬时空气质量和燃料质量。若扫气过程为完全扫气,则扫气结束后缸内无残余废气,全部是新鲜空气,即 $m_f = 0$,$\lambda_z = \infty$。但实际的二冲程柴油机扫气阶段

由于气阀(口)重叠,必然会存在扫气不完全现象,因此在仿真计算时需要考虑气缸残余废气。

根据对残余废气的处理,将其折算成由新鲜空气和燃料组成,压缩始点缸内瞬时燃料质量即为折算成的燃料质量,$m_a = m_0$,$m_f = m_{fr}$,其中 m_0 为压缩始点缸内新鲜空气量。压缩期间不考虑气缸漏气,也没有新鲜空气和燃料进入,缸内工质成分没有发生变化:$\frac{d\chi_k}{d\varphi} = 0$,$\frac{d\lambda_z}{d\varphi} = 0$。因此,这个阶段的过量空气系数也不会变化,可按压缩始点缸内新鲜空气量和燃料量来计算,即

$$\lambda_z = \frac{m_0}{L_0 m_{fr}} \tag{5-44}$$

$$\chi_k = \frac{m_{fr}}{g_f} \tag{5-45}$$

通常 m_{fr} 数值非常小,因此 λ_z 值也可按 ∞ 来对待,实际仿真计算只需取足够大的 λ_z 值即可,如取 $\lambda_z = 10000$。压缩行程无燃烧反应,即 $\frac{dQ_f}{d\varphi} = 0$,故能量方程可简化为

$$\frac{dT_z}{d\varphi} = \frac{1}{m_z c_{vz}} \left(\frac{dQ_w}{d\varphi} - p_z \frac{dV_z}{d\varphi} - u_z \frac{dm_z}{d\varphi} \right) \tag{5-46}$$

(2) 燃烧行程。从燃烧始点到燃烧终点这一期间称为燃烧行程,这期间内无新鲜空气进入也无废气排出,$\frac{dm_s}{d\varphi} = 0$,$\frac{dm_e}{d\varphi} = 0$。但有燃料喷入气缸,故质量守恒方程为

$$\frac{dm_z}{d\varphi} = g_f \frac{d\chi}{d\varphi} \tag{5-47}$$

燃烧期间空气质量不变,仍等于压缩始点空气质量:

$$m_a = m_0 \tag{5-48}$$

燃烧期间缸内燃料质量:

$$m_f = g_f \chi + m_{fr} \tag{5-49}$$

因此,燃烧期间气缸工质质量为

$$m_z = m_0 + g_f \chi + m_{fr} \tag{5-50}$$

由于燃烧使过量空气系数 λ_z 发生变化,按照 λ_z 的定义,对式(5-12)进行求导,得

$$\frac{d\lambda_z}{d\varphi} = \frac{1}{L_0 m_f} \left(\frac{dm_a}{d\varphi} - \frac{m_a}{m_f} \frac{dm_f}{d\varphi} \right) \tag{5-51}$$

在燃烧期间 $m_a = $ 常数,于是,$\dfrac{\mathrm{d}m_a}{\mathrm{d}\varphi} = 0$,故得

$$\frac{\mathrm{d}\lambda_z}{\mathrm{d}\varphi} = -\frac{m_a}{L_0 m_f^2 H_u}\frac{\mathrm{d}Q_f}{\mathrm{d}\varphi} \tag{5-52}$$

$$\frac{\mathrm{d}\chi_k}{\mathrm{d}\varphi} = \frac{\mathrm{d}\chi}{\mathrm{d}\varphi} \tag{5-53}$$

$$\chi_k = \frac{m_f}{g_f} \tag{5-54}$$

燃烧期间能量方程式为

$$\frac{\mathrm{d}T_z}{\mathrm{d}\varphi} = \left(\frac{\mathrm{d}Q_f}{\mathrm{d}\varphi} - \frac{\mathrm{d}Q_w}{\mathrm{d}\varphi} - p_z\frac{\mathrm{d}V_z}{\mathrm{d}\varphi} - u_z\frac{\mathrm{d}m_z}{\mathrm{d}\varphi} - m_z\frac{\mathrm{d}\lambda_z}{\mathrm{d}\varphi}\frac{\partial u_z}{\partial \lambda_z}\right)\frac{1}{m_z c_{vz}} \tag{5-55}$$

(3) 膨胀行程。膨胀期间工质质量不变,但数量上比压缩期多了一个循环喷油量 g_f,即

$$\frac{\mathrm{d}m_z}{\mathrm{d}\varphi} = 0, \frac{\mathrm{d}m_s}{\mathrm{d}\varphi} = 0, \frac{\mathrm{d}m_e}{\mathrm{d}\varphi} = 0, \frac{\mathrm{d}Q_f}{\mathrm{d}\varphi} = 0 \tag{5-56}$$

$$m_z = m_0 + m_{fr} + g_f \tag{5-57}$$

膨胀期间过量空气系数 λ_z 值不变,相当于燃烧终了时的值,即

$$\frac{\mathrm{d}\lambda_z}{\mathrm{d}\varphi} = 0 \tag{5-58}$$

$$\lambda_z = \frac{m_0}{L_0(g_f + m_{fr})} = 常数 \tag{5-59}$$

膨胀期间能量方程和压缩期相同,即

$$\frac{\mathrm{d}T_z}{\mathrm{d}\varphi} = \left(-\frac{\mathrm{d}Q_w}{\mathrm{d}\varphi} - p_z\frac{\mathrm{d}V_z}{\mathrm{d}\varphi}\right)\frac{1}{m_z c_{vz}} \tag{5-60}$$

(4) 换气行程。6S35MC 型船用柴油机的扫气形式为气口-气阀式直流扫气,采用液压式气阀传动机构,由排气阀定时凸轮驱动。二冲程柴油机的换气过程根据排气阀(口)的开闭时刻,可以分为自由排气阶段、扫气阶段和后排气阶段。

① 自由排气阶段。从排气阀开到扫气口开这一期间称为自由排气阶段,该期间气缸无新鲜空气进入气缸扫气,废气从排气阀自由排出,故能量守恒方程为

$$\frac{\mathrm{d}m_z}{\mathrm{d}\varphi} = -\frac{\mathrm{d}m_e}{\mathrm{d}\varphi} \tag{5-61}$$

排气阀一打开,废气流出气缸。正如前面所述,把废气看成由空气量和由废气折算的燃料量两部分组成,流出的废气质量等于流出的空气质量加上折算的燃料质量。在自由排气过程中,气缸内的气体成分并不因废气流出而有所改变,因此可

以认为流出的折算燃料量与流出的废气量成正比,其比例系数就等于气缸内燃料质量与工质质量的瞬时比值,即

$$\frac{\mathrm{d}m_\mathrm{f}}{\mathrm{d}m_\mathrm{e}} = \frac{m_\mathrm{f}}{m_\mathrm{z}} \tag{5-62}$$

故有

$$\frac{\mathrm{d}m_\mathrm{f}}{\mathrm{d}\varphi} = \frac{m_\mathrm{f}}{m_\mathrm{z}} \frac{\mathrm{d}m_\mathrm{e}}{\mathrm{d}\varphi} \tag{5-63}$$

气缸内工质质量为

$$m_\mathrm{z} = m_\mathrm{a} + m_\mathrm{f} \tag{5-64}$$

因此,气缸内空气质量变化率为

$$\frac{\mathrm{d}m_\mathrm{a}}{\mathrm{d}\varphi} = \frac{\mathrm{d}m_\mathrm{z}}{\mathrm{d}\varphi} - \frac{\mathrm{d}m_\mathrm{f}}{\mathrm{d}\varphi} \tag{5-65}$$

自由排气过程缸内过量空气系数为

$$\lambda_\mathrm{z} = \frac{m_\mathrm{a}}{L_0 m_\mathrm{f}} \tag{5-66}$$

$$\frac{\mathrm{d}\lambda_\mathrm{z}}{\mathrm{d}\varphi} = 0 \tag{5-67}$$

自由排气阶段能量方程式为

$$\frac{\mathrm{d}T_\mathrm{z}}{\mathrm{d}\varphi} = \left(-\frac{\mathrm{d}m_\mathrm{e}}{\mathrm{d}\varphi}h_\mathrm{e} - \frac{\mathrm{d}Q_\mathrm{w}}{\mathrm{d}\varphi} - p_\mathrm{z}\frac{\mathrm{d}V_\mathrm{z}}{\mathrm{d}\varphi} - u_\mathrm{z}\frac{\mathrm{d}m_\mathrm{z}}{\mathrm{d}\varphi}\right)\frac{1}{m_\mathrm{z}c_{\mathrm{vz}}} \tag{5-68}$$

② 扫气阶段。从扫气口开到扫气口关这一期间称为扫气过程,该阶段是气阀(口)重叠阶段,不断有新鲜空气进入气缸,同时也不断有废气排出。因此,扫气阶段的质量守恒方程为

$$\frac{\mathrm{d}m_\mathrm{z}}{\mathrm{d}\varphi} = \frac{\mathrm{d}m_\mathrm{s}}{\mathrm{d}\varphi} - \frac{\mathrm{d}m_\mathrm{e}}{\mathrm{d}\varphi} \tag{5-69}$$

扫气阶段气缸内不断涌入的新鲜空气会与废气混合,气缸内气体成分发生了变化。在分析计算该阶段的过量空气系数前,先来探讨一下二冲程柴油机的气缸扫气模型。

与四冲程柴油机不同,二冲程柴油机换气时间明显小于四冲程柴油机,整个换气过程只有120°~150°,而四冲程柴油机则在450°以上。二冲程柴油机的换气主要是依靠进排气口之间的压差,用新鲜空气驱赶废气,新鲜空气的进入和废气的排出同时进行。由于新鲜空气和废气之间没有明显的界面,必然在缸内发生掺混,而且气缸内部还存在着扫气空气达不到的死角,以及新鲜空气的短路流动。因此,二冲程柴油机在换气终了时缸内残留的废气较多,换气没有四冲程柴油机干净。

目前,二冲程柴油机的扫气模型有多种,如完全扫气模型、完全混合模型、分层模型、浓排气模型等。完全扫气模型的扫气效果最好,即假设新鲜空气将废气向排气口方向推挤出去,不发生掺混;完全混合模型扫气计算效果最差,即每一瞬时进入气缸的新鲜空气立即与废气完全混合,形成均匀的混合气后再排出气缸。显然,完全扫气模型和完全混合模型都是两种"走极端"的模型,实际的二冲程柴油机扫气模型介于两者之间。因此,为了使扫气模型接近实际的扫气过程,目前一般采用三区分层模型,将整个气缸分为新鲜空气区、混合区和废气区,并假设整个气缸的压力是均匀的,即每个区的压力相等,3个区的温度和气体成分不同。这种分层模型比较准确,但是计算量较大。为此,上海交通大学的顾宏中教授提出了一种既考虑扫气实际过程又兼顾仿真计算量的浓排气模型。

对于已燃质量分数变化率 $\dfrac{\mathrm{d}\chi_k}{\mathrm{d}\varphi}$,压缩行程和膨胀行程无气体交换也无燃料喷入,此时,$\dfrac{\mathrm{d}\chi_k}{\mathrm{d}\varphi}=0$;燃烧行程无气体交换只有燃料喷入,此时,$\dfrac{\mathrm{d}\chi_k}{\mathrm{d}\varphi}=\dfrac{\mathrm{d}\chi}{\mathrm{d}\varphi}$;换气过程 $\dfrac{\mathrm{d}\chi_k}{\mathrm{d}\varphi}$ 等于排出的废气中所燃烧产物的变化率,即 $\dfrac{\mathrm{d}\chi_k}{\mathrm{d}\varphi}=-\dfrac{\chi_k}{m_z}\dfrac{\mathrm{d}m_e}{\mathrm{d}\varphi}$。

浓排气模型认为,从排气口排出的废气不是完全混合的气体,而是含废气成分较多的气体,在扫气阶段开始,排出的是不掺有新鲜空气的燃烧产物,与实际过程相近。计算时,只要在式 $\dfrac{\mathrm{d}\chi_k}{\mathrm{d}\varphi}=-\dfrac{\chi_k}{m_z}\dfrac{\mathrm{d}m_e}{\mathrm{d}\varphi}$ 中乘以一个系数就行,即

$$\dfrac{\mathrm{d}\chi_k}{\mathrm{d}\varphi}=-\xi\dfrac{\chi_k}{m_z}\dfrac{\mathrm{d}m_e}{\mathrm{d}\varphi} \tag{5-70}$$

若 $\xi=1$,则为完全混合扫气,因此浓排气扫气模型中 $\xi>1$。

在计算中有两种情况出现:

$\dfrac{\xi\chi_k}{m_z}>\dfrac{1}{m_0}$,$m_0$ 为压缩始点缸内气体质量。这种情况在实际上是不存在的。因为最浓排气为 $\dfrac{\xi\chi_k}{m_z}=\dfrac{1}{m_0}$,即排出的是不掺有扫气空气的燃烧产物,相当于"完全清扫"。故若出现 $\dfrac{\xi\chi_k}{m_z}>\dfrac{1}{m_0}$,则取 $\dfrac{\xi\chi_k}{m_z}=\dfrac{1}{m_0}$,这时,有

$$\dfrac{\mathrm{d}\chi_k}{\mathrm{d}\varphi}=-\dfrac{1}{m_0}\dfrac{\mathrm{d}m_e}{\mathrm{d}\varphi} \tag{5-71}$$

如果 $\xi\dfrac{\chi_k}{m_z}\leqslant\dfrac{1}{m_0}$,则

$$\dfrac{\mathrm{d}\chi_k}{\mathrm{d}\varphi}=-\xi\dfrac{\chi_k}{m_z}\dfrac{\mathrm{d}m_e}{\mathrm{d}\varphi} \tag{5-72}$$

缸内瞬时燃料质量为

$$m_f = \chi_k (g_f + m_{fr}) \tag{5-73}$$

缸内瞬时空气质量为

$$m_a = m_z - m_f \tag{5-74}$$

扫气阶段过量空气系数为

$$\frac{d\lambda_z}{d\varphi} = \frac{dm_s}{d\varphi} / (L_0 m_f) \tag{5-75}$$

$$\lambda_z = \frac{m_z - m_f}{L_0 m_f} \tag{5-76}$$

扫气过程气缸能量方程式为

$$\frac{dT_z}{d\varphi} = \left(\frac{dm_s}{d\varphi} h_s - \frac{dm_e}{d\varphi} h_e - \frac{dQ_w}{d\varphi} - p_z \frac{dV_z}{d\varphi} - u_z \frac{dm_z}{d\varphi} - m_z \frac{d\lambda_z}{d\varphi} \frac{\partial u_z}{\partial \lambda_z} \right) \frac{1}{m_z c_{vz}} \tag{5-77}$$

③ 后排气阶段。从扫气口关到排气阀关这一期间称为后排气阶段。后排气阶段的仿真计算和自由排气阶段相同，该期间气缸无新鲜空气进入气缸扫气，废气从排气阀自由排出，故能量守恒方程为

$$\frac{dm_z}{d\varphi} = -\frac{dm_e}{d\varphi} \tag{5-78}$$

后排气阶段缸内工质成分不变，因此可根据扫气过程结束、后排气开始时刻缸内燃料质量 m_{f_sqend} 和新鲜空气质量 m_{a_sqend} 来计算该期间的过量空气系数，即

$$\lambda_z = \frac{m_a}{L_0 m_f} = \frac{m_{a\_sqend}}{L_0 m_{f\_sqend}} \tag{5-79}$$

$$\frac{d\lambda_z}{d\varphi} = 0 \tag{5-80}$$

同自由排气阶段，有

$$\frac{dm_f}{d\varphi} = \frac{m_f}{m_z} \frac{dm_e}{d\varphi} \tag{5-81}$$

$$\frac{dm_a}{d\varphi} = \frac{dm_z}{d\varphi} - \frac{dm_f}{d\varphi} \tag{5-82}$$

后排气阶段能量方程式为

$$\frac{dT_z}{d\varphi} = \left(-\frac{dm_e}{d\varphi} h_e - \frac{dQ_w}{d\varphi} - p_z \frac{dV_z}{d\varphi} - u_z \frac{dm_z}{d\varphi} \right) \frac{1}{m_z c_{vz}} \tag{5-83}$$

5.1.2 船用柴油机起动装置模型及起动过程分析

柴油机静止时，按照柴油机的发火顺序，压缩空气(2.5~3.0MPa)在气缸活塞

位于膨胀冲程时进入气缸,代替燃气膨胀做功,推动活塞驱使曲轴转动,直到柴油机达到发火转速,完成自行发火,这一过程称为柴油机的起动过程。本节的建模从柴油机起动开始,详细描述柴油机的真实运行是一个从压缩空气起动到喷油开始最后至稳定转速运行的过程。

从压缩空气瓶流向气缸的气体流量可按照一维等熵绝热过程来计算。定义空气瓶内压缩空气的质量 m_b、绝对压力 p_b、绝对温度 T_b、气体常数 R_b、绝热指数 k_b、空气瓶容积 V_b、气缸内工质质量 m_z、绝对压力 p_z、绝对温度 T_z。

根据工程热力学中关于喷管的计算方法,可得到从压缩空气瓶流向单个气缸的气体流量为

$$\frac{\mathrm{d}m_{bc}}{\mathrm{d}\varphi} = \frac{\mu_{bc} S_{bc}}{6n} \sqrt{\frac{2k_b}{k_b-1}} \frac{p_b}{\sqrt{R_b T_b}} \sqrt{\left(\frac{p_z}{p_b}\right)^{\frac{2}{k_b}} - \left(\frac{p_z}{p_b}\right)^{\frac{k_b+1}{k_b}}} \quad (5-84)$$

式中:m_{bc} 为从空气瓶流向气缸空气质量;μ_{bc} 为流量系数;S_{bc} 为空气瓶管道截面积(m^2);n 为柴油机转速(r/min);p_z 为气缸压力(MPa);φ 为曲柄转角(°)。

空气瓶内压缩空气的质量变化率 $\mathrm{d}m_b/\mathrm{d}\varphi$ 即为其流向各缸的空气流量之和:

$$\frac{\mathrm{d}m_b}{\mathrm{d}\varphi} = \sum_{i=1}^{6} \left(\frac{\mathrm{d}m_{bc}}{\mathrm{d}\varphi}\right)_i \quad (5-85)$$

空气瓶内气体温度 T_b 可视为不变,根据理想气体状态方程计算起动空气瓶内气体压力:

$$p_b V_b = m_b R_b T_b \quad (5-86)$$

需要注意的是,虽然静止的柴油机转速为 0,为了避免仿真计算过程中出现"分母为 0"的现象,可将 n 的初值设为一个微小值,如 $n=0.001$。

6S35MC 型柴油机带 2 个 3MPa 主空气瓶,容量为 $1.25m^3$。空气分配器开启定时为 5°~105°。起动过程柴油机转速很低,气缸漏气严重,因此必须考虑气缸漏气质量 $\mathrm{d}m_{cl}/\mathrm{d}\varphi$。起动过程只有起动空气进入,无燃料喷入,但气缸扫气口和排气阀开闭正常,因此缸内质量变化率为

$$\frac{\mathrm{d}m_z}{\mathrm{d}\varphi} = \frac{\mathrm{d}m_a}{\mathrm{d}\varphi} + \frac{\mathrm{d}m_s}{\mathrm{d}\varphi} - \frac{\mathrm{d}m_e}{\mathrm{d}\varphi} - \frac{\mathrm{d}m_{cl}}{\mathrm{d}\varphi} \quad (5-87)$$

起动过程缸内无论是进气还是排气皆为新鲜空气,因此过量空气系数 $\lambda=0$,$\mathrm{d}\lambda/\mathrm{d}\varphi=0$,得能量方程为

$$\frac{\mathrm{d}T_z}{\mathrm{d}\varphi} = \frac{1}{m_z c_{vz}} \left(\frac{\mathrm{d}Q_w}{\mathrm{d}\varphi} + h_a \frac{\mathrm{d}m_a}{\mathrm{d}\varphi} + h_s \frac{\mathrm{d}m_s}{\mathrm{d}\varphi} - h_e \frac{\mathrm{d}m_e}{\mathrm{d}\varphi} - h_{cl} \frac{\mathrm{d}m_{cl}}{\mathrm{d}\varphi} - p_z \frac{\mathrm{d}V_z}{\mathrm{d}\varphi} - u_z \frac{\mathrm{d}m_z}{\mathrm{d}\varphi} \right)$$

$$(5-88)$$

5.1.3 船用二冲程柴油机进排气系统数学模型

二冲程柴油机与四冲程柴油机相比,其不同之处在于气缸的进气方式不同。与柴油机气缸容积法模型计算类似,也将气缸的进、排气系统分别看成一个控制容积,规定假设条件,列能量守恒、质量守恒和理想状态方程,解一阶微分方程。图5-4和图5-5分别为柴油机气缸进气系统与排气系统的容积法模型图。

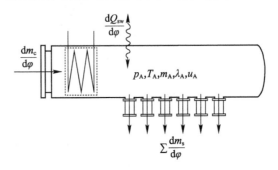

图5-4 柴油机气缸进气系统容积法模型图

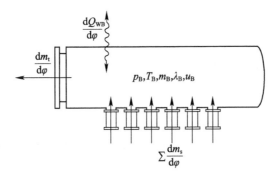

图5-5 柴油机气缸排气系统容积法模型图

由于实际进、排气系统中的过程是不稳定的流动过程,因而导致在进、排气阀(口)处产生压力波动(压力值随时间变化),压力波动的强度取决于进、排气系统的结构参数和发动机的运转参数。因此,在循环模拟计算中考虑到进、排气阀(口)处压力波动的影响,则必须建立描述进、排气管系统中气体状态变化的微分方程式,当气阀开启使管系中的过程与气缸内的过程发生联系时,就要与描述气缸内气体状态变化的微分方程式一起联立求解。在进行废气涡轮增压柴油机模拟计算时,还必须将管路系统与废气涡轮增压器联系起来加以考虑。

新鲜空气经压气机压缩后,经过空气冷却器降温进入扫气箱;气缸废气从排气阀流出汇集到排气总管,排气总管流出的废气驱动涡轮旋转,从而带动压气机工作。当压气机流量不足以提供足够的扫气箱压力时,为了保证柴油机正常工作,辅风机自动投入运行。

1)空气冷却器模型

增压柴油机通常采用空气冷却器,使自压气机出来的空气通过空气冷却器后温度下降,以此增加进入气缸的空气量,达到提高功率和降低热负荷的目的。

空气冷却器进口空气的温度和压力即压气机出口处空气的温度与压力,空气经空气冷却器的压降为

$$\Delta p_{\text{cooler}} = 55.596 p_1^{0.228} + 48.35 \quad (5-89)$$

式中:p_1 为压气机出口空气压力(Pa)。

空气冷却器空气出口温度为

$$T_{\text{cao}} = T_1 - \eta_{\text{cooler}}(T_1 - T_{\text{cwi}}) \quad (5-90)$$

式中:T_1 为压气机出口空气温度(K);T_{cwi} 为冷却水进口温度(K);η_{cooler} 为空气冷却器效率。

2)扫气箱模型

将扫气箱看成一个控制容积,采用容积法计算容积内的气体的状态参数。根据能量守恒定律,通过推导计算,得到扫气温度随曲柄转角的变化率计算公式为

$$\frac{dT_A}{d\varphi} = \left[\frac{dm_c}{d\varphi}(h_1 - u_A) + \sum_{i=1}^{n}\left(\frac{dm_s}{d\varphi}\right)_i R_A T_A + \frac{dQ_{\text{sw}}}{d\varphi}\right]\frac{1}{c_{vA}m_A} \quad (5-91)$$

式中:T_A 为扫气温度(K);$\frac{dm_c}{d\varphi}$ 为压气机流量;$\frac{dm_s}{d\varphi}$ 为各缸扫气口流量;$\frac{dQ_{\text{sw}}}{d\varphi}$ 为进气系统散热损失;h_1 为进入扫气箱的气体比焓,可看成压气机出口气体比焓;u_A 为扫气箱气体比内能;R_A 为扫气箱气体常数(J/(kg·K));m_A 为扫气箱空气质量;c_{vA} 为扫气箱气体定容比热。

根据质量守恒定律,可得扫气箱内空气质量随曲柄转角变化率为

$$\frac{dm_A}{d\varphi} = \frac{dm_c}{d\varphi} - \sum_{i=1}^{n}\left(\frac{dm_s}{d\varphi}\right)_i \quad (5-92)$$

根据理想气体状态方程,得扫气箱内压力为

$$p_A = \frac{m_A R_A T_A}{V_A} \quad (5-93)$$

3)排气总管模型

同样,将排气总管看成一个控制容积,采用容积法计算容积内的气体的状态参数。根据能量守恒定律,通过推导计算,得到排气总管气体温度随曲柄转角的变化率计算公式为

$$\frac{dT_B}{d\varphi} = \left(\sum_{i=1}^{n} \left(\frac{dm_e}{d\varphi}(h_z - u_B) \right) - \frac{dm_t}{d\varphi} R_B T_B - \frac{dQ_{WB}}{d\varphi} \right) \frac{1}{c_{vB} m_B} \quad (5-94)$$

式中：T_B 为排气总管气体温度（K）；h_z 为缸内气体比焓；u_B 为排气总管气体比内能；c_{vB} 为排气总管气体定容比热；R_B 为排气总管气体常数；m_B 为排气总管气体质量；$\frac{dm_e}{d\varphi}$ 为各缸排气阀气体流量；$\frac{dm_t}{d\varphi}$ 为流向涡轮流量；$\frac{dQ_{WB}}{d\varphi}$ 为通过缸头排气道、排气管及涡轮进气涡壳的散热率，且

$$\frac{dQ_{WB}}{d\varphi} = 0.02 \frac{dQ_f}{d\varphi} \quad (5-95)$$

根据质量守恒定律，可得排气总管内气体质量随曲柄转角变化率为

$$\frac{dm_B}{d\varphi} = \sum_{i=1}^{n} \frac{dm_e}{d\varphi} - \frac{dm_t}{d\varphi} \quad (5-96)$$

根据理想气体状态方程，得排气总管气体压力为

$$p_B = \frac{m_B R_B T_B}{V_B} \quad (5-97)$$

5.1.4 废气涡轮增压器数学模型

图 5-6 所示为涡轮增压器示意图，压气机进口气体参数 p_0、T_0、h_0 为压气机所处环境下的空气参数；压气机出口参数 p_1、T_1 和 h_1 可分别看成扫气箱气体参数 p_A、T_A 和 h_A，即 $p_1 = p_A$，$T_1 = T_A$，$h_1 = h_A$；涡轮进口参数 p_3、T_3 和 h_3 可分别看成排气总管内气体参数 p_B、T_B 和 h_B，即 $p_3 = p_B$，$T_3 = T_B$，$h_3 = h_B$。

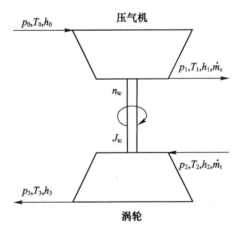

图 5-6 涡轮增压器示意图

若不考虑压气机进、出口的压力损失,则压气机压比为出口压力与进口压力之比,即

$$\pi_c = p_1/p_0 \qquad (5-98)$$

压气机的等熵效率是指气体由状态 $0(p_0,h_0)$ 压缩到状态 $1(p_1,h_1)$ 时,等熵压缩功与压气机实际消耗的总功之比,即

$$\eta_c = \frac{T_0}{T_1 - T_0}\left[\left(\frac{p_1}{p_0}\right)^{\frac{k_0-1}{k_0}} - 1\right] \qquad (5-99)$$

压气机出口温度为

$$T_1 = T_0\left\{1 + \frac{1}{\eta_c}\left[(\pi_c)^{\frac{k_0-1}{k_0}} - 1\right]\right\} \qquad (5-100)$$

式中:k_0 为进气空气的绝热指数。

增压柴油机在某些特殊运行工况下会发生喘振,因此,压气机的流量计算仅仅依靠增压器制造厂商提供稳态下的压气机特性曲线是不够的,还必须考虑压气机在负流量区和非稳态区的特性曲线,这样才能满足增压柴油机全工况运行的仿真。本文按照文献[14]的方法,对压气机系统的模型进行改进,建立了可以预测压气机喘振动态特性的仿真模型。图 5-7 所示为改进的压气机全工况特性曲线。为了降低模型的复杂度,在仿真计算时,采用最小二乘法对图 5-7 中的压气机特性曲线进行拟合来计算不同工况下的压气机的参数。

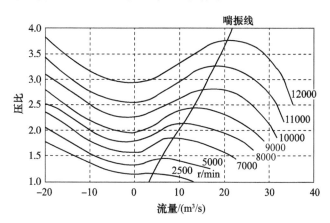

图 5-7 改进的压气机全工况特性曲线

压气机吸收扭矩为

$$M_c = \frac{30}{\pi}\frac{\dot{m}_c c_{p0} T_0}{\eta_c n_{tc}}\left[(\pi_c)^{\frac{k_0-1}{k_0}} - 1\right] \qquad (5-101)$$

式中:c_{p0} 为空气定压比热;n_{tc} 为涡轮转子转速。

废气涡轮的增压方式有定压增压和脉冲增压两种,课题主要讨论轴流式涡轮的定压增压,即废气在近乎稳定的压力下进入涡轮。

决定涡轮工作状态的独立参数也有 4 个:涡轮前总压、总温,涡轮后静压以及涡轮转速。

涡轮出口背压为

$$p_3 = p_{3,\text{ref}} \left(\frac{p_2}{p_{3,\text{ref}}} \right)^2 \tag{5-102}$$

涡轮膨胀比为

$$\pi_t = \frac{p_2}{p_3} \tag{5-103}$$

涡轮效率为

$$\eta_t = 0.77636 + 1.3541 \times 10^{-2} \pi_t - 4.4083 \times 10^{-4} \pi_t^2 - 1.9825 \times 10^{-4} \pi_t^3 - 7.0346 \times 10^{-4} \pi_t^4 \tag{5-104}$$

涡轮废气流量系数为

$$\mu_t = 0.9488 + 7.58888 \times 10^{-2} \pi_t - 6.492 \times 10^{-4} \pi_t^2 - 3.2779 \times 10^{-4} \pi_t^3 - 1.3165 \times 10^{-4} \pi_t^4 \tag{5-105}$$

通过涡轮的废气质量流量(kg/s)为

$$\dot{m}_t = \mu_t F_{\text{TA}} \psi \frac{p_2}{\sqrt{R_2 T_2}} \tag{5-106}$$

式中:μ_t 为流量系数;F_{TA} 为涡轮喷嘴当量面积;ψ 为通流函数,且

$$\psi = \sqrt{\frac{2k_2}{k_2-1} \left[\left(\frac{p_3}{p_2}\right)^{\frac{2}{k_2}} - \left(\frac{p_3}{p_2}\right)^{\frac{k_2+1}{k_2}} \right]} \tag{5-107}$$

式中:k_2 为涡轮前废气绝热指数。当涡轮膨胀比 $\pi_t = \frac{p_2}{p_3}$ 达到临界或者超临界值,即燃气出口速度达到声速时,有

$$\pi_t \geqslant \left(\frac{k_2+1}{2} \right)^{\frac{k_2}{k_2-1}} \tag{5-108}$$

通流函数将达到最大值,即

$$\psi = \psi_{\max} = \left(\frac{2}{k_2+1} \right)^{\frac{k_2}{k_2-1}} \sqrt{\frac{2k_2}{k_2+1}} \tag{5-109}$$

涡轮发出的扭矩为

$$M_t = \frac{30}{\pi} \frac{\dot{m}_t c_{p2} T_2 \eta_t}{n_{tc}} \left[1 - \left(\frac{1}{\pi_t} \right)^{\frac{k_2-1}{k_2}} \right] \quad (5-110)$$

式中：c_{p2} 为涡轮前废气定压比热，即排气总管内废气定压比热 c_{pB}。

涡轮增压器转子动态方程为

$$\dot{n}_{tc} = \frac{\eta_m M_t - M_c}{J_{tc}} \frac{60}{2\pi} \quad (5-111)$$

式中：J_{tc} 为涡轮转子转动惯量；η_m 为涡轮增压器机械效率。

5.1.5 船机桨系统动态数学模型

船舶推进装置的任务是把船舶推进动力装置的动力转变为推进力，并把推进力传递给船体，推动船舶运动。通常，船舶推进装置由螺旋桨、轴系和传动装置组成。图 5-8 所示为典型的船机桨动态特性框图，图中柴油机直接推动螺旋桨，不经过中间传动装置。

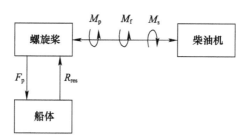

图 5-8 船机桨动态特性图

1）柴油机动态方程

柴油机与螺旋桨采用刚性连接时，柴油机动态方程为

$$\frac{\pi}{30} I \frac{dn}{dt} = M_s - M_p - M_f \quad (5-112)$$

式中：M_s 为柴油机输出扭矩；M_p 为螺旋桨回转时产生的水阻力矩；M_f 为机械损失扭矩；I 为柴油机、轴系和螺旋桨当量转动惯量的总和；n 为螺旋桨转速，即柴油机转速。

（1）计算柴油机输出扭矩 M_s。不考虑活塞与气缸间的摩擦力，柴油机输出的瞬时扭矩 M_s 由各缸气缸的瞬时压强 p_z 来计算。如图 5-9 曲柄受力分析图所示，图中气缸直径为 D，行程为 S，曲柄半径 $R = \frac{1}{2} S$。

通过活塞及活塞杆作用在十字头销上的力 F_z 是气缸气体力 F_{gas} 和连杆往复惯性力 $F_{inertia}$ 的合力。往复惯性力的方向沿气缸中心线，这两个力的方向都垂直于

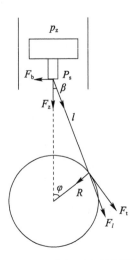

图 5-9 曲柄受力分析图

活塞,因此 F_z 为 F_{gas} 与 $F_{inertia}$ 的代数和,即

$$F_z = F_{gas} + F_{inertia} \tag{5-113}$$

式中:F_{gas} 由缸内压力和扫气压力共同作用所得,则

$$F_{gas} = \frac{\pi}{4} D^2 (p_z - p_s) \tag{5-114}$$

往复惯性力的方向永远与活塞加速度方向相反,因此,规定向下垂直于活塞的方向为正,计算连杆往复惯性力 $F_{inertia}$ 如下:

$$F_{inertia} = - m_{inertia} x'' \tag{5-115}$$

式中:$m_{inertia}$ 为连杆往复质量;x'' 为活塞瞬时加速度。

定义活塞瞬时位移为活塞当前位置距离气缸上止点的距离,根据曲柄连杆机构运动学原理,计算活塞瞬时位移 x 如下:

$$x = \frac{S}{2} \left[1 - \cos\left(\frac{\pi}{180}\varphi\right) + \frac{1}{\gamma} \left(1 - \sqrt{1 - \gamma^2 \sin^2\left(\frac{\pi}{180}\varphi\right)} \right) \right] \tag{5-116}$$

对 x 连续求两次导,可得活塞瞬时加速度 x''。

F_z 分解为连杆推力 F_l 和对气缸壁的侧推力 F_b。根据三角形正弦定理可得

$$\frac{\sin\beta}{R} = \frac{\sin\varphi}{l}, \quad \beta = \arcsin\left(\frac{R}{l}\sin\varphi\right) \tag{5-117}$$

于是,有

$$F_l = \frac{F_z}{\cos\beta} \tag{5-118}$$

将连杆推力 F_l 分解为指向曲轴中心的法向作用力和与曲轴中心垂直的切向

作用力 F_t,则柴油机单缸输出扭矩 $M_{si}(i=1,2,3,\cdots,n)$ 为

$$M_{si} = RF_t \tag{5-119}$$

由三角形外角和定理得 F_l 与曲柄轴的夹角为 $\beta+\varphi$,则 F_l 的曲柄轴切向分力 F_t 为

$$F_t = F_l \sin(\beta+\varphi) \tag{5-120}$$

得到单缸输出扭矩 M_{si} 后,整台柴油机的输出扭矩为各缸输出扭矩之和,即

$$M_s = \sum_{i=1}^{n} M_{si} \tag{5-121}$$

柴油机的机械损失计算很复杂,考虑柴油机的机械效率 η_e,机械损失 M_f 可按如下公式近似计算:

$$M_f = (1-\eta_e)M_s \tag{5-122}$$

(2)计算螺旋桨回转时产生的水阻力矩 M_p。螺旋桨的水阻力矩为

$$M_p = K_Q \rho n^2 D_p^5 \tag{5-123}$$

式中:K_Q 为转矩系数。

2)船舶运动方程

为了简化模型,只考虑船舶的直线运动并设舵角为 0,则船舶运动方程为

$$\frac{dV_s}{dt} = \frac{F_p - R_{res}}{m_s} \tag{5-124}$$

式中:V_s 为船速;m_s 为船舶质量与船体附连水质量之和;F_p 为螺旋桨的有效推力;R_{res} 为船舶阻力。

(1)计算螺旋桨的有效推力 F_p。敞水时螺旋桨的推力为

$$F_s = K_T \rho n^2 D_p^4 \tag{5-125}$$

式中:ρ 为海水密度;D_p 为螺旋桨直径;K_T 为推力系数,是关于桨的进程比 J 和螺距角 θ(对于调距桨)的函数,即 $K_T = f(J,\theta)$。

螺旋桨的有效推力为

$$F_p = F_s(1-\gamma) \tag{5-126}$$

式中:γ 为推力减额系数。影响推力减额系数 γ 的因素很多,其中主要的影响因素如下:

① 当调距桨的推力系数增加时,γ 也增加,特别是对于那些饱满的船舶,这种影响更加明显。

② 船速对 γ 也有影响,这种影响非常复杂,很难用解析式表示。

③ 正车或倒车时,推力减额系数会发生一定的变化(一般倒车的推力减额系数较大)。

但对于单桨商船而言,当其舵为悬置式并且螺旋桨的自由间距较大时,其推力减额系数可以近似看成常数,这样的简化不会造成显著的仿真错误。

根据各船舶的方形系数 C_B 值,可以按照表 5 - 1 近似选取减额系数 γ 值。

表 5 - 1 C_B 与 γ 之间的关系

C_B	0.52	0.56	0.60	0.64	0.68	0.72	0.76	0.80
单桨船 γ	0.11	0.13	0.15	0.17	0.19	0.21	0.23	0.25

(2)计算船舶阻力 R_{res}。船型给定时,在一定的外界条件下(黏性系数一定,流体密度一定),船体阻力 R_{res} 仅仅是船速 V_s 的函数:

$$R_{res} = R_{res,ref}\left(\frac{V_s}{V_{ref}}\right)^2 \tag{5-127}$$

式中:$R_{res,ref}$ 和 V_{ref} 分别为标况下船舶的阻力与转速值。

3)推力系数和扭矩系数的计算

对于定距桨,为了避开螺旋桨图谱的复杂计算方法,螺旋桨推力和扭矩计算采用回归算法。对于调距桨而言,式(4 - 123)和式(4 - 125)中的扭矩系数 k_Q 与推力系数 k_T 是无因次数,是桨进程比和螺距角的函数,通常无法用解析式表示,即 $K_Q = f(J,\theta)$,$K_T = f(J,\theta)$。

调距桨进程比 J 为

$$J = \frac{V_s(1-w)}{nD} \tag{5-128}$$

式中:w 为伴流系数。影响伴流系数 w 的因素很多,其中主要有以下几种。

(1)与船型有关,特别是船舶的方形系数影响最大。

(2)与调距桨的直径有关。

(3)与船体表面的粗糙度有关。

(4)当傅汝德浅水系数小于 1 时,随着船速的变化而变化。

伴流系数 w 的近似值可以根据船舶的方形系数 C_B 查表 5 - 2。

表 5 - 2 C_B 与 w 之间的关系

C_B	0.52	0.56	0.60	0.64	0.68	0.72	0.76	0.80
单桨船 w	0.15	0.18	0.21	0.24	0.27	0.30	0.33	0.36

因此,计算机仿真时通常是根据螺旋桨的图谱并采用插值法来计算螺旋桨推力系数和扭矩系数。为了避开利用螺旋桨图谱的复杂计算,提高仿真速度,本文根据国外船模试验得出的调距桨推力系数曲线以及扭矩系数的敞水特性曲线,制作函数发生器,得到推力系数 k_T 和扭矩系数 k_Q,从而计算调距桨的推力和扭矩。K_T - (J,θ) 和 K_Q - (J,θ) 特性曲线分别如图 5 - 10 和图 5 - 11 所示。

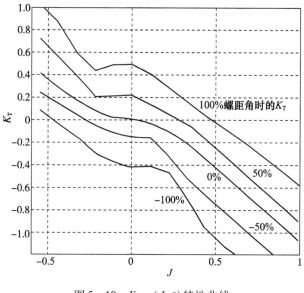

图 5-10 K_T-(J,θ) 特性曲线

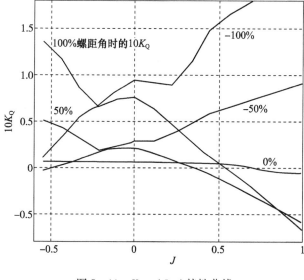

图 5-11 K_Q-(J,θ) 特性曲线

5.2 船舶调距桨推进控制系统建模

可调螺距螺旋桨是通过设置于桨毂中的操纵机构,使桨叶能够转动而调节螺距的螺旋桨(调距桨),它使得在各种船舶工况下充分吸收主机功率成为可能。

随着船舶工程的发展以及遥控技术的日益完善,调距桨推进装置的应用越来越广泛。船舶调距桨推进装置由于其桨叶角度(即螺距角)连续可调,使得主机负荷、推力大小和方向在一定范围内任意调节,因此,可以大大改善船舶在多种航行工况下的推进效率,延长主机的寿命。当船舶柴油主机在部分负荷下运行时,可通过主机转速和螺距比 H/D 的优化匹配,既能使动力装置具有较高的效率,又可提高船舶的续航力和经济性。通过调节螺距,不但可控制航速,还可以在主机不反转的情况下实现船舶的倒航,使船舶具有更好的机动性和操纵性,也可提高船舶的自动化程度。调距桨在运输船舶、工程船舶、多型军用舰船和中小型船舶上的应用越来越广泛。STCW78/95 公约(《1978 年海员培训、发证和值班标准国际公约(1995年修正)》)已将调距桨船舶推进装置列为高级轮机员的强制培训项目。

5.2.1 调距桨推进装置的基本组成

调距桨推进装置一般包括 5 个基本组成部分。

(1) 调距桨。它包括可转动的桨叶、桨毂及其内部装设转动桨时的转叶机构等。

(2) 传动轴。由螺旋桨轴和配油轴组成,两者用套筒联轴器相连。传动轴是中空的,内装调距杆,或者当伺服油缸位于桨毂内时,中空的传动轴作为进排油通道。

(3) 调距机构。它包括产生转动桨叶动力的伺服油缸、伺服活塞,分配压力油给伺服油缸的配油器,桨叶定位装置,桨叶位置反馈装置及其附属设备等。它的主要任务是调距、稳距以及对螺距进行反馈和指示。

(4) 液压系统。主要由油泵、控制阀(换向阀)、油箱和管件等组成。它的作用是为伺服油缸提供符合要求的液压油。

(5) 操纵系统。由操纵台、控制和指示系统组成。它的作用是按照预先确定的控制程序同时调节主机的转速和调距桨的螺距,从而获得所要求的工况。

5.2.2 调距桨的基本工作特性

调距桨在各种工程船舶上广泛使用,主要是基于以下 3 个基本特性。

(1) 船在任何工况下均能保持主机的最佳工况。当螺旋桨的转速 n 和直径 D 确定下来,要在任何阻力下保持航速一定,只要配以一定的螺距比 H/D,就可保持扭转系数 K_Q 不变,从而使 $N_e=$ 常数,保持主机在额定工况下运行。

(2) 用不同的转速 n 和螺距比 H/D 相配合,可得到所需要的船舶航速。通过合理地搭配 n 和 H/D 都能得到给定航速的推力。

(3) 保持螺旋桨转速 n 不变,改变螺距比 H/D 可使船舶具有不同的航速,即从正车最大航速到倒车最大航速。当把桨叶置于零螺距位置时,主机仍以一定的转速运转,而船舶在原处不动;又当桨叶转到负螺距位置时,可使主机在不变转速和航向的情况下,使船舶实现倒航。

5.2.3 调距桨液压伺服机构的数学模型

这里的研究的对象为一艘总吨位为14200t散装船舶的调距桨液压伺服机构。在该液压伺服机构中,调距桨的螺距变化是由设定信号通过比例方向阀控制液压油缸来实现的。

1）比例方向阀

比例方向阀的开环传递函数框图如图 5 - 12 所示。

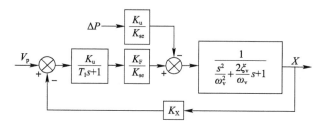

图 5 - 12　比例方向阀的开环传递函数框图

当以指令信号 $V_p(s)$ 为输入时,图 4 - 12 所示回路的传递函数为

$$\frac{X(s)}{V_p(s)} = \frac{K_v K_X}{(T_1 s + 1)(s^2/\omega_v^2 + 2\xi_v s/\omega_v + 1)} \quad (5-129)$$

式中:K_v 为与放大器及比例阀有关的增益值;K_X 为阀芯位移反馈增益;T_1 为放大器时间常数;ω_v、ξ_v 分别为比例阀的固有频率和阻尼比。

与放大器及比例阀有关的增益值 K_v 可表示为

$$K_v = \frac{K_u K_F}{K_{se}} \quad (5-130)$$

式中:K_u 为放大器增益;K_F 为流量 - 压力增益;K_{se} 为等效弹簧刚度。

比例方向阀的闭环传递函数为

$$\Phi(s) = \frac{1/K_X}{\dfrac{T_1}{K_v \omega_v^2} s^3 + \left(\dfrac{1}{K_v \omega_v^2} + \dfrac{2\xi_v T_1}{K_v \omega_v}\right) s^2 + \left(\dfrac{T_1}{K_v} + \dfrac{2\xi_v}{K_v \omega_v}\right) s + 1} \quad (5-131)$$

实际上,比例阀的传递函数在系统中究竟用什么典型环节来近似表示,可根据比例阀系统中的使用频带决定。固有频率低时可用一阶环节表示,固有频率较高时可用二阶环节表示。这里将其近似为二阶系统来处理,可得到比例阀特性为

$$\frac{X(s)}{V_p(s)} = \frac{1/K_X}{T_v^2 s^2 + 2\xi_v T_v s + 1} \quad (5-132)$$

式中:T_v 为比例阀等效时间常数。

2）液压缸

调距桨执行机构是一个液压缸。某吨位为14200t的散装船舶,采用的是占用空间小、制造简单、成本低廉的单活塞杆液压缸。可以得出这种液压缸的传递函数为

$$Y(s) = \frac{\dfrac{K_q X(s)}{A_v} - \dfrac{K_{ce}}{A_1 A_v}\left(\dfrac{V_e}{4\beta_e K_{ce}}s + 1\right)F_L(s) + \dfrac{Q_{tad}}{A_v}}{s\left(\dfrac{s^2}{\omega_h^2} + \dfrac{2\xi_h}{\omega_h}s + 1\right)} \qquad (5-133)$$

式中：K_q 为阀的流量增益；K_{ce} 为总流量 – 压力系数；V_e 为等效容积；A_1 为液压缸活塞腔面积；A_v 为平均活塞面积；ω_h 为液压缸固有频率；ξ_h 为阻尼系数；β_e 为附加系数；Q_{tad} 为附加泄漏量,由于其引起的附加干扰力不大,所以在仿真时可以忽略不计。

这样由式(5-132)和式(5-133)就可得到如图5-13所示的调距桨液压伺服机构的传递函数框图。

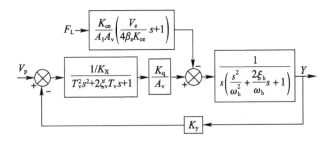

图 5 – 13　调距桨液压伺服机构传递函数框图

代入经验数据,可求得简化后的调距桨液压伺服机构的传递函数为

$$\frac{Y(s)}{Y_p(s)} = \frac{73300}{0.1704s^5 + 10.52s^4 + 313.6 \times s^3 + 4691s^2 + 35860s + 39880}$$

$$(5-134)$$

5.3　Alphatronic 2000 推进控制系统仿真

5.3.1　Alphatronic 2000 推进控制系统的数学模型

Alphatronic 2000 PCS 是 MAN B&W 公司经过多年改进后推出的调距桨控制系统。该系统采用了先进的电子设备,具有操作模式多样化、可靠性好等特点,应用该系统可以明显提高动力装置的经济性能。图 5 – 14 是 Alphatronic 2000 推进控制系统的组成结构图。图中可以看出,该系统主要由驾驶台控制面板、驾驶台侧

翼控制面板、集中控制室控制面板、主控制单元组成。驾驶台和集中控制室控制面板主要完成控制指令的发送、操作模式的选择、控制参数的设定、运行参数的显示和报警等功能,主控制单元是整个控制系统的核心部分,根据操作模式和设定参速信号给出最佳的控制信号,将其分别输出到螺距伺服系统和柴油机调速系统,实现螺距和柴油机转速的控制。

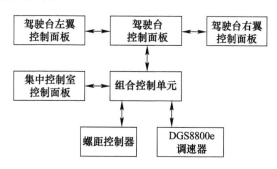

图 5-14 Alphatronic 2000 推进控制系统的结构图

1)控制面板

控制面板的主要功能是将控制指令、控制参数、控制模式发送到主控制单元。图 5-15 是实船的驾驶台控制面板。

图 5-15 驾驶台调距桨系统控制面板

在控制面板上可以实现 3 种控制模式的选择:组合控制模式、定速控制模式和独立控制模式。

(1)组合控制模式。在这种操作模式下,控制台上的操纵杆既控制柴油机的转速同时也控制螺旋桨的螺距,这种控制模式下操纵手柄在不同位置时柴油机转速设定值和螺距(百分比)的设定值由组合控制曲线给出,如图 5-16 所示。图中可见,操纵手柄在 0 位(即停船位置)时设定转速大约为额定转速的 70%,在该转速下轴带发电机可以正常工作,但此时螺旋桨的螺距为 0,船舶处于停止状态。

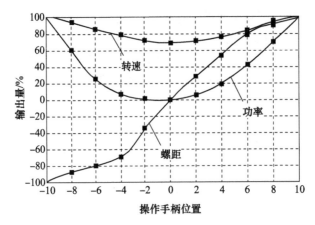

图 5-16 柴油机-调距桨组合控制模式转速和螺距设定值曲线

（2）定速控制模式。在定速控制模式下，柴油机的转速设定值是不改变的，即柴油机在某一转速下稳定运行，此时，控制台（驾驶台或者集中控制室）的操纵手柄仅仅控制螺旋桨的螺距，转速设给定值设定在保证轴带发电机正常运转的转速上，该转速值可以通过对控制台上的参数设定按钮操作进行设定。螺距的给定值随操纵手柄的变化关系如图 5-16 所示。在该控制模式下，柴油机的负荷保护功能和紧急倒车程序仍然工作。

（3）独立控制模式。这种控制模式是实现柴油机转速和螺距分别独立控制，操纵手柄主要控制螺距，而柴油机转速的设定是通过控制面板进行的。这种控制模式与定速控制模式的区别是柴油机的转速给定值可以任意改变。

2）组合控制单元

组合控制单元是根据控制面板发送来的控制信息来自动控制螺距和柴油机转速，主要包括柴油机加减速速率限制环节、螺距加减速速率限制环节、负荷限制环节和增压空气压力限制环节。

（1）柴油机加减速速率限制环节。为了防止柴油机加速或减速过快，造成柴油机热负荷过高和增压器喘振等现象，在组合控制单元中包含柴油机加减速速率限制环节，如图 5-17 所示。同时，根据不同的机型需要，每个节点的参数是可以

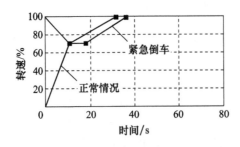

图 5-17 柴油机加减速速率限制曲线

修改的。该环节可以抽象为一个简单的积分环节。

（2）调距桨螺距加减速速率限制环节。速率限制分为正常和紧急倒车加减速速率两种情况。图5-18是螺距加减速速率限制曲线,曲线中的每一个节点的数值都可以通过操作面板来进行修改。

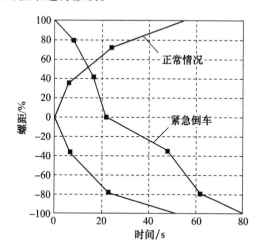

图5-18 调距桨螺距加减速速率限制曲线

（3）负荷限制环节。图5-19是负荷程序限制环节。

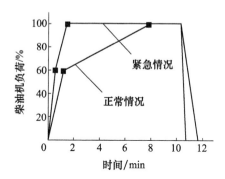

图5-19 负荷程序限制曲线

对于调距桨来说,由于螺距是变化的,更容易发生柴油机超负荷的现象,因此,该环节是为了保证柴油机长期工作在额定工作范围内而不超负荷。图中可以看出,正常情况下和紧急情况下(如取消正常的负荷限制)的限制曲线斜率是不同的,紧急情况下的斜率更大一些。

（4）增压空气压力限制环节。图5-20是增压空气压力限制曲线。

由于柴油机与增压器匹配问题,增压系统的动态响应总是滞后于柴油机,柴油机在加速时,由于这种滞后,会造成柴油机气缸喷油量的增加快于空气量的增加,柴油机就出现燃烧不良、冒黑烟,甚至热负荷超过允许极限的现象。增压空气压力

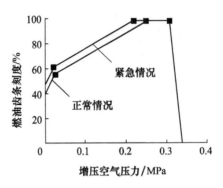

图 5-20　增压空气压力限制曲线

限制环节能有效地解决上述超热负荷的问题。柴油机加速时,根据增压压力的实际测量值来限制高压油泵喷入气缸的喷油量,从而达到限制柴油机负荷的目的。

3）转速和螺距控制

图 5-21 给出了 Alphatronic 2000 推进控制系统的数学模型组成框图。

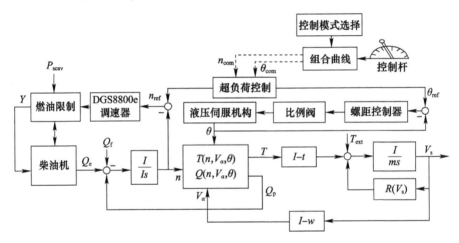

图 5-21　Alphatronic 2000 推进控制系统的数学模型组成框图

图中可以看出,控制系统主要由两个控制回路组成:一个是柴油机转速控制回路,控制器是采用的 DGS8800e 电子调速系统;另一个是螺距控制回路,由螺距控制器、液压伺服机构和限制环节组成。实际的螺距控制器是一个 PI 调节器,根据给定螺距角和实际测量的螺距角的差值来调节螺距角。图中下面部分是柴油机转速特性、船舶运动特性和螺旋桨特性,这些特性在前面的章节已经叙述过,这里不再赘述。

5.3.2　Alphatronic 2000 推进控制系统的仿真模型

调距桨船舶推进装置及其控制系统的仿真软件的设计采用了网络技术、数据库技术和多媒体等技术。它以 PROSIMS 仿真支撑系统作为仿真平台,采用集中仿真的工作方式,仿真模型在主机服务器中运行,而显示和操作则在各个分系统中。整个系统由机舱集控台、驾控台、大型图示板、配电盘、PROSIMS 服务器和系统界面显示机(客户机)组成,通过 100M 网络交换机组成快速以太网,具有三维主机控制模型等交互式可视化仿真功能。

仿真控制软件的设计采用 Visual C++可视化高级编程语言,通过 PROSIMS 仿真平台实现网络通信和人机界面设计,从而实现了模型准确、人机交互界面友善的调距桨船舶推进装置及其控制系统。

调距桨船舶推进装置及其控制系统的仿真控制软件主要包括 5 个模块,即工况参数设置模块、数据通信模块、计算模块、工作模式模块和人机界面模块,其软件运行流程如图 5-22 所示。

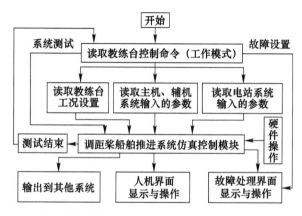

图 5-22 调距桨船舶推进装置及其控制系统仿真软件运行流程图

调距桨船舶推进装置及其控制系统的仿真动态人机界面采用最流行的面向对象的设计技术,可以很方便地实现人机交互。它是根据船舶的实际情况以及船员的思维方式进行设计的。人机界面避免了机械剖面图式的界面,并可实现动态显示,它具有灵活美观、易于操作和训练的特点。调距桨船舶推进装置及其控制系统的仿真动态人机界面按系统的功能进行了集中分类,主要包括气动遥控系统控制界面、BCR 系统控制界面和 ECR 系统控制界面,此外,仿真界面还包括系统主要参数的趋势图显示界面,趋势图显示是动态显示方式,时间间隔和显示模式可以按照用户的要求进行自行设计和修改。图 5-23 给出了 MAN B&W MC 气动遥控系统的控制仿真界面。

在这个界面上可以完成柴油机的起动前的备车操作,观察柴油机起动的过程中全部气动阀件的动作过程,这种可视化的动态仿真界面有助于轮机技术人员熟悉和了解气动遥控系统的工作原理与动态过程。该气动遥控系统仿真界面具有如下几个功能及其特点。

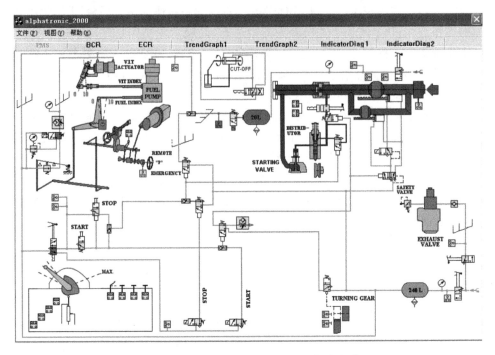

图 5-23 MAN B&W MC 气动遥控系统控制仿真界面

1）图形显示

（1）控件图形显示。每个控件具有二维实时动态显示,显示图形变化与控件状态完全同步,生动形象,有些图形还具有立体效果。

（2）在图 5-23 所示的仿真界面中,可实现备车、换向、启动、应急等轮机操作,同时可以看到控件的不同状态。以控制空气管路状态为例,系统中含有若干水平和垂直控制空气管,根据控制空气所起的作用不同,可区分为不同的管路状态:无控制空气;备车控制气路;换向控制气路;停车、起动控制气路;安全系统控制气路;VIT 调节控制气路。不同状态时仿真程序可显示不同颜色,管路状态变化是由程序实时完成的。

（3）控件故障标识图形。为了满足仿真训练的需要,所有的可见控件都有一幅故障标识图形,当用户需要显示出现故障的控件时,才显示出来。

2）仿真训练

（1）能满足多元故障仿真的特殊要求。每个控件都可设置故障,故障的种类多样,数量不受任何限制,故障设置后,可以马上看到系统的故障状态,这对于模拟器训练来说非常重要,也是任何物理控件（特制控件除外）无法做到的。

（2）主动控件操作。当鼠标移动在主动控件上,则系统弹出操作提示,选择相应的操作选项就可实现对控件的操作,操纵系统的备车过程可直接在仿真系统图上进行。

(3) 设置故障。可以设置控件的单项故障和任意的组合故障。故障的数目不受任何条件的限制。

综上所述,气动遥控系统界面形象,故障设置多样化,能满足模拟器训练的各种要求。

5.3.3　Alphatronic 2000 调距桨推进控制系统的仿真界面

Alphatronic 2000 调距桨推进控制系统的操作是通过驾驶室和集中控制室的控制台来完成的。该系统的仿真界面设计及布局与实船的 Alphatronic 2000 系统控制台完全相同,全部操作与实船相同并具有良好的实时性。

驾驶台(BCR)和集控室(ECR)仿真控制界面主要包括以下几部分。

(1) 车钟系统。车钟系统布置在仿真界面的右侧,主要由车钟操纵杆、刻度盘、指示灯和带灯按钮组成。车钟操纵杆的功能是发送控制信号,当操纵杆离开"0"位置时,分别发出两个控制信号:一个是转速设定信号;另一个是螺距控制信号。在 3 种控制模式下,两种信号的数值是不同的(详见 5.3.1 节)。刻度盘上设计了 11 个集中控制室车令操纵手柄位置指示灯。车钟操纵杆的上部,有一个应急停车按钮,用于紧急停车操作。下部的带灯按钮用于驾驶台－集控室通信。

(2) 显示仪表。界面的上部是两个显示仪表:一个显示的是螺旋桨转速;另一个显示的是螺距值(100%)。

(3) 报警处理。界面左上部分是报警指示和处理部分。上部分是 3 个报警指示灯。下部分分别是维护、消音和报警确认按钮。

(4) 控制位置选择按钮。3 个带灯按钮 ENGINE CONTROL ROOM、BRIDGE 和 LOCAL CONTROL 分别为集控室、驾驶台和机旁控制位置选择按钮。

(5) 控制模式选择按钮。3 个带灯按钮 SEPARATE、CONST. SPEED 和 COM-BINATOR 分别为独立控制模式、定速控制模式和组合控制模式选择按钮。

(6) 自动停车保护。指示灯 SHUT DOWN 指示故障自动停车保护工作,按钮 CANCEL SHUT DOWN 用于取消自动停车保护功能,按钮 RESET SHUT DOWN 用于停车保护复位。

(7) 负荷降低保护。指示灯 LOAD REDUC 指示负荷降低工作,按钮 CANCEL LOAD REDUC 用于取消负荷降低保护功能,按钮 RESET LOWD REDUC 用于负荷降低复位。

(8) 其他功能按钮。按钮 LOAD RESTRICT CANCEL 用于取消负荷限制功能,按钮 MACHINERY CONTROL 用于激活柴油机起停机控制功能。按钮 S1 - S4、箭头键以及 ESC 和 ENT 为 LED 显示界面的操作键,用于调整、查询和查询系统参数。

图 5 - 24 给出了 BCR 推进控制系统仿真界面。

图 5-24　BCR 推进控制系统仿真界面

图 5-25 给出了集控室控制台推进控制系统仿真界面。

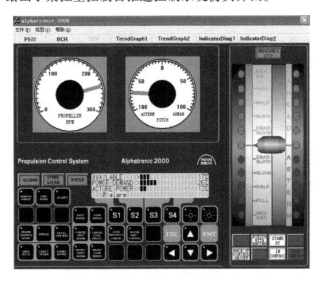

图 5-25　集控室控制台推进控制系统仿真界面

5.4　船舶柴油机-调距桨推进系统的仿真分析

5.4.1　仿真对象及主要参数

这里以在某远洋散装货船实际装备的柴油主机-调距桨推进系统为例讨论其仿真过程并给出仿真结果。

1）6S35MC 型船用柴油机参数

MAN B&W 6S35MC 型柴油机为单作用、直接可逆转、废气涡轮增压、直流阀式、超长行程大型低速二冲程船用柴油机,在商船上得到了广泛的应用。图 5-26 所示为 6S35MC 型柴油机及其增压系统图,其主要技术参数如表 5-3 所列。

表 5-3　MAN B&W 6S35MC 型柴油机主要技术参数

机型	MAN B&W 6S35MC
气缸数	6
缸径/mm	350
冲程/mm	1400
活塞平均速度/(m/s)	8.07
几何压缩比	18.8
平均有效压力/MPa	1.93
最大爆发压力/MPa	14.6
压缩压力/MPa	12.7
发火顺序	1-5-3-4-2-6
额定转速/(r/min)	173
最大持续功率/kW	4440
耗油率/(g/(kW·h))	178
气缸油消耗率/(g/(kW·h))	1.1~1.6

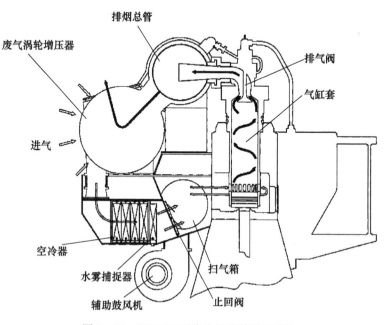

图 5-26　6S35MC 型柴油机及其增压系统

2) NA40/S 型增压器参数

MAN B&W 6S35MC 匹配 NA40/S 型增压器。表 5-4 所列为 NA40/S 型增压器规格参数。

表 5-4 NA40/S 型增压器规格参数

制造商	MAN
类型	NA40/SO1077
涡轮类型	轴流式
增压柴油机最大输出功率/kW	7300
最大总压比	4.5
最大转数/(r/min)	22400
最高温度/℃	650

3) 船舶参数

这里选用的是一艘 14200 总吨位的散装货船为研究对象,该船主要尺度及参数如表 5-5 所列。

表 5-5 船体技术数据

总载质量/t	12000
船总长/m	135
船垂线间长/m	128
型宽/m	22
型深/m	12.2
设计吃水/m	8.2
设计航速/kn	15
调距桨类型	VBS980 ODS330
螺旋数目	4
螺旋桨直径/mm	3950
螺距控制系统类型	Alphatronic 2000

5.4.2 仿真步长及流程图

1) 仿真步长

从柴油机数学模型中可以看出,对涡轮增压柴油机进行热力工作过程仿真计算,需要求解一阶常微分方程组,由于无法计算出微分方程组的准确解,因此,只能采用数值计算的方法来求解。本章综合轮机仿真平台对精度和实时性的要求,选

择欧拉法来进行微分方程组的求解。欧拉法则的表达式为

$$y_{n+1} = y_n + f(t_n, y_n) dt \quad (5-135)$$

式中：dt 为计算步长；$f(t_n, y_n)$ 为微分方程在点 (t_n, y_n) 处的值。

关于计算步长 dt，在仿真过程中，考虑到曲柄转角从 $0°\sim360°$ 周而复始，为了方便仿真过程的数值计算，将基于时间的步长 dt 转换为基于曲柄转角的步长 $d\varphi$，即

$$d\varphi = 6n dt \quad (5-136)$$

为了方便起见，循环计算从气缸压缩始点开始，逐步积分。根据图 5-27 气缸扫气口和排气阀的正时圆图，将循环过程的计算分为 6 个过程：压缩、燃烧、膨胀、自由排气、扫气和后排气。

图 5-27 气口气阀正时圆图

仿真步长可根据气缸工作过程的各个阶段的特点来选取，这样既可保证计算精度又可节省时间。例如，压缩过程和膨胀过程可取 $1°\sim2°$ 曲柄转角，燃烧过程可取 $0.25°\sim1°$ 曲柄转角，换气过程取 $0.25°$ 曲柄转角。因为在燃烧过程时气缸内的气体压力上升大，压力变化很快，若步长取得过长，则不能真实反应缸内的气体压力变化情况，计算出的压力值和真实值会产生很大的误差，导致柴油机其他特性参数计算误差大。但对于燃烧过程步长，一般取 $0.5°\sim1°$ 曲柄转角精度已足够。至于换气过程，若步长取得过大，排气阀早已打开，已排出大量的气体，缸内压力下降很多，缸内气体量少，而此时若扫气口开度又小甚至可能没开，进气此时活塞下行气缸容积增大，缸内压力的计算可能出现负值从而导致溢出。对于压缩行程和燃烧行程的步长若취小一些精度当然会更高，但是计算量大、计算时间更长；这些阶段缸内压力上升率小，压力变化比较平缓，所以步长可以取大一些，使得计算精度可以保证的同时，又节省计算时间。

2）仿真流程图

仿真开始计算时，柴油机各系统均处于常温常压静止状态。具体的仿真流程图如图 5-28 所示。

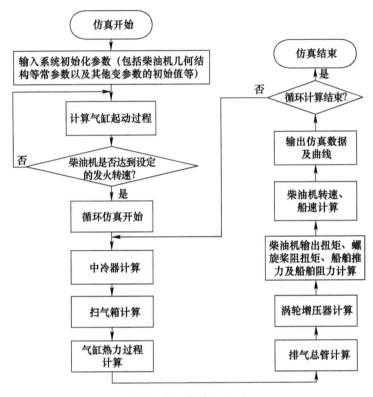

图 5-28 仿真流程图

5.4.3 仿真结果分析

1）船舶柴油主机稳态和动态仿真结果分析

（1）稳态工况仿真。利用仿真软件分别在 25%、50%、75%、85% 和 100% 负荷下对柴油机的稳态工况进行了仿真计算并与柴油机的台架试验数据进行了比较。

表 5-6 给出了仿真数据和台架试验数据的对比结果。

表 5-6 MAN B&W 6S35MC 柴油机稳态试验数据与仿真数据（台架试验）

负荷	25		50		75		85		100	
	试验	仿真	试验	仿真	试验	仿真	试验	仿真	试验	仿真
功率/kW	1129	1114	2231	2224	3332	3345	3776	3798	4435	4495
转速/(r/min)	114.8	112.7	138.7	140.8	159.1	160.7	162.4	163.1	173.1	173.5
油门齿条刻度/index	57.7	58.9	76.7	77.9	95.1	97.2	102.5	104.8	112.5	114.9
平均有效压力/MPa	0.76	0.72	1.19	1.23	1.57	1.59	1.74	1.75	1.92	1.93
扫气压力/MPa	0.11	0.098	0.221	0.227	0.284	0.293	0.312	0.320	0.353	0.361

续表

负荷	25		50		75		85		100	
	试验	仿真	试验	仿真	试验	仿真	试验	仿真	试验	仿真
排气压力/MPa	0.045	0.056	0.112	0.114	0.197	0.121	0.233	0.242	0.335	0.342
扫气温度/℃	33	33.4	34	34.1	36	36.2	38	38.1	41	41.4
气缸排气平均温度/℃	290.8	299.7	300.1	318.2	323.5	330.2	357.1	367.1	372.6	382.4
透平进气温度/℃	298.6	310.4	330.3	344.6	374.5	387.8	400.5	412.9	433.6	438.6
透平排气温度/℃	259.0	268.2	244.6	253.1	264.4	269.7	273.8	284.4	287.0	296.3
耗油率/(g/(kW·h))	189.4	196.7	184.3	190.8	177.8	179.3	177.5	178.9	179.3	182.1
增压器转速/(r/min)	640	636	10000	9986	11900	11840	12400	12335	13400	13367

图 5-29 给出了稳态下台架试验数据曲线与仿真数据曲线的对比结果,仿真

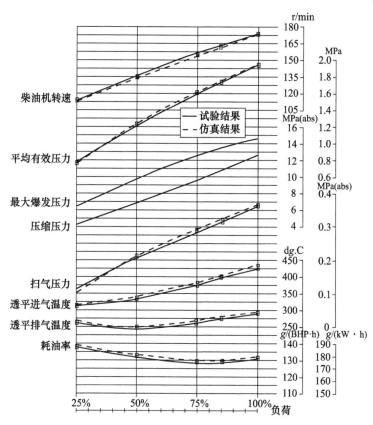

图 5-29 MAN B&W 6S35MC 柴油机稳态仿真数据与试验数据比较曲线

误差不大于 5%,证明建模方法是有效的,模型能比较准确地描述不同负荷下柴油机的稳态性能。

(2) 动态工况仿真。为了更进一步验证柴油机模型的有效性,动态工况的仿真是在螺距不变的情况下进行的,即在独立控制模式下进行的。在 Alphatronic 2000 操作面板上选择独立控制模式,并将螺距调整到 90%,将车钟手柄从 10 格拉到 7 格,50 s 后再推到 10 格,观察柴油机各种参数的动态变化特点。

图 5-30 给出了车钟指令、柴油机转速、调速器输出、柴油机扭矩以及螺旋桨扭矩的动态变化曲线。

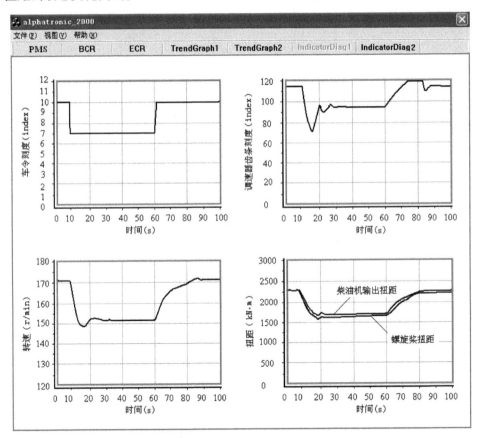

图 5-30 MAN B&W 6S35MC 柴油机仿真动态曲线 1

图 5-31 给出了排气管平均温度、增压器转速、扫气压力、排气压力和空气燃油质量比的变化趋势曲线。

从图中可以看出,柴油机在加减负荷过程中,增压压力的变化总是滞后于柴油机喷油量的变化,因此,在减负荷时,由于增压压力的变化滞后于柴油机的喷油变化,出现了空气燃油质量比大幅度升高的波动,同时,排气管的温度也会有波动;反

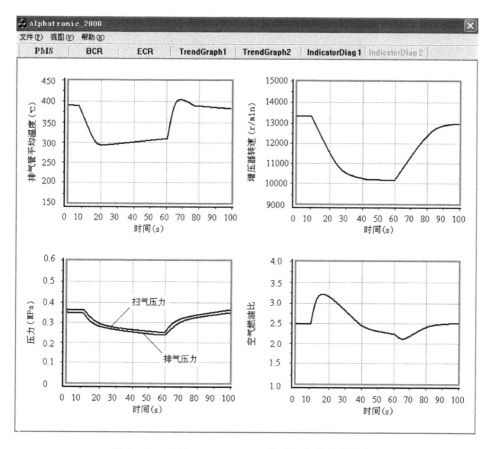

图 5-31 MAN B&W 6S35MC 柴油机仿真动态曲线 2

之,在加负荷时,由于增压压力变化的滞后,会出现空气燃油质量比迅速减小的波动。因此,柴油机变工况下的动态仿真数据正确地预测了柴油机的实际变化过程。

2)调距桨推进装置及其控制系统仿真结果分析

图 5-32 给出了在组合控制模式下,航速为 14.9kn 时,将车钟手柄从正航 10 格迅速拉到倒航 10 格情况下的仿真曲线结果。曲线分别给出了柴油机转速、螺旋桨扭矩、螺距角以及螺旋桨推力的变化过程。

从图 5-32 中可以看出,在倒航的开始,螺旋桨的扭矩出现负值,说明螺旋桨在紧急倒航情况下会出现水涡轮运行状态。

图 5-33 是实船在组合控制模式下紧急倒航的试航曲线。

从图 5-32 和图 5-33 的对比可以看出,仿真预测的转速、扭矩、螺距角的变化曲线与实船试航曲线基本相似,误差不大于 5%。通过比较可以得出所建立的仿真模型能比较准确地描述调距桨推进装置的动态特性,模型可用来分析、预测和研究调距桨推进系统在变工况下的动态性能,为调距桨推进控制系统设计与优化提供了良好的仿真环境。

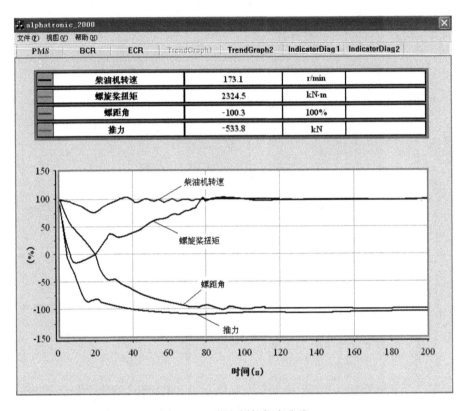

图 5-32 紧急倒航仿真曲线

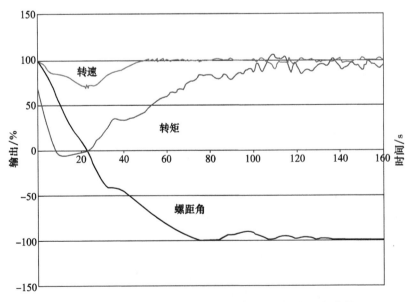

图 5-33 调距桨推进装置及其控制系统紧急倒航试航曲线

参 考 文 献

[1] Krieger R B, Borman G L. The computation of apparent heat release for internal combustion engines [J]. ASME, 66 - WA/DGP - 4,1996:16.

[2] Watson N. Dynamic turbocharged diesel engine simulator for electronic control system development [J]. Journal of Dynamic Systems, Measurement and Control, Transactions of the ASME,1984,106(1):27 - 45.

[3] 顾宏中. 涡轮增压柴油机热力过程模拟计算[M]. 上海:上海交通大学出版社,1985.

[4] 刘孟祥. 基于Simulink的柴油机及其控制系统的建模与仿真研究[D]. 长沙:湖南大学,2001.

[5] Gary Borman, Kazuie Nishiwaki. Internal - combustion engine heat transfer [J]. Progress in Energy and Combustion Science,1987,13(1):1 - 46.

[6] 刘永长. 内燃机热力过程模拟[M]. 北京:机械工业出版社,2001.

[7] Chapman, K S, Keshavarz, A, et al. Experimentally determined port discharge coefficients from large - bore reciprocating engines[C]. American Society of Mechanical Engineers, Internal Combustion Engine Division(Publication) ICE,2003,40:17 - 22.

[8] 常汉宝. 舰用大功率柴油机低负荷性能研究[D]. 武汉:华中科技大学,2004.

[9] Micklow G J, Gong W. Combustion modeling for direct injection diesel engines [J]. Proceedings of the Institution of Mechanical Engineers, Part D:Journal of Automobile Engineering,2001,215(5):651 - 663.

[10] Ibrahim M K, Awwaad M A. Simulation model for diesel engine cycle analysis and combustion [J]. AEJ - Alexandria Engineering Journal,1998,37(6):A303 - A314.

[11] 彭水生. 轮机模拟器6S60MC柴油主机仿真系统与故障模拟[D]. 大连:大连海事大学,2000.

[12] 张虹,田建英. 涡轮增压器压气机性能试验台测控系统[J]. 北京理工大学学报,2007,27(3):210 - 213.

[13] 李立君,黄杰,唐狄毅. 轴流压气机特性预测[J]. 西北工业大学学报,2003,21(1):71 - 73.

[14] 孙建波,郭晨,魏海军. 船用柴油机增压器喘振的计算与特性分析[J]. 大连海事大学学报,2008,34(1):28 - 31,36.

[15] Stefanopoulou A G, Kolmanovsky I, Freudenberg J S. Control of variable geometry turbocharged diesel engines for reduced emissions [J]. IEEE Transactions on Control Systems Technology,2000,8(4):733 - 745.

[16] Serrano J R, Arnau F J, Dolz V. A model of turbocharger radial turbines appropriate to be used in zero - and one - dimensional gas dynamics codes for internal combustion engines modeling[J]. Energy Conversion and Management,2008,49(12):3729 - 3745.

[17] Rabih Omran, Rafic Younes. Optimal control of a variable geometry turbocharged diesel engine using neural networks:Applications on the ETC test cycle [J]. IEEE Transactions on Control Systems Technology,2009,17(2):380 - 393.

[18] Tuccilo R, Amone L, Bozza F, et al. Experimental correlations for heat release and mechanical losses in turbocharged diesel engines [J]. SAE Trans,1993,102(3):2073 - 2086.

[19] 张春丰,陈笃红,陈汉玉. 610ZLQ柴油机机械损失极其影响因素分析[J]. 内燃机工程,2007,28(1):10 - 13.

[20] 曾凡明,巫影,吴家明. 舰船推进装置性能仿真在设计中的应用研究[J]. 武汉理工大学学报,2004,9:71 - 74.

[21] 赵国光. 船舶动力装置自动化[M]. 上海:上海交通大学出版社,1993.

179

[22] Larsson L,Baba E. Ship resistance and flow computations[J]. Advances in Fluid Mechanics,1996,5:1-75.
[23] 王诗洋,王超,常欣. CFD 技术在船舶阻力性能预报中的应用[J]. 武汉理工大学学报,2010,32(21):77-80.
[24] Ye Baoyu,Wang Qinruo,Wan Jiafu. A four-quadrant thrust estimation scheme based on Chebyshev fit and experiment of ship model[J]. Open Mechanical Engineering Journal,2012,6(2):148-154.
[25] 杨盐生. 船舶阻力系数和推力系数计算的数据库方法[J]. 大连海事大学学报,1995,21(4):14-17.
[26] Izadi-Zamanabadi Roozbeh,Blanke Mogens. A ship propulsion system as a benchmark for fault-tolerant control[J]. Control Engineering Practice,1999,7(2):227-239.
[27] 詹玉龙. 现代集装箱船舶轮机模拟器主机仿真建模[J]. 上海铁道大学学报,2000,6:44-46.
[28] 吴恒. 船舶动力装置技术管理[M]. 大连:大连海事大学出版社,1999.
[29] 曾凡明,巫影,吴家明. 舰船推进装置性能仿真在设计中的应用研究[J]. 武汉理工大学学报,2004(9):71-74.
[30] 高键,李众. 基于单片机技术的调距桨螺距控制系统[J]. 华东船舶工业学院学报(自然科学版),2002,6:60-62.
[31] 陆金铭. 船舶推进装置的 MATLAB 仿真[J]. 船舶工程,2002,5:38-40.
[32] 盛振邦,刘应中. 船舶原理(下册)[M]. 上海:上海交通大学出版社,2004.

第6章 船舶轮机仿真器

轮机仿真器在航海轮机业内又称轮机模拟器,是现代化航海教育与科研的重要设备之一。轮机模拟器是一种对船舶机电系统进行综合仿真的装置,能够高度逼真地再现实船机电系统的操作响应,系统之间的互联关系,故障发生和发展的状态,可用于教学、培训与专业技能评估。现行 STCW78/95 公约(海员培训、发证和值班标准国际公约)已经将轮机模拟器培训纳入到管理级船员适任评估项目中,并指明了轮机模拟器的使用要求和使用标准。为了便于准确执行 STCW 国际公约及相关标准,国内外船级社等认证机构对轮机模拟器的功能和等级进行了划分,根据 DNV(挪威船级社)的分级标准,将轮机模拟器划分为 4 个等级,分别为全任务模拟器(A 级)、多任务模拟器(B 级)、局限任务模拟器(C 级)和专用任务模拟器(S 级)。一般来说,全任务轮机模拟器主要包括主机及其遥控系统,冷却水系统,滑油系统,燃油系统,柴油发电机组及电站系统,集中监控报警系统,压缩空气系统,燃、滑油净化系统,主机工况监测系统,辅锅炉系统,舵机系统,防污染设备、污水系统,压载水系统,消防系统,空调系统,防污染设备和甲板机械等。

6.1 船舶轮机模拟器概述

6.1.1 船舶轮机模拟器研制背景及意义

轮机模拟器对于航海高等院校轮机工程专业学生和有关教师进行相关科研工作,对于培养符合 STCW78/95 公约要求的船员具有重要意义。轮机模拟器在训练学员的实际操作技能以及在特殊环境下(如设备故障、机舱进水、机舱失火、全船断电、舵机失灵等)训练学员故障排查和应急处理技能具有不可替代的优越性。此外,船舶轮机模拟器也是船舶与海洋工程和控制理论与控制工程等学科从事科研的重要设备。

2021 年,中华人民共和国交通运输行业标准明确了轮机模拟器的性能要求,并将轮机模拟器划分为 3 个等级,分别是全任务型(A 级)、有限任务型(B 级)和特定任务型(S 级)。

全任务型轮机模拟器(A 级)是指能模拟轮机全部主要设备和系统的操作,并满足《海员培训、发证和值班标准国际公约》(STCW 公约)规定的管理级船员和操作级船员实际操作训练与适任要求。具体功能可描述为:可在集控室和机器处所对主要动力设备和系统进行操作和训练,仿真的设备和系统在性能参数的设定、显示、报警、操作程序等功能与实船设备和系统基本相同;仿真界面的可视化程度和故障设置的可操作性与实船一致或优于实船。

有限任务型轮机模拟器(B级)是指能模拟轮机部分主要设备和系统的操作,并满足STCW公约规定的操作级船员实际操作训练和适任要求。具体功能可描述为:可在集控室对部分动力设备和系统进行操作和训练,仿真的设备和系统在操作程序上与实船设备和系统相同;仿真界面的可视化程度和典型故障设置的可操作性与实船设备和系统一致。

特定任务型轮机模拟器(S级)是指能模拟轮机特定设备或系统的操作、维护和修理,并满足STCW公约规定的特定任务实际操作训练和适任要求。具体功能可描述为:可在控制台上对特定的设备或系统进行操作和训练,仿真的设备或系统在操作程序上与实船设备或系统相同;仿真界面的可视化程度和典型故障设置的可操作性与实船设备或系统一致。

此外,轮机模拟器的性能要求中强调了模拟器应具备物理真实感、行为真实感和环境真实感,以满足现行STCW78/95公约的要求。物理真实感是指模拟器在感官上(如人机界面、模拟器设备的外观)达到真实设备的程度,并包括这种设备的性能、局限性和可能产生的误差。行为真实感是指模拟器所建立的各种仿真对象模型的相应能够使受培训者在获得培训目标要求的技能方面达到与真实设备和系统的相似程度,并包括这种设备和系统的性能、局限性和可能产生的误差。环境真实感是指模拟器能够提供的训练环境与真实环境的逼真程度,如声响、灯光和视景变化等,并能生成各种情况,其中包括与培训目标有关的紧急、危险或异常情况。轮机模拟器的分级和总体要求见表6-1。

表6-1 轮机模拟器分级和总体要求

等级	A级	B级	S级
类别	全任务模拟器	有限任务模拟器	特定任务模拟器
总体要求	应能完成轮机全部主要设备和系统的操作;应能设定评分标准并对操作过程进行自动评判;应能回放操作过程,回放速度可调	应能完成轮机部分主要设备和系统的操作	应能完成特定轮机设备或系统的操作、维护和修理

6.1.2 船舶轮机模拟器发展概况

国际海协(IMCO)于1978年9月成立了国际船舶模拟器组织(IMSF)来规范研制和运用船舶模拟器对船员进行培训与考核,船舶模拟器包括航海模拟器(船舶操纵模拟器)和轮机模拟器等。轮机模拟器作为船员教学、培训和考试的有力工具,其发展的历程可追溯到20世纪六七十年代。国内对轮机模拟器的研究和开发起步比较晚,一些航海技术先进的国家在70年代就开始研究使用轮机模拟器。

国外轮机模拟器的优点是主机机型和推进器类型可以自主选择,并且系统软、硬件均运行可靠,但缺点是采用简化的主推进系统的仿真模型,限制了轮机模拟器的实操功能,并且价格比较昂贵。国外轮机模拟器具有代表性的研发生产厂商主要有挪威 Kongsberg 公司、英国 Transas 公司、波兰 UNITEST 公司等。Kongsberg 公司是世界著名的船舶自动化系统和船舶航海轮机模拟器研制商家,其历史悠久,技术成熟,所研发的产品居于国际领先水平,其早在 1978 年研制出世界第一台轮机模拟器。该轮机模拟器的船舶动力装置的仿真模型有大型中、低速柴油推进装置,电力推进装置以及蒸汽推进装置等。模拟的船型几乎覆盖了各类船舶,包括大型集装箱船、散货船、豪华游轮、大型油船、LNG 船等。Transas 公司也是一家长期致力于船舶轮机模拟研制的著名厂家,其研发生产的 ERS 系列轮机模拟器应用较广。ERS 系列产品主要有 ERS2000、ERS3000、ERS Solo、ERS4000 及 ERSSOOO 系列。UNITEST 公司主要致力于船舶轮机模拟器软硬件的设计与开发,成立于 1990 年,虽然起步较晚,但发展迅速,非常具有前瞻性,较早将 3D 虚拟现实技术应用于轮机模拟器中。

1979 年,大连海运学院从挪威 Norcontrol 公司引进的一套轮机模拟器,是我国引进的当时世界上为数不多的第一套轮机模拟器。它以一艘 16 万 t 油轮机舱动力装置为母型,主机为 B&W K90GF,是电子计算机和数学模型相结合的产物。电子计算机为 NORD-42 型,数学模型用软磁盘输入。

经过多年对于国外引进的轮机模拟器产品的培训使用,对相关技术进行消化和吸收,大连海事大学决定走自主研发的道路,于 1997 年学校成立轮机模拟器研制室,启动作为"九五"期间"211 工程"建设项目标志性成果的大型轮机模拟器研制工作。研制方案确定以 6 万 t 级油轮为母型船,主机机型为 MAN-B&W 6S60MC 大型低速二冲程柴油机,采用虚拟现实(VR)技术实现可视化机舱,开发了 VGA 墙组合大屏幕仿真显示系统。应用虚拟现实技术的大型轮机仿真器 DMS-2000 系统 2001 年 1 月通过"211 工程"专家组验收,同年 6 月,通过辽宁省科技厅的技术鉴定。该项成果获得辽宁省科技进步二等奖,为后续 DMS 系列大型船舶轮机仿真器研制发展奠定了坚实的技术基础。

武汉理工大学与我国亚洲仿真控制系统工程有限公司合作,自 1990 年立项至 1995 年完成了"WMS-1 型远洋船舶轮机仿真训练器"的研制。该研究成果获 1996 年交通部科技进步一等奖,1998 年获国家科技进步三等奖。这是我国第一台全任务轮机仿真器,并在国内首先推广应用。在此基础上,该校开发了 WMS 系列轮机模拟器。该系列模拟器在仿真模型计算与管理、进程调度等方面具有独特的优点。

1998 年,上海海事大学研制出以大型集装箱船舶为对象的 SMSC 系列轮机模拟器,其最新一代轮机模拟器仍然为大型集装箱船轮机模拟器,仿真对象亦更加复杂。

轮机模拟器从最初的开发到如今的基本成熟应用,从最初简单的数学模型到复杂精细模型的转变,已经实现了从仪表仿真到全功能仿真,也逐渐实现从半实物仿真或二维界面到三维虚拟界面的仿真。随着科技的进步以及计算机虚拟现实技术的日益成熟,未来轮机模拟器正朝着虚拟化、智能化和多任务化的方向发展。轮机模拟器的发展可以大致分为以下几个阶段。

1) 第一代轮机模拟器

我国在 1980 年首次引进的挪威建造的 Norcontrol 柴油机动力装置模拟器,是当时世界上为数不多的轮机模拟器之一。它是电子计算机和数学模型相结合的产物,采用了 Nord-42 型小型工业电子计算机,仿真数学模型模拟出一艘 16 万 t 油轮的推进装置,并用软磁盘输入,其结构如图 6-1 所示。在该模拟器的培训手册上提供了数十幅模型图,给出被模拟设备的系统图及其有关模型变量符号。后期产品为了使受训者对机舱设备有一个整体认识,增加了模拟图示板(MIMIC 板),用贴制的柴油机动力装置模型原理图和不同颜色的线条连成相应系统,并以灯光在线显示各设备工作状态(运行或停止)。系统安装有实船使用的主机遥控和机舱巡回检测系统。

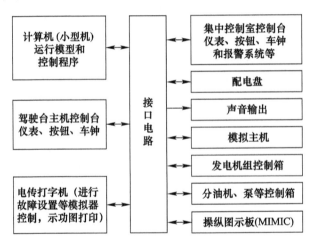

图 6-1 第一代轮机模拟器结构示意图

第一代轮机模拟器的模拟训练的主要功能如下:教员在控制台利用开关和按钮来控制模拟器的运行状态(启动/停止等),利用电传打字机向模拟器发送各种命令(改变环境参数、故障设置等);学员可在各盘台和控制箱进行相应的操作(通过操作按钮、开关和电位器来模拟实船的操作);接口电路负责采集各盘台和控制箱的信号,经必要的处理后(量纲的转换等),送到仿真计算机;仿真计算机根据盘台信号和教员的命令,进行实时仿真运算,将仿真结果经接口电路,回送到各盘台和控制箱(按开关量和模拟量);学员可从盘台/控制箱的指示灯/仪表观察到系统的运行状态和运行参数。

该轮机模拟器特点是:采用集中仿真工作方式,系统的所有数学模型的仿真运算在一台计算机中完成。该模拟器仿真模型实时性较好,但精度较差,系统的可扩展性较差,没有训练评估系统。

2) 第二代轮机模拟器

随着微型计算机软、硬件技术的发展,以及多媒体技术的出现和仿真支撑平台技术的发展,20 世纪 90 年代的轮机模拟器有了更新换代的条件。与早期的轮机模拟器相比,改进的主要内容是人机交互界面,将培训手册中的模型图转换成在线显示的多媒体界面,多媒体界面的数量增至数百幅;同时,部分多媒体界面可以取代部分物理控制台的功能。改进后的轮机模拟器的整体性能有所提高(图 6-2)。

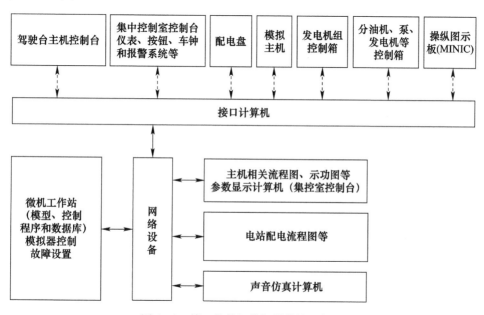

图 6-2 第二代轮机模拟器结构示意图

为了便于硬件扩展和减少布线工作量,数据采集采用集散式采集系统,下位机负责数据采集和发送,接口机(上位机)负责数据的集中处理和仿真机的通信任务,下位机和上位机间采用 RS232 或 RS485 进行通信,接口机和仿真机间采用以太网进行网络通信。为了便于模拟器系统的扩展和维护,仿真机和其他计算机(流程图显示计算机等)通过网络连接。其特点是:为集中式仿真系统,仿真模型精度有一定提高,系统扩展性较好,有简单的训练评估系统。第二代产品虽然增加了大量多媒体的设备、系统原理模型图,在视觉和整体形象上有所提高,但仍然没有机舱视景,受训学员不能体会到身临其境的临场感。

3) 现代轮机模拟器

STCW 公约 2010 年修正案(马尼拉修正案)要求船员"新增领导力和团队工作

技巧的使用(操作级)和领导力和管理技巧的使用(管理级)的强制性适任能力"。因此,提高船员的实操水平和管理水平、培养高素质高水平的船员队伍任重道远,这也对当前轮机模拟器的发展提出了更高要求。随着计算机网络技术、虚拟现实技术和增强现实技术的不断进步,轮机模拟器正朝着虚拟化、智能化和多任务化的方向发展。

从技术层面上讲,根据训练内容和训练目标不同,将轮机模拟器分为3个等级,即全任务型(A级)、有限任务型(B级)和特定任务型(S级);同时,培训轮机模拟器还应具备物理真实感、行为真实感和环境真实感的要求;此外,轮机模拟器还应满足教练站功能和设备配备的要求。

表6-2~表6-4分别为物理真实感、行为真实感和环境真实感的具体要求。表6-5为教练站功能和设备配备要求。

表6-2 物理真实感要求

序号	功能	要求	A级	B级	S级
1	外观布局	应能模拟集控室,包括集控台与配电板	√	√	—
		应能模拟机舱、控制站和其他重要处所(包括主机舱,应急发电机室等)	√	√	—
2	人机界面	应能模拟实船的控制面板和操作流程	√	√	√
3	系统组成	应能完成以下系统的模拟			
		燃料(输送、净化与供给)系统	√	√	—
		滑油(输送、净化与供给,舭管滑油)系统	√	√	—
		冷却水(海水、低温淡水、高温淡水)系统	√	√	—
		压缩空气系统	√	√	—
		主推进控制系统	√	√	—
		锅炉油、水、汽和排污系统	√	√	—
		舵机及其控制系统	√	√	—
		发电柴油机及其辅助系统	√	√	—
		电力系统(含主电源、大应急、小应急的电源及系统)	√	√	—
		监测报警、轮机员安全、延伸报警系统;火灾检测报警系统	√	√	—
		机舱油污水处理系统	√	√	—
		污油及焚烧系统	√	√	—
		机舱供水系统	√	√	—
		污油及焚烧系统	√	√	—
		机舱供水系统	√	√	—
		生活污水处理系统	√	√	—
		机舱舱底压载消防系统	√	√	—

续表

序号	功能	要求	A级	B级	S级
3	系统组成	内部通信系统,应在驾控、集控与机旁控制位置设有可应急联络的电话	√	√	—
		空调冷藏系统	√	—	—
		机舱局部细水雾灭火系统	√	—	—
		海水淡化系统	√	—	—
		机舱通风系统	√	—	—
		其他重要甲板机械	√	—	—
4	系统组成	高压电系统	—	—	√
		燃油黏度自动控制系统	—	—	√
		油雾浓度监测报警系统	—	—	√

注:"√"表示对应级别需要满足条目要求;"—"表示对应级别不需要满足条目要求

表6-3 行为真实感要求

序号	功能	要求	A级	B级	S级
1	设备模拟	能完成模拟设备的显示、操作、控制、调整、测试、故障、报警与管理,具有逼真的动态响应、功能特性、逻辑关系与工作过程	√	√	√
2	系统模拟	能完成模拟系统的显示、操作与故障,具有逼真的动态响应与工作过程,能展现不同工况、海况和情景的响应,能完成系统之间互联关系与响应的模拟	√	√	√
3	操作响应	改变重要变量数值后,相关的模拟响应与实船一致	√	√	√

注:"√"表示对应级别需要满足条目要求;"—"表示对应级别不需要满足条目要求

表6-4 环境真实感要求

序号	功能	要求	A级	B级	S级
1	声光模拟	能模拟设备操作、运行、故障与报警的声光效果	√	√	√
		能发出运行声音的设备应至少包括主推进装置、主发电机组、空压机、应急发电机组、主要泵等	√	—	—
2	情景模拟	能独立或组合设置航行环境和运行环境(含仿真速度,系统隔离)	√	√	—
		能模拟常规情景下的团队协调与配合训练环境,能完成相关的状态显示与机电操作。常规情景应至少包括冷船启动、备车与完车、机动航行、定速航行、锚泊、离靠港作业、雾中航行、加装燃润料等	√	√	—

续表

序号	功能	要求	A级	B级	S级
2	情景模拟	能模拟故障和应急情景下的团队协调与配合训练环境，能完成三维化的状态显示与机电操作。故障和应急情景应至少包括设备或系统故障、舵机失灵、全船失电、机舱火灾、机舱进水、恶劣海况、搁浅、碰撞、海盗袭击、溢油等	√	—	—

注："√"表示对应级别需要满足条目要求；"—"表示对应级别不需要满足条目要求

表6-5 教练站功能和设备配备要求

序号	项目	要求	A级	B级	S级
1	设备配备	应配备远程监视、记录和回放学员操作过程的影像、语音的设备	√	—	—
		应至少配备双显示器计算机1台，用于安装系统管理软件	√	√	—
		应配备并安装有教练站软件	√	√	—
		应提供与模拟器配套的设备使用及系统维护说明书	√	√	√
2	功能要求	应具备环境条件设置功能	√	√	—
		应具备运行监控功能，包括开始、暂停和继续	√	√	—
		应具备场景灵活编辑、加载及保存功能	√	—	—
		应具有常见故障设置功能	√	—	—
		应具备实操自动评分功能，能自动给出学员训练结果的评分和扣分细项报告	√	—	—
		应具备操作过程历史回放与演示功能	√	—	—

注："√"表示对应级别需要满足条目要求；"—"表示对应级别不需要满足条目要求

6.1.3 轮机模拟器的设计标准与主要功能

中国交通运输部于2021年6月颁布了《海船船员培训模拟器技术要求》（简称技术要求）和《海船船员培训模拟器训练要求》（简称训练要求）的行业标准，并于2021年12月正式实施。技术要求规定了轮机模拟器的分级及总体要求，以及物理真实感、行为真实感、环境真实感、教练站设备配备和功能要求；训练要求规定了训练对象、训练目标、训练内容、训练方案、训练计划和训练程序。新型轮机模拟器不仅能够满足上述行业标准和要求，还能满足管理级船员上岗培训、知识更新的需要以及航海类大专院校学位教育的需要。

1. 设计标准

轮机模拟器须满足如下设计标准、规则和要求。

（1）中华人民共和国交通运输行业标准规定的《海船船员培训轮机模拟器技术要求》和《海船船员培训轮机模拟器训练要求》。

（2）国际海事组织（IMO）关于海员培训、发证及值班标准国际公约（STCW78/95）规定的"适任评估项目"和"能进行持续熟练程度演示"的要求。

（3）现行的《〈中华人民共和国船员培训管理规则〉实施办法》。

（4）现行的《中华人民共和国海船船员适任考试和发证规则》。

（5）《海船船员培训大纲(2021版)》。

（6）现行的《中华人民共和国海船船员适任评估规范》。

2. 轮机模拟器的主要功能

轮机模拟器能够实现的主要功能如下：

1）推进装置机械的操作管理

（1）主柴油机及其辅助系统以及辅助机械设备常见故障的分析判断及排查处理。

① 主机故障分析及其排除。

② 主机气动操纵系统故障分析及其排除。

③ 发电机故障分析及其排除。

④ 船舶电站故障分析及其排除。

⑤ 自动化设备及系统的故障分析及排除。

⑥ 燃、滑油系统及其设备的故障分析及排除。

⑦ 海、淡水系统及其设备的故障分析及排除。

⑧ 锅炉与蒸汽系统及其设备的故障分析及排除。

⑨ 压缩空气与主机操纵系统及其设备的故障分析及排除。

（2）螺旋桨轴和辅助设备的常见故障处理。

2）主推进装置和辅助机械的操纵、监控、性能评估及安全维护

（1）冷船启动。

① 应急电网的启动运行。

② 主电网的启动运行。

③ 主电源或岸电的切换。

④ 主电源与应急电源的切换。

⑤ 发电机组的备车操作。

⑥ 主机备车操作。

・主机空气、燃油、滑油、冷却水等系统备车运行。

・废气锅炉循环水系统的准备及运行。

・艉轴润滑和密封装置的启动运行。

・舵机系统的启动运行。

・主机盘车和冲车试操作，操纵部位转换。

⑦ 主机启动及操纵。
·主机启动及加速操作。
·机动航行下主机参数的调节。
⑧ 主机定速航行。
·电力系统管理。
·轻－重油转换。
·定速航行下主机参数检查与调节。
·轴带发电机(或透平发电机)的投入使用,柴油发电机的停止。
⑨ 主机工况分析。
·主机示功图的测取。
·主机工况分析。
(2) 机舱设备的应急操作。
① 主机的机旁操纵(启动、加速、减速、停车、换向)。
·主机操纵部位的转换。
·主机的机旁启动。
·主机的加减速操作。
·主机的停车换向操作。
② 主机的应急操纵(越控、取消限制、紧急停车)。
·主机越控及相关操作。
·主机取消限制及相关操作。
·主机紧急停车及相关操作。
③ 主机的应急运行(单缸停油、停增压器运转、超速超负荷运行)。
·主机单缸停油。
·主机停增压器运转操作。
·主机超速、超负荷运行的相关操作。
④ 全船失电的应急措施。
·电力系统的状态判断。
·配电板复位操作与应急电网的运行。
·主电网的恢复。
·机舱设备失电后的复位。
⑤ 发电机并网运行时单机跳闸的应急措施。
·紧急卸载操作。
·备用发电机组的启动及并网运行。
·配电板复位操作。
⑥ 自动并车失败转手动并车。
·配电板复位等操作。

・手动并车操作。

⑦ 舵机的应急操作。

・操作部位的转换。

・舵机的操作。

3）电气和电子控制设备的故障诊断

（1）一般电机启动控制箱的故障诊断。

① 故障设备相关系统状态显示，提供学员安全挂牌、安全供电、维护准备操作环境。

② 模拟设备故障，提供学员根据设备安全的情况进行供电测试，从而发现具体故障现象的操作环境。

③ 模拟主回路或控制回路故障，提供学员查找故障的操作环境。

④ 提供对应的电路图，为学员提供故障查找提供依据。

⑤ 故障排查后，提供测试和验证环境。

（2）PLC 控制系统的故障诊断。

① 提供设备运行运行状态环境，便于学员发现故障现象。

② 提供万用表使用环境，为测试和故障排查提供操作环境。

③ 提供 PLC（可编程控制器）自身模块或通道故障判断的操作环境。

④ 提供使 PLC 工作恢复正常的操作环境，并可通过测试验证。

⑤ 船舶 PLC 的锂电池更换。

（3）常见电气元件和传感器的故障。

① 能明确故障及所需资料，工具确认，通过设备运行测试发现故障现象。

② 使用万用表或模拟设备动作，根据电路原理图，逐个检查电气元件，发现故障器件；如果有多个器件故障，需要全部找出。

③ 根据现有提供的电气备件，更换故障元件。

④ 分析故障原因，记录故障及其排除过程，总结经验并写成小报告。

（4）常见执行阀件的故障诊断。

主机缸套水温度自动控制系统的故障判断和排查。

（5）计算机控制系统的常见故障及排除。

机舱报警监视系统的使用、停止和故障判断和排查。

4）电气和电子控制设备及安全设备的功能测试

略。

5）监测系统的故障诊断

略。

6）软件版本控制

软件的备份与记录，参数的备份与记录，软件的版本跟踪升级。

7）收集和报告船舶能耗数据

略。

8）自动评估

仿真系统能够接收评估试题,并自动加载,自动给出评估成绩和扣分记录。

3. 轮机模拟器的技术特点

新型轮机模拟器与传统模拟器相比,具有如下技术特点。

1）满足《海船船员适任评估规范》中所有操作类评估项目

新型轮机模拟器满足《海船船员适任评估规范》中的如下评估项目。

（1）《机舱资源管理》评估规范（轮机长、大管轮和二三管轮）。

（2）《轮机模拟器》评估规范（轮机长）。

（3）《动力设备测试分析与操作》评估规范（大管轮）。

（4）《电气与自动控制》评估规范（大管轮）。

（5）《动力设备操作》评估规范（二三管轮）。

（6）《电气与自动化控制》评估规范（二三管轮）。

（7）《船舶电站操作与维护》评估规范（电子电气员）。

2）仿真模型类型多样化

新型轮机模拟器提供了不同类型的主机仿真模型,供使用者选择。模拟器仿真系统能够根据训练内容,实现不同机型(如 MAN MC/ME)的动态切换。此外,模拟器还提供了不同类型的主机遥控(如 AC4/ACC20/DMS/NABCO)、分油机等系统,以满足不同训练目标的需要。

3）训练评估试题具有开放性

系统提供了独立于模拟器的出题软件系统。出题人不必熟悉轮机模拟器系统,可以根据自己的实践经验按照出题软件系统的格式进行出题。出好的试题以加密格式被存储并可以被再编辑和修改。试题可以直接被加载到轮机模拟器中。这种开放性出题方式克服了传统的出题方式(即试题必须由轮机模拟器开发方实现,使用方只能修改)存在的不足,实现了评估试题类型的多样化,便于建立评估试题库和随机组卷。

4）自动评估

试题被加载到系统后,评估推理机会按照试题的信息和评估要素自动加载初始状态、运行模拟器、开始计时并进入自动评估状态,操作结束后,评估推理机会停止模拟器运行并自动给出评估成绩、操作记录和扣分说明等信息,并将评估信息写入评估报告。整个评估过程不需要人为干预,评估成绩客观。

5）操作界面具有多样性和自适应性

除了配备硬件控制台(包括设备控制箱)以外,系统还提供了二维、三维和虚拟现实人机操作界面。界面可以根据分辨率不同自动调整比例。受训者可以在上述任何人机操作界面上完成操作。人机界面支持手机、平板电脑操作。所有的管路系统界面具有可缩放功能。

考虑到培训机构计算机硬件配置的差异,系统会自动识别计算机配置,如果配置过低,为了避免人机界面卡顿,系统会将虚拟现实界面屏蔽,只运行二维和三维人机操作界面。

6) 版本多样化

系统提供了学习训练和评估两个版本。学习训练版主要供培训机构学习训练使用。学习训练版提供所有操作的在线帮助系统和典型训练试题。评估版主要供海事局考试中心使用,用于对学员的操作评估考试,不提供在线帮助系统。此外,两种版本都具有中英文切换功能。

6.2 船舶轮机模拟器的基本结构与主要组成部分

本节以作者研制的 DMS 系列大型船舶轮机模拟器为例,详细讨论大型全任务轮机模拟器的基本结构与主要组成部分。

6.2.1 全任务船舶轮机模拟器的基本结构

轮机模拟器是一个设备众多,集软、硬件于一体的复杂系统,各设备需要协调地工作,共同完成仿真任务。它通常可分为 5 个功能区:教练员室(兼做驾驶室,也可单设驾驶室)、集中控制室、模拟机舱、轮机长室和学员室(教室)(图 6-3)。

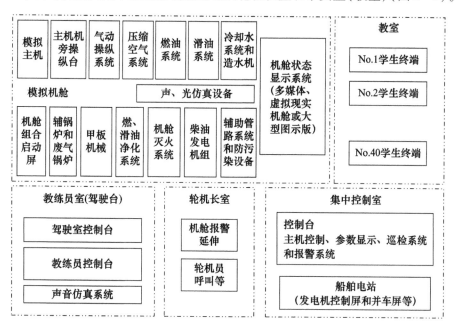

图 6-3 全任务轮机模拟器基本组成结构示意图

对不同配置的轮机模拟器,其软、硬件的构成有所不同,但都能够反映出船舶机电设备或系统的工作过程。现代全任务轮机模拟器主要由集中控制室(包括集控台和配电盘)、驾控台、教练员控制站、模拟机舱和学员训练终端组成。随着虚拟现实技术和增强现实技术的发展,虚拟现实机舱已经成为轮机模拟器的重要组成部分之一。

6.2.2 轮机模拟器各主要组成部分

本节以作者研制的 DMS-2012 型轮机模拟器系统为例介绍全任务轮机模拟器的各主要组成部分。

1)教练员控制站

图 6-4 为教练员控制站,教练员站包括硬件通信接口计算机、仿真服务器和自动评估推理机计算机、教练员管理计算机、试题发送和评估计算机、音响放大器等。教练员站可实现系统初始状态设置、各种故障设置、冻结、运行状态存储和恢复、系统隔离、航行条件设置以及操作评估试题库管理、组题、试题发送、智能评估、成绩管理和打印、查看扣分记录、操作评估试题出题等操作。

图 6-4 教练员控制站

2)船舶驾驶室控制台

如图 6-5 所示,驾驶室控制台包括 K-Chief500 报警监控和延伸报警系统、AC4/ACC20/DMS/NABCO 主机遥控系统、仪表、车种系统(包括辅车钟和应急车钟)、侧推控制、舵机控制、船用电话(2 部)、全船火灾监测、报警和控制单元等。

为了满足操作评估的需要,在驾驶台计算机和桌面版计算机上配备了与驾驶台硬件相似的软件操作界面,如图 6-6 所示,以满足多人协作操作评估的需要。

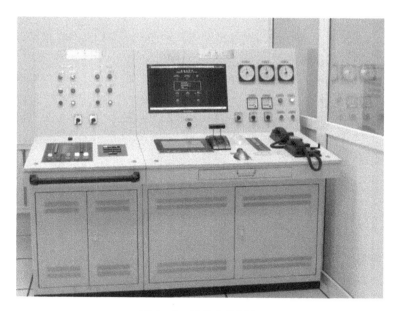

图 6-5　驾驶室控制台

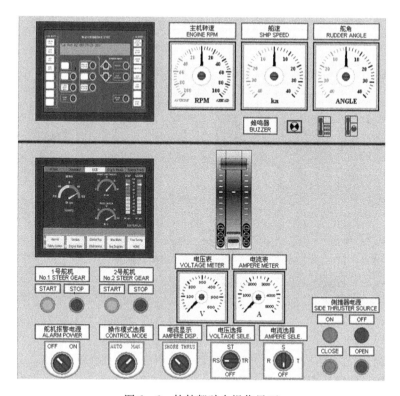

图 6-6　软件驾驶台操作界面

195

3) 机舱集中控制台

如图 6-7 和图 6-8 所示,机舱集中控制台包括 K-Chief500 报警监控系统、车钟系统、主机气动操纵系统、AC4/ACC20/DMS/NABCO 主机遥控系统、NK-100 主机工况监测、燃油驳运系统、显示仪表、船用电话(两部)、电站软件系统、主机三维动态显示和声响系统、锅炉、油柜液位显示、车钟打印机、报警打印机、投影机(将上述所有系统投影到大屏幕上,便于培训和教学)等。

图 6-7 机舱集中控制台

图 6-8 机舱集中控制台

为了满足操作评估的需要,在集控室计算机和桌面版计算机上配备了与集中控制台硬件相似的软件操作界面,如图 6-9 所示,以满足多人协作操作评估的需要。在教练员站可以根据需要设置硬件/软件有效。若设置硬件有效,则软件操作界面处于跟踪状态;反之,若设置软件有效,则硬件设备(车钟和位置开关)不起作用。

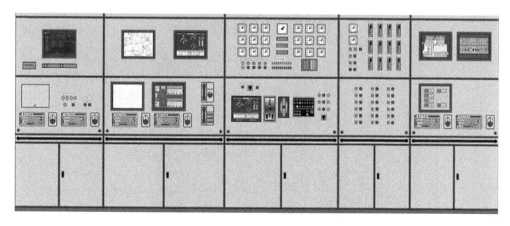

图6-9 软件集中控制台操作界面

4）电站系统

电站系统由主配电屏、应急配电屏和负载屏组成，如图6-10所示。主配电屏为9组，包括1号发电机、2号发电机、3号发电机、4号轴带发电机、并车屏（包括电站管理系统的工业触摸屏一体机）、2组440V负载屏、1组220V负载屏、1组侧推和岸电控制屏。可根据需要选择中压电力系统，12~22个配电屏（数量可供选择），中压电力系统由中压发电机、MM中压配电屏、LM低压配电屏、主变压器、AMP中压岸电系统、接地放电装置、中压负载屏等组成。

图6-10 大型轮机模拟器中的电站系统

组合启动屏3组，应急发电机配电屏3组，如图6-11所示。

图 6-11　轮机模拟器中的应急发电机和组合启动屏

5）三维柴油主机动态显示与声响系统

三维柴油主机动态显示与声响系统如图 6-12 所示,该系统包括主机三维动态显示投影设备和幕,机舱声响系统(可模拟机舱背景声音、主机、发电机、空压机、空气开关、大风浪、碰撞、火警、紧急情况的各种声响)、实船报警器(可模拟车钟、火警、机舱设备报警、CO_2 警报、电话报警)。

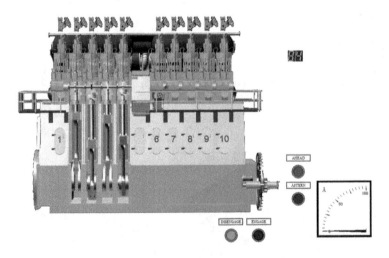

图 6-12　柴油主机三维主机动态显示界面

6）模拟机舱

模拟机舱由若干个设备控制箱、机旁控制台和声光报警器组成。

一般来说,设备控制箱包括岸电箱,24V 充放电箱,应急发电机控制箱,发电机机旁控制箱,锅炉控制箱,燃油分油机控制箱,主滑油分油机控制箱,副滑油分油机控制箱,空压机控制箱,造水机控制箱,油水分离器控制箱,焚烧炉控制箱,电子气缸注油控制箱,舵机控制箱(包括电话),生活污水控制箱,防海生物装置控制箱,探火、报警和灭火控制箱,模拟器电源控制箱等,如图6-13和图6-14所示。

图6-13 模拟机舱(设备控制箱)

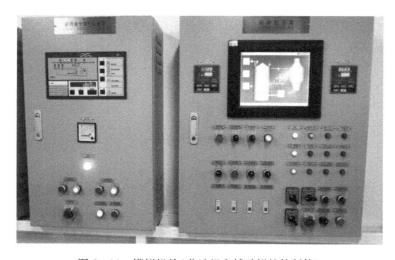

图6-14 模拟机舱(分油机和辅助锅炉控制箱)

主机机旁控制台包括应急车钟、辅助车钟、脱开调速器装置、手动调速手轮、起停控制、换向装置、仪表和船用电话等。

7) 大型图示触摸屏系统

大型图示触摸屏系统设置在模拟机舱内,由3台65英寸工业触摸屏显示器和计算机组成,可将机舱主要动力设备和管路显示在触摸屏上,实现各系统状态显示与操控,如图6-15所示。所有系统的管路图可缩放、所有的阀件和设备可以进行操作(该系统根据教练员选择不同船型而动态变化管路系统)。根据用户要求,可采用无缝拼接投影设备,也可选择大型图示板。

图6-15 大型图示触摸屏系统(触摸屏可操作)

8) 模拟柴油主机、机旁控制台和主机气动操纵系统图示板

模拟柴油主机及主机气动操纵系统图示板设置在模拟机舱内,如图6-16所示。主机模型是根据实船主机成比例制造,其中两个气缸剖开(便于展示内部运行状态),主机由无级调速电机驱动,可根据实际转速运转。轮机模拟器主机旁配备了机旁控制台,用来对主机进行机旁控制。主机气动操纵系统图示板置于主机机旁,实时显示主机气动操纵系统的阀件和管路的实时变化。在图示板上可对系统的阀件进行开/关操作。

图6-16 模拟主机、机旁控制台和主机气动操纵系统图示板

图 6-17 是机旁控制台人机操作界面,可以实现机旁控制台相同的功能。

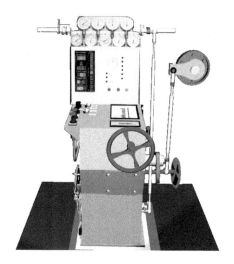

图 6-17　机旁控制台人机操作界面

9) 机舱虚拟现实仿真系统

根据用户要求,机舱虚拟现实仿真系统提供两个版本——头盔版和桌面版。头盔版系统需要 $30m^2$ 以上的空间,高度 2.4m 以上,投影幕可采用平面幕或弧形幕,可选择立体眼镜或数据头盔,提供漫游和操作杆,受训者或应考者可进行机舱漫游和操作,所有的操作与轮机模拟器的状态同步。桌面版不需要单独的空间和屏幕,计算机配置要求:I7 CPU,8G 以上内存,2G 以上独立显存,显示器分辨率不低于 1920×1080。

图 6-18~图 6-23 为桌面版机舱虚拟现实仿真系统的部分场景,这些场景与真实场景相似。若在虚拟现实环境下操作,必须在教练员控制站将模拟器的操作模式设置为软件操作后方可进行(此时硬件系统不工作),可以利用鼠标和键盘的专用键进行漫游和操作,操作后的系统变化与模拟器仿真系统同步。

图 6-18　桌面版机舱集中控制室虚拟现实仿真场景

图 6-19 桌面版柴油主机顶层虚拟现实仿真场景

图 6-20 桌面版柴油主机底层虚拟现实仿真场景

图 6-21 桌面版分油机虚拟现实仿真场景

图 6-22　桌面版液压舵机虚拟现实仿真场景

图 6-23　桌面版辅锅炉虚拟现实仿真场景

6.3　船舶轮机模拟器的主要仿真分系统

轮机模拟器是由船舶机舱多个重要的机电设备或系统的仿真模型和相应的操作界面组成,本节仍以作者研制的 DMS 系列大型船舶轮机模拟器为例,重点介绍各主要的仿真分系统。

6.3.1　船舶主推进装置仿真分系统

船舶主推进装置仿真系统主要由柴油主机、轴系、传动设备和螺旋桨仿真模型组成。船舶主柴油机仿真模型为 MAN MC/ME 两种主流机型的模型。该系统主要用于管理级(轮机长/大管轮)和操作级(二管轮/三管轮)关于主机备车、运行管理、参数监测及调整、故障诊断与排除等培训。

图 6-12 是三维主机动态显示界面。该界面将 4 个气缸剖开,能够动态显示柴油机气缸内部运行状态。在该界面上,可进行开/关示功阀、脱/合盘车机、盘车、冲试车等操作。

图 6-24 是主机运行参数显示界面,给出了仿真模型计算的柴油机重要参数

(这些参数在真实系统中是可观测的)。

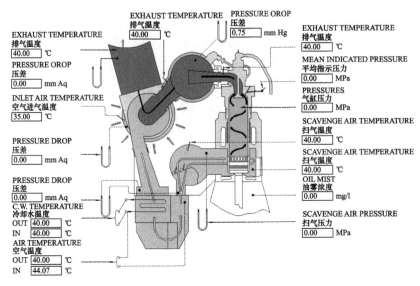

图 6-24　主机运行参数显示界面

图 6-25 为主机工况监测系统(NK100)显示界面,在该界面上能够显示柴油机不同气缸的燃烧温度、气缸压力、燃油燃烧分数、燃烧放热量、燃油喷射压力随曲柄转角变化的曲线,用以判别柴油机各气缸的运行状态是否正常。此外,主推进装置仿真系统还提供了柱状图显示(图 6-26)、主机本体燃油、滑油、冷却水、启动空气、增压器等界面。

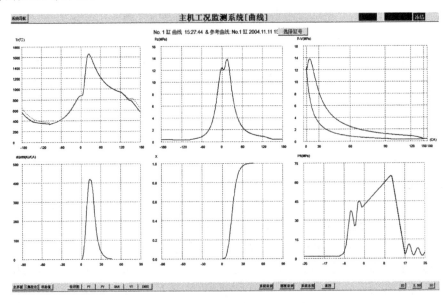

图 6-25　主机各气缸运行参数随曲柄转角变化曲线

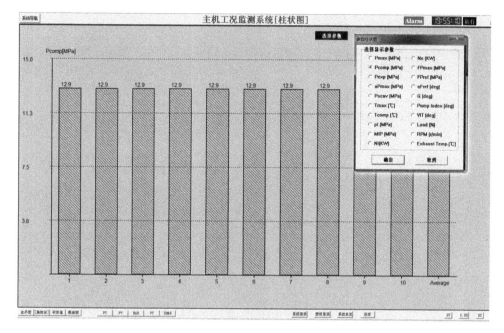

图 6-26 主机运行参数柱状图显示界面

6.3.2 柴油主机遥控和气动操纵仿真分系统

柴油主机遥控和调速仿真系统是轮机模拟器的重要组成部分之一,也是模拟器训练的重要内容。该仿真系统主要包括主机遥控系统、电子调速系统、安全保护系统和气动操纵系统。

1. 主机遥控仿真分系统

主机遥控仿真系统提供了 4 种类型的遥控系统仿真模型,分别是 AutoChief 4(简称 AC4)、ACC20、DMS 和 NABCO 主机遥控系统。根据训练目标的不同,系统能够实现这 4 种类型的动态切换。

1)AC 4 主机遥控仿真系统

AC4 主机遥控仿真系统主要由车钟、驾驶台 AC4、集控室 AC4、DGU8800e 数字调速器和 SSU 安全保护 5 个部分组成。

图 6-27 和图 6-28 分别是集控室 AC4、DGU8800e 数字调速器和 SSU 安全保护系统人机交互界面,这些界面与真实系统相似。在界面可以完成与真实系统相同的操作,如控制状态显示、参数查询和修改、实验测试等。

2)ACC20 主机遥控仿真分系统

ACC20 主机遥控仿真系统与 AC4 相似,主要由车钟、驾驶台 ACC20、集控室 ACC20、数字调速器、安全保护系统和机旁控制台组成。图 6-29、图 6-30 为集控室 ACC20 主交互界面,该界面实现的功能与实际系统相同。在界面的下部设有若

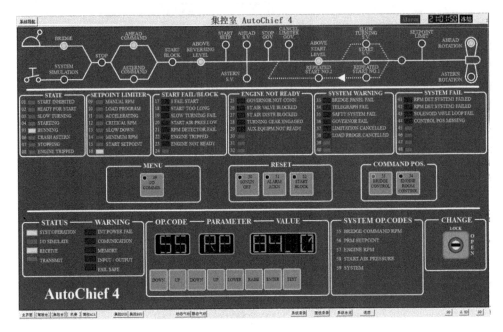

图 6-27 集控室 AC4 人机交互界面

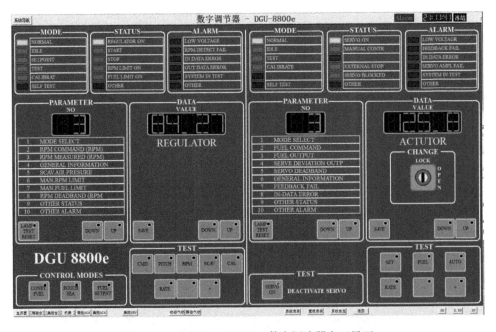

图 6-28 集控室 DGU8800e 数字调速器交互界面

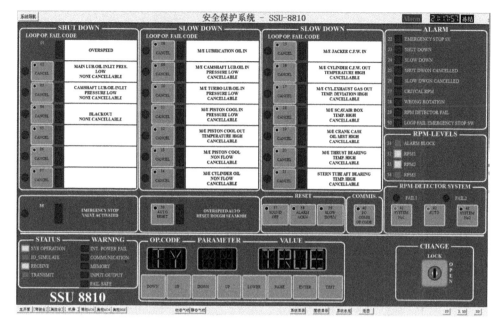

图 6-29 集控室 SSU 安全保护交互界面

干按钮软键,点击软键就可以进入不同的界面,完成与真实系统相同的操作,如控制状态显示、取消限制、取消故障降速、参数查询和修改、实验测试等。图 6-31 是 ACC20 主交互界面下部按钮软键操作导航示意图。

图 6-30 集控室 ACC20 主交互界面

207

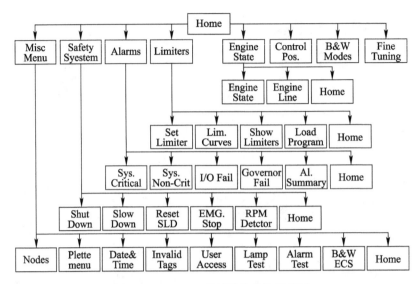

图 6-31　ACC20 软键操作导航示意图

从图中可以看出，ACC20 主机遥控系统主要由以下功能模块组成。

（1）报警显示和处理（Alarms）。报警分为重要参数报警和非重要参数报警。

（2）安全保护系统（Safety System）。安全保护系统包括故障降速、故障停车、应急停车和转速探测器 4 个功能模块。故障降速功能是指当主机的运行参数出现异常时（如推力轴承温度高、排气温差过高、曲柄箱油雾浓度高等），系统发出预报警，如果没有取消指令，则预报警时间到后将发出降速执行报警和降速指令，主机将自动降速并运行在故障降速的设定转速上。图 6-32 是故障降速操作界面。在

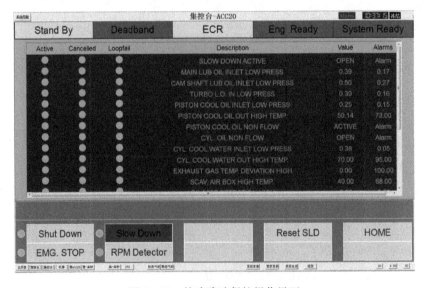

图 6-32　故障降速保护操作界面

208

该界面上可以选择取消某一故障降速项目。

故障停车功能是指当主机的运行参数出现异常时(如主滑油低压、超速、全船失电等),系统发出报警,如果没有取消指令,则发出故障停车报警和停油指令,主机将自动停车。一般来说,故障停车的预报警时间设置为零。

此外,点击"RPM Detector"软键,可以进入转速探测器界面,如图6-33所示。在该界面上能够对安全保护系统的超速保护功能进行测试。

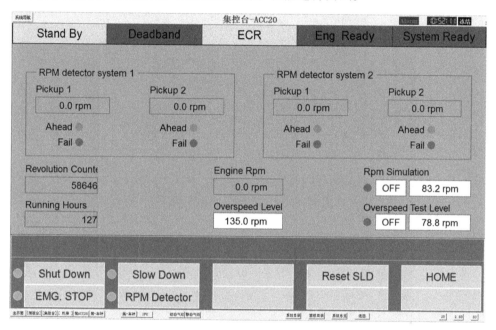

图6-33 转速探测器操作界面

(3) 转速和负荷限制(Limeters)。根据需要,可以修改主机运行的最高转速和最大油门设定值,取消负荷程序限制等。

(4) 运行或控制状态显示(Engine State)。查看主机备车、运行和控制状态等信息。

(5) 控制位置转换(Control Pos)。可以查看当前的控制位置、不同控制位置的转速设定值等信息,实现驾驶台和集控室控制位置的无扰动切换。

(6) 主机控制模式选择(B&W Modes)。点击"B&W Modes"软键,系统进入控制模式选择界面,如图6-34所示。

主机的控制模式随机型的不同而不同,常见的控制模式有死区控制(DEAD BAND)、手动油门设定模式(Fuel Setpoint Mode)、大风浪天模式(Rough Sea Mode)、固定油门模式(Const. Fuel Mode)和气缸分组切换模式(Cylinder Cut Out)等。

正常海况下,采用死区控制(DEAD BAND)模式,该模式为PI控制,偏差的死

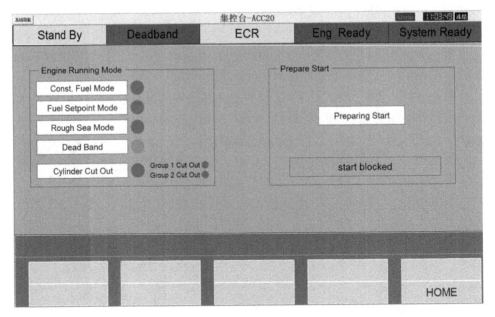

图6-34 控制模式选择操作界面

区为1~2r/min。

若主机转速因海况变化有较小波动的海况下,可以选择固定油门模式(Const Fuel Mode),该模式是将偏差死区增大。减小因转速小幅度波动对柴油机负荷的影响。

若航行在大风浪天工况,可以选择大风浪天模式(Rough Sea Mode),该模式采用PID控制,同时优化PID的比例增益、积分时间常数和微分时间常数,降低因螺旋桨浮出水面引起转速大幅度波动对柴油机负荷的影响,防止增压器喘振。

若数字调速器出现故障,可以选择手动油门设定模式(Fuel Setpoint Mode),该模式是一种脱开数字调速器,通过调速手柄(设置在集控室)直接控制调速器执行机构的控制模式,可以替代机旁应急操作。

对于多缸大功率电控柴油机,在低负荷运行工况,可以采用气缸分组切换控制模式(Cylinder Cut Out)。该控制模式是将柴油机气缸分成两组:一组工作;另外一组停止运行。这样可以确保处于工作的气缸在高负荷运行,从而改善柴油机性能。

(7)设定转速微调(Fine Tuning)。可以在当前的设定转速下,对柴油机的实际转速进行微调。

(8)其他辅助(Misc Menu)。通过辅助菜单,可以修改系统时间、输入和修改密码、查询和修改系统控制参数、报警试验和灯测试等。

图6-35是ACC20主交互界面的控制状态显示示意图。从图中可以看出,中间提供了主机转速、启动空气压力和油门刻度仪表,右侧为实际设定转速和控制台

（驾驶台或集控室控制台）给定转速。此外，界面的上部和仪表下部区域实时显示系统的工作状态（如图所示），便于操作者不需要任何操作就能够实时看到系统的运行状态信息（系统工作、控制位置、控制模式、辅车钟、主机运行、报警、安全保护、负荷限制等信息）。

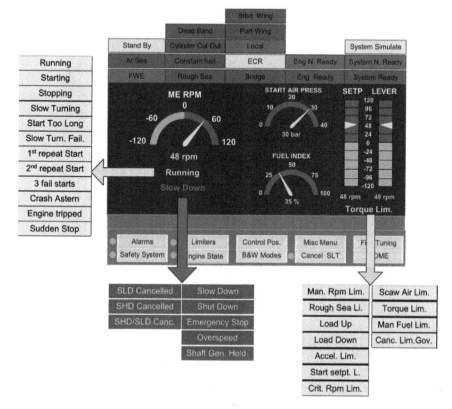

图 6-35　ACC20 主界面的控制状态显示示意图

3）NABCO 和 DMS 主机遥控仿真系统

根据不同的训练目标，系统可以由一种类型遥控系统动态切换成另外一种类型。图 6-36～图 6-38 分别是 NABCO 遥控系统的人机交互界面、数字调速器界面和安全保护系统界面。图 6-39 为 DMS2100i 主机遥控系统人机交互界面。上述两种主机遥控系统的功能与 ACC20 类似，不再赘述。

2. 主机气动操纵仿真分系统

主机气动操纵系统的主要作用是实现主机的启动、换向、调速和安全保护等功能。主机机型不同，气动操纵系统的组成和类型也不同。主机气动操纵系统的特点是控制元器件多，关系复杂，建模困难。为了达到仿真目标的要求，建模方法采用面向对象建模方法，将整个系统分解为若干个相对独立的，其行为对总体行为产生实际影响的控件。图 6-40 是 MAN 10L90MC 柴油机气动操纵系统，它是由若

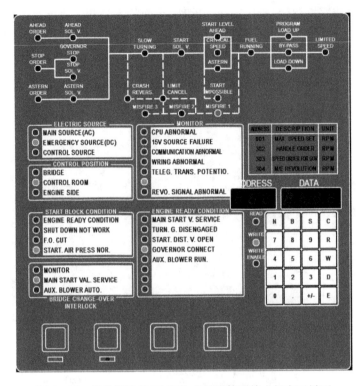

图 6-36　机舱集控室 NABCO 主机遥控系统人机交互界面

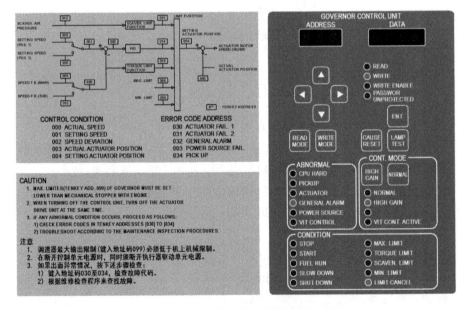

图 6-37　NABCO 数字调速器人机交互界面

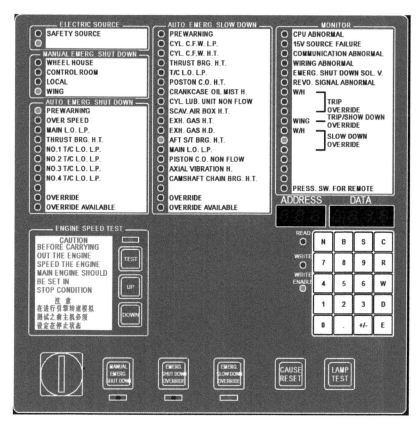

图6-38 NABCO安全保护系统人机交互界面

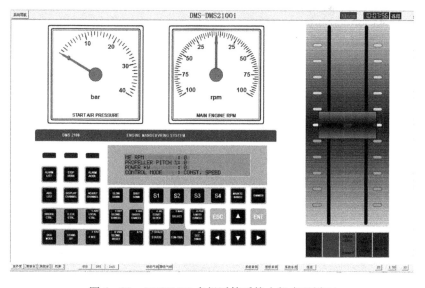

图6-39 DMS2100i主机遥控系统人机交互界面

213

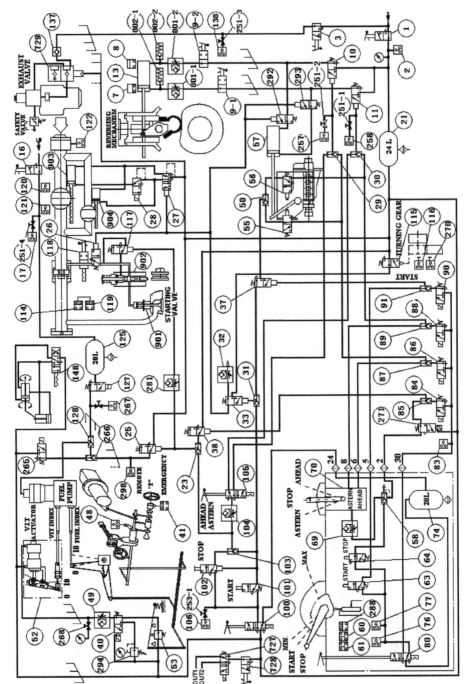

图 6-40 MC 主机气动操纵系统人机交互界面

干个气动控件组成的复杂系统,根据仿真目的的要求,不考虑控制空气压力变化,当有控制空气时为真,否则为假。按照这种简化,控件和控件之间的关系就可以简化为逻辑关系,对于某些特殊的控件例如单向节流阀、空气分配器的滚轮控制机构等就可以简化为延时输入/输出环节。

由于气动操纵系统的控件多,控制逻辑复杂,建模困难。为了方便建模,采用模块化建模方法,将整个系统分解为若干个相对独立的、其行为对总体行为产生实际影响的控件。每个控件应当满足如下要求。

(1) 独立的控件,有自己的属性并能独立完成规定的逻辑输出。

(2) 可视,即控件每一种状态应当对应一种视图,视图应当形象逼真,这需要制作大量的图形才能实现。

(3) 主动型控件可操作。将实体分为主动型控件和被动型控件,两者的区别是主动型控件有系统外界输入,而被动型没有。这里所说的可操作是指用户可通过某种方式(如直接在视图上)直接或间接控制控件。

(4) 可以设置故障。为了满足模拟训练的要求,每个控件必须具有故障设置的属性,故障可以在任何时刻设置,故障的种类应当尽可能多并能真实反映实际。例如,一个三位五通阀阀芯卡死可分为阀芯卡在上、中、下3个位置的故障,因为阀芯卡在不同位置对整个系统的影响是完全不同的。在控件设计过程中要考虑到故障设置的多样化,因为这对整个系统的仿真至关重要。

新型轮机模拟器提供了不同类型的主机气动操纵仿真系统。图6-40给出MAN B&W 10L90MC主机气动操作部分的可视化仿真界面,包含了各种阀件、换向气缸、盘车机、空气分配器等元器件。控制空气管路的颜色可随有无控制空气实时变化。在该界面上受训人员可以通过鼠标完成备车和完车操作。此外,在教练员站可以设置元器件的故障,受训人员可以通过故障现象判断故障的原因并排除。

6.3.3 船舶电站仿真分系统

船舶电站是轮机模拟器的重要组成部分之一,也是模拟器训练的重要内容。新型轮机模拟器根据培训内容的不同要求,提供了两套电站系统。一是传统的低压电站系统;二是高压电站系统。本节重点介绍高压电站系统。高压电站系统的仿真模型由高压配电、低压配电、应急配电、主电网和高压岸电配电等系统组成。同时,电站仿真系统提供了上述各系统的可视化操作界面。

图6-41是高压配电系统的可视化操作界面,界面上包括侧推器控制屏、高压子屏、440V变压器屏、柴油发电机屏、母线接地屏、发电机并车屏、母联屏、高压岸电屏等。点击界面上的控制屏,可进入每一屏的操作界面,图6-42为并车屏操作界面。在该界面上可以进行发电柴油机的遥控启动、并车、功率分配、解列和停车等操作。

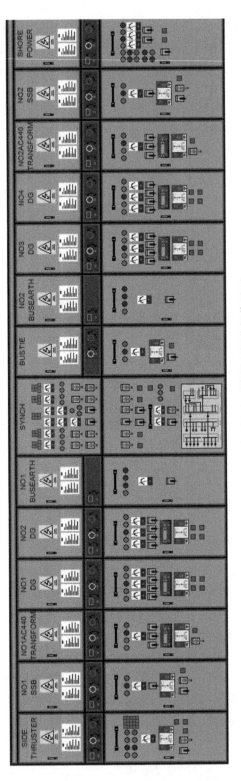

图 6-41 高压配电系统的可视化操作界面

216

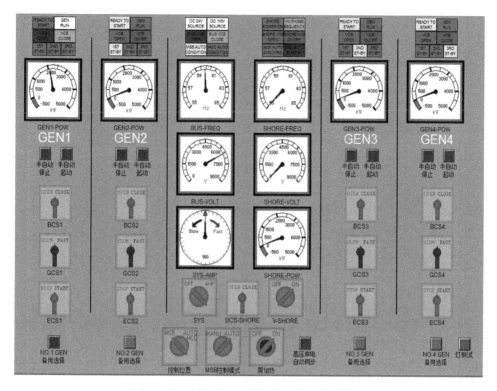

图 6-42 高压配电系统的发电机并车屏界面

图 6-43 为低压主配电屏可视化操作界面。该界面包括组合负载屏、440V 馈电屏、供电屏等组成。鼠标点击组合负载屏的局部,可进入每屏的具体操作界面。图 6-44 是中央冷却水淡水泵控制界面。在该界面上可进行泵的手动、自动控制选择,启停泵等操作。

图 6-43 低压主配电屏界面

217

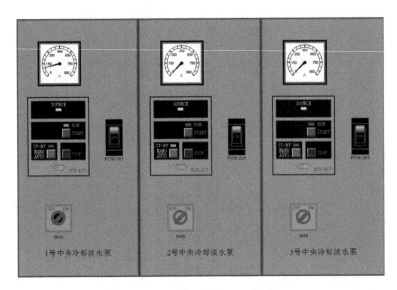

图 6-44 中央冷却水泵控制界面

图 6-45 是高压岸电配电系统操作界面。从界面可以看出,岸电配电系统主要包括连接屏和接收屏组成。点击连接屏或接收屏,可以进入连接屏或接收屏的操作界面。图 6-46 是高压岸电连接屏界面,图 6-47 是高压岸电电缆绞车控制界面。

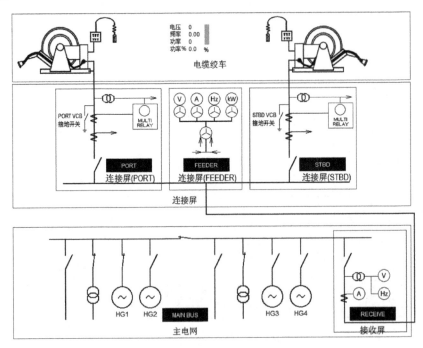

图 6-45 高压岸电连接电网界面

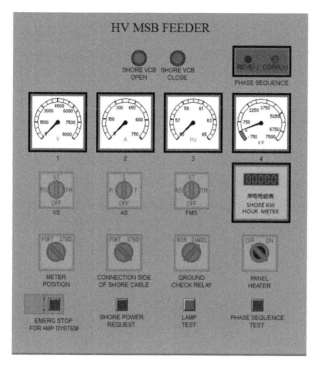

图 6-46 高压岸电连接屏界面

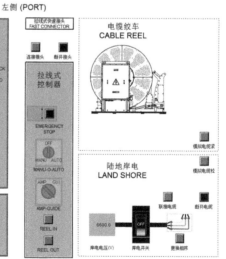

图 6-47 高压岸电电缆绞车控制界面

6.3.4 发电机组仿真分系统

新型轮机模拟器的发电机组仿真系统包括主发电机、轴带发电机和应急发电机组。图 6-48 是主发电柴油机操作界面。在该界面上可以进行润滑、合/脱盘车机、盘车、冲车、试车、调速和控制位置转换等操作。此外,系统还提供了主发电柴油机三维操作界面,如图 6-49 所示。三维界面可以完成发电柴油机备车、启动、调速和控制位置转换等操作与维护保养操作。三维操作界面与图 6-48 二维操作界面同步,学员可以自由选择。三维操作界面上,通过鼠标点击进行旋转到背面、侧面进行操作,图 6-50 所示为发电机背面的操作界面。在发电机的操作界面上可以进入旁控制箱界面,如图 6-51 所示。在控制箱上可以完成发电机的机旁控制操作。此外,发电机组仿真系统还包括发电机参数显示界面和应急发电机操作界面等。应急发电机的操作界面与主发电机类似,不再赘述。

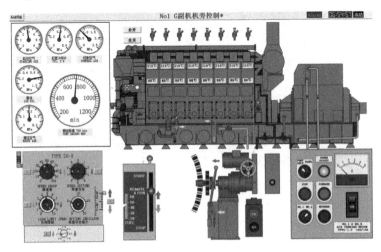

图 6-48 主发电柴油机操作界面

图 6-49 主发电柴油机正面三维操作界面

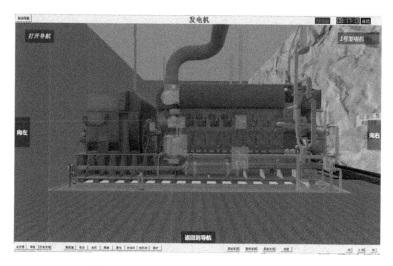

图 6-50 主发电柴油机背面三维操作界面

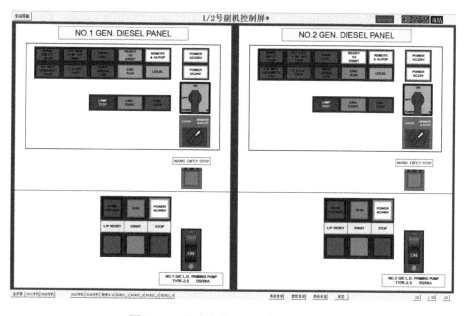

图 6-51 主发电柴油机机旁控制箱界面

6.3.5 辅锅炉和废气锅炉仿真分系统

辅锅炉和废气锅炉仿真系统是轮机模拟器的重要系统之一,也是操作级轮机员培训的主要内容。辅助锅炉和废气锅炉仿真系统包括辅锅炉、废气锅炉、蒸汽加热、给水、燃油、凝水、排汽以及锅炉控制等系统。图 6-52 是辅锅炉机旁控制箱操作界面,该界面与真实装置相似。通过控制箱操作界面能够完成报警处理、燃油泵控制、手动/自动燃烧控制、燃油加热器控制、水位控制、蒸汽压力控制和应急停车等操作。

221

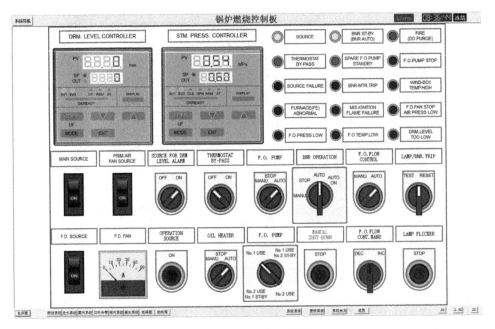

图 6-52　辅锅炉机旁控制箱界面

图 6-53 是锅炉燃油系统操作界面。该界面支持鼠标拖动和缩放。在该界面上可以进行轻、重油转换、启/停燃油泵、燃油压力调整、温度控制、手动点火等操作。

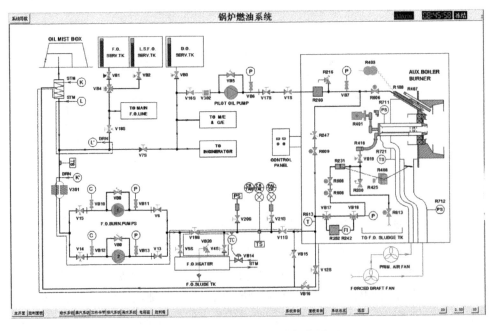

图 6-53　辅锅炉燃油系统操作界面

图 6-54 是锅炉给水管路系统操作界面。该界面同样支持鼠标拖动和缩放。在该界面上可以进行泵的启/停操作、手动/自动补水、锅炉上、下排污、冲洗水位表等操作。

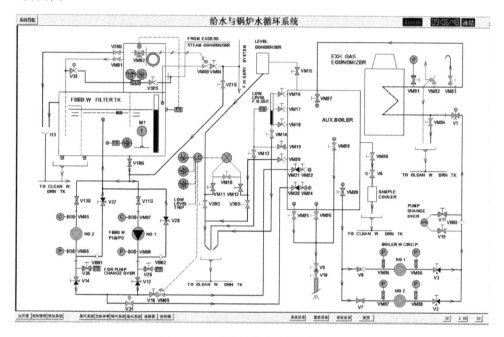

图 6-54 辅锅炉给水系统操作界面

图 6-55 是锅炉控制箱的内部配线操作界面。该界面支持鼠标拖动和缩

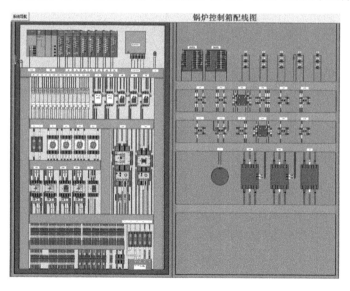

图 6-55 锅炉控制箱内部配线操作界面

223

放。受训人员可在界面上检查配线、利用万用表排查控制箱内部的元器件故障等操作。

此外,还包括蒸汽加热管路、凝水管路、排汽管路、控制电路等操作界面,不再赘述。

6.3.6 管路仿真分系统

管路仿真系统分为两种类型:一是动力管路系统,包括燃油、滑油、冷却水、压缩空气、蒸汽管路系统;二是辅助管路系统,包括舱底水、压载水、日用淡水、消防水、通风、空调和制冷等。新型轮机模拟器提供了上述两种管路系统,可满足瘫船启动、备车、机动航行、防火和灭火、防污染等操作和训练功能。

图6-56是压缩空气仿真系统的主启动空气管路操作界面。该界面支持鼠标拖动和缩放。在该界面上可以进行空压机的手动/自动控制操作、减压阀压力调节、空压机控制模式选择、空气瓶放残等操作。此外,模拟器还提供了空压机、日用空气管路、控制空气管路、舱柜速闭控制空气管路等操作界面。

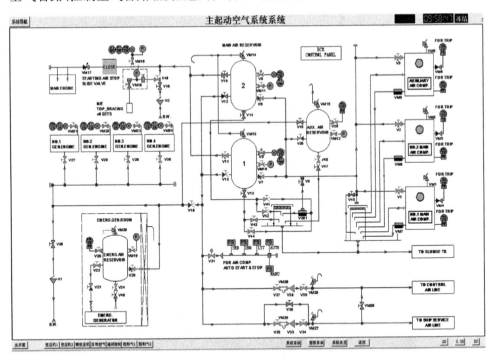

图6-56 主启动空气管路系统操作界面

图6-57是主机燃油供给系统操作界面。此外,燃油管路仿真系统还包括副机燃油、加装、驳运、泄放等管路操作界面。

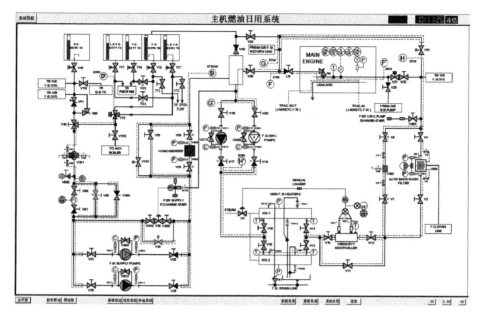

图 6.57　主机燃油供给管路操作界面

6.3.7　甲板机械仿真分系统

甲板机械仿真系统主要包括液压舵机、起货机、锚机和绞缆机,满足操作级轮机员的操作和训练要求。

图 6-58 为液压舵机的操作界面,在该界面上可以进行启动/停止、应急操作、

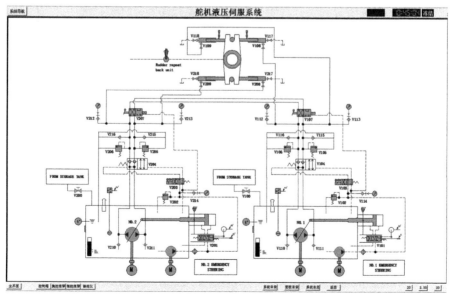

图 6-58　液压舵机的操作界面

故障排查等操作。图6-59是舵机机旁控制箱界面。图6-60为舵机机旁应急控制界面。起货机、锚机和绞缆机与舵机液压系统类似,不再赘述。

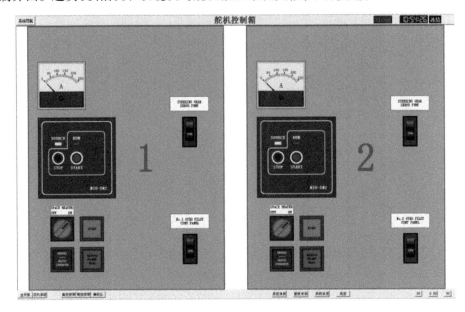

图6-59　液压舵机机旁控制箱界面

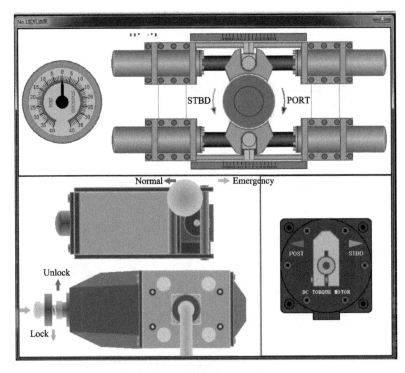

图6-60　舵机应急操作界面

6.3.8 防污染设备仿真分系统

防污染设备仿真系统包括油水分离器及其监控装置、生活污水处理装置和焚烧炉装置。图6-61是油水分离器及其含油监控装置的操作界面。在该界面上可以进行机舱、货仓污水收集、处理、清洗、测试等操作,以满足海船船员适任评估规范的要求。

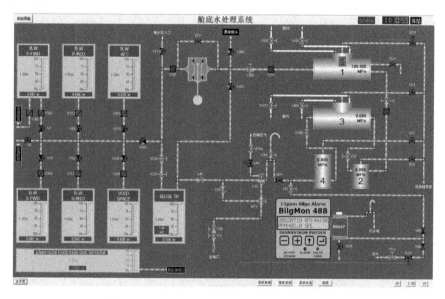

图6-61 油水分离器及其监控装置操作界面

图6-62为生活污水处理装置操作界面。

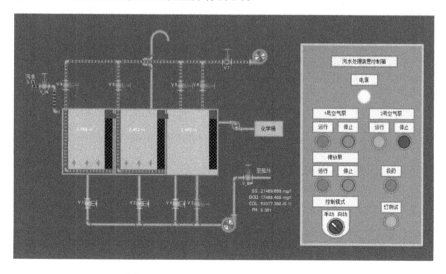

图6-62 生活污水处理装置操作界面

6.3.9 机舱自动化设备仿真分系统

新型轮机模拟器的自动化设备仿真系统包括 NK-100 主机状态监测系统、K-Chief 500 机舱报警系统、主机油雾浓度探测装置、全船火警报警监控系统等。

NK-100 主机状态监测系统的主要作用是提供主机运行参数和运行曲线,包括主机压缩压力、爆发压力、排气温度、示功图、趋势图等,如图 6-26 和图 6-27 所示。

K-Chief 500 机舱报警系统的操作界面如图 6-63 所示。该系统将机舱重要设备的运行参数和状态信息收集并集中显示,当运行参数或运行状态异常时,给出报警。

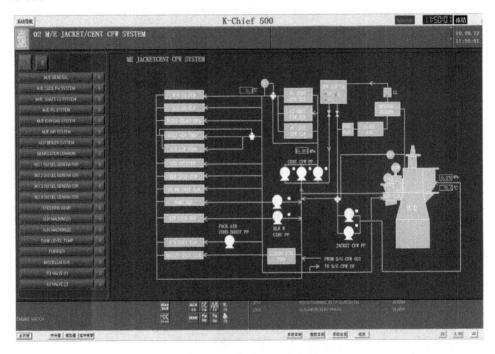

图 6-63　K-Chief 500 机舱报警监控系统操作界面

油雾浓度探测装置的操作界面如图 6-64 所示。该系统能够实时检测主机、发电柴油机曲柄箱油雾浓度,当油雾浓度超过报警值时给出报警,防止曲柄箱着火。

图 6-65 是全船火灾报警监控装置操作界面。在该界面上可以进行报警测试、报警点代码查询、火灾报警传感器测试、报警阻塞等操作。

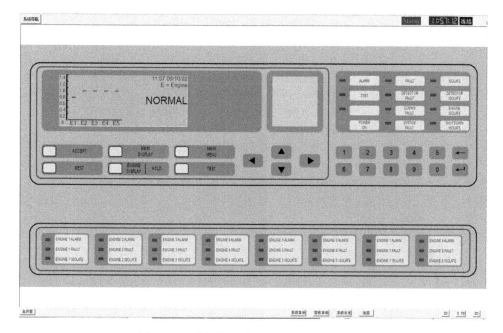

图6-64 曲柄箱油雾浓度探测装置操作界面

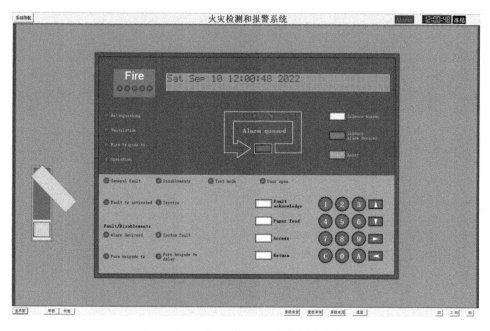

图6-65 全船火灾报警监控装置操作界面

参 考 文 献

[1] Bjonness O R. Simulators for training upgrading engine room staff[C]. 5th International Marine Propulsion Conference,London,England,217 – 223,1983.
[2] 段尊雷,任光,张均东. 基于云模型的轮机模拟器效能评价[J]. 中国航海,2015,38(2):29 – 33.
[3] 甘辉兵. LNG 船推进系统建模与仿真研究[D]. 大连:大连海事大学,2012.
[4] 曾青山,陈景峰,黄加亮. 轮机模拟器的现状和发展趋势[J]. 集美大学学报(自然科学版),2003,8(1):74 – 79.
[5] 曾鸿. 视景仿真技术在轮机模拟器中的应用研究[D]. 大连:大连海事大学,2012.
[6] 郭晨,吴恒,史成军,等. 应用虚拟现实技术的新型轮机模拟器总体设计与系统结构[J]. 大连海事大学学报,1999,25(2):68 – 72.
[7] 冯志勇. 轮机模拟器操作评分系统的设计与开发[D]. 武汉:武汉理工大学,2010.
[8] 聂伟,巫影. 轮机模拟器智能评估系统[J]. 舰船科学技术,2013,35(12):78 – 82.
[9] 邱世广,武殿梁,范秀敏. 基于船舶人机工程的虚拟人操作驱动建模仿真技术[J]. 上海交通大学学报,2012,46(9):1366 – 1370.
[10] Bukhari Ahmad C,Kim Yong – Gi. A research on an intelligent multipurpose fuzzy semantic enhanced 3D virtual reality simulator for complex maritime missions [J]. Applied Intelligence,2013,38(2):193 – 209.
[11] Varela J M,Cacho A J. Virtual environments for simulation and study of Maritime Scenarios [C]. Marine Technology and Engineering,2011,1:719 – 740.
[12] 徐鞞,刘向东,刘旭. 基于3DS MAX 信息源的体三维显示技术[J]. 浙江大学学报(工学版),2005,39(11):1723 – 1726.
[13] LaFon Ron. Discreet 3ds max 6 – 3D modeling,rendering,visualization[J]. Cadalyst,2004,21(1):28.
[14] 戴唐云. 基于3DSMAX/OGRE 的火箭视景仿真系统的研究与实现[D]. 成都:电子科技大学,2007.
[15] 陈玉双. 基于OGRE 的桥式起重机仿真训练模拟器的设计与实现[D]. 武汉:华中科技大学,2013.
[16] 罗会兰,胡思文. 基于OGRE 引擎的虚拟场景浏览[J]. 计算机工程与设计,2013,34(5):1744 – 1751.
[17] Xiong Yumei,Li Chao,Chen Yimin. A new parallel collision detection algorithm based on particle swarm optimization [J]. Journal of Information and Computational Science,2013,10(7):1979 – 1987.
[18] 王晓荣,王萌,李春贵. 基于AABB 包围盒的碰撞检测算法的研究[J]. 计算机工程与科学,2012,32(4):59 – 61.
[19] 王伟,马骏,刘伟. 基于OBB 包围盒的碰撞检测研究与应用[J]. 计算机仿真,2009,26(9):180 – 183.
[20] 董士海. 人机交互的进展及面临的挑战[J]. 计算机辅助设计与图形学学报,2004,16(1):1 – 13.
[21] Zhang Qiaofen,Sun Jianbo,Sun Caiqin. Marine engine simulation system for crew operation examination based on virtual reality[C]. Applied Mechanics and Materials,2014,441:465 – 469.
[22] 张巧芬,孙建波,史成军,等. 新型轮机仿真平台实操考试自动评估算法[J]. 哈尔滨工程大学学报[J]. 2014,35(6):725 – 730.
[23] SUN Lu. A min – max optimization approach for weight determination in analytic hierarchy process [J]. Journal of Southeast University,2012,28(2):245 – 250.
[24] 兰继斌,徐扬,霍良安. 模糊层次分析法权重研究[J]. 系统工程理论与实践,2006(9):107 – 112.
[25] 孙杰,张晓,牟在根. 不同隶属函数对地下连续墙模糊可靠度影响的分析[J]. 岩土力学,2008,29(3):838 – 840.

[26] 任慧龙,贾连徽,李陈峰.船体结构应力监测系统的滤波器设计[J].哈尔滨工程大学学报,2013,34(8):945-951+971.

[27] Ruelas Rubén. How to choose membership functions for fuzzy models in approximation problems [J]. Computational Intelligence and Applications,1999:55-60.

[28] 袁杰,史海波,刘昶.基于最小二乘拟合的模糊隶属函数构建方法[J].控制与决策,2008,23(11):1263-1266.

第7章　船舶电力系统建模及船舶电站仿真器

船舶电力系统与陆上的电力系统存在许多不同之处,陆上电力系统往往是把若干个独立的发电厂以一定的方式互相连接起来,构成一个庞大的电力网络进行供电,这样可以大大提高供电可靠性和经济性。

船舶电力系统是一个独立的、可移动的电力系统,其主要特点是:发电机容量较小,并且各台发电机容量不一定相同,负载容量相对较大;多台机组并联工作,并联和解列的转换比较频繁;电气设备的工作环境比较恶劣,发生各种事故的可能性比较大。由于被广泛采用近半个多世纪的船舶低压电力系统已无法完全满足现代化大型船舶电力系统容量的要求,当前船舶高压电力系统在各类船舶中的应用有不断增加的趋势,这将给船舶电力系统带来一系列新的变化。

船舶电力系统具有的特点决定了船舶电力系统的运行很难有所谓真正的稳态过程,在设计船舶电站时,必须对其特性进行充分的研究,保证在各种工况下都能可靠工作,具有良好的性能。船舶电站模拟器是指建立在船舶电力系统数学模型的基础上,通过仿真船舶电站的结构和功能,并尽可能将实物结合在一起,实现对船舶电站进行操作、培训、分析、评估、预测和诊断等目的的一种仿真器。船舶电力系统建模,主要是指建立船舶电力系统的数学模型。在建模过程中,必须充分考虑船舶电力系统的特点,遇到非线性问题时,通过运行点附近用线性化模型代替非线性模型,并依据此线性模型设计控制器,这种方法在研制船舶电站模拟器中非常有效。

7.1　船舶电力系统与船舶电站概述

7.1.1　船舶电力系统

1) 船舶电力系统组成

船舶电力系统是指船舶电能生产、转换、输送和消耗等全部装置的总称,主要包括电源、配电装置、电力网及负载4个部分。

(1) 电源。电源部分包括主电源(主发电机)、大应急电源(应急电源)、小应急电源(临时应急电源)及岸电。

主电源(主发电机)按原动机种类可分为柴油机发电机组、蒸汽机发电机组、汽轮机发电机组和燃气轮机发电机组。目前,船舶以柴油机发电机组为主,燃汽轮机发电机组一般多用于军舰。

大应急电源(应急发电机):采用发电机或蓄电池。

小应急电源(蓄电池):采用蓄电池。

岸电:将岸上或其他外来电源接入船舶电网,接入岸电时应进行岸电相序监视。

主电源即主发电机,海船规范要求电源应能"确保为保持船舶处于正常操作状态和满足正常生活条件所必需的所有电力辅助设备供电,而不需求助于应急电源"。有时,根据使用情况,把停泊时使用的发电机称为停泊发电机,把作为备用的称为备用发电机。但目前较少使用这种名称,因为一般船舶都有好几台主发电机,互为备用,都可以停泊时使用。

应急电源,它是用来确保在各种紧急状态下,向安全所必需的电气设备供电。可以用发电机组,也可以用蓄电池,大型船舶和客轮多采用发电机组。

临时应急电源,以发电机组为应急电源的船舶,当主电源失电后,应急发电机组从起动到投入供电需要一段时间,这时全部漆黑,各种重要报警系统都无法工作,此时临时应急电源在电网失电时向部分照明(称临时应急照明或小应急照明)和重要报警装置供电。

(2)配电装置。配电装置是指把电能有控制地分配给各用电系统或设备的装置,通常称为配电板或配电盘。为了区别和确定它们的功能,一般分主配电板、应急配电板、分配电板、蓄电池充放电板及岸电箱等。

主配电板用于控制船舶主电源所产生的电力,并对船舶正常航行和生活使用的所有电力负载进行配电的开关设备和控制设备的组合装置。

应急配电板用于控制由应急电源产生的电力,并在船舶应急状况下,对有关旅客和船员安全所必需的电力负载进行配电的开关设备和控制设备的组合装置。在正常情况下,应急配电板由主配电板供电,只有在应急情况下(即主配电板失电时)才独立供电。

分配电板用以对最后分路进行配电的一种或多种过流保护设备的组合装置。

蓄电池充放电板用以对蓄电池进行充电控制和对由蓄电池供电的设备进行配电的组合装置。

岸电箱用以从岸上或其他外来电源接入船内时使用,通过岸电箱能方便地与外来电源的电缆连接,岸电箱与主配电盘之间,应设有足够容量的固定电缆。在主配电板上的岸电接线,应装有指示灯,以指示外来电源的电缆是否已经带电。

如果船舶采用高压系统,则还将有高压主配电板和高压子配电板。

(3)电力网。电力网是指连接发电机、主配电板和用电设备之间的电力线路,称为船舶电力网或船舶电网,是全船电缆的总称。根据连接的负载性质,可分为动力(电力)电网、照明电网、应急电网、临时应急电网和弱电电网等。

船舶电网可分为一次电网和二次电网,也称一次网络和二次网络,或称一次配电系统和二次配电系统。国际电工委员会(简称IEC)对此下的定义是:一次配电系统与发电机有电气联系的系统;二次配电系统是指与发电机没有电气连接的系统,如经变压器或变流机组隔离的系统。目前,国内对此习惯上形成的定义是:一次网络由主配电板和应急配电板直接供电的系统;二次网络由分配电极供电的系统。

连接方式,电源通过配电装置与用电设备的连接有3种方式:馈线式、干线式及混合式。目前,国内较多地采用馈线式配电系统。

(4)负载。船舶用电设备大致分为甲板机械、机舱辅机、风机、空调、冷藏、照明、船内通信、通信导航和其他生活用电设备等,一般把用电设备分为重要设备和次要设备。

用电设备的重要程度取决于它在船舶安全航行中所处的地位,影响航行安全的主要因素包括失去推进、操纵和操舵能力,发生火灾和爆炸,机舱进水等。由此可以这样来定义重要设备,它是指对船舶的航行、驾驶、操纵和人身安全,或对船舶的专用特性(如特殊用途)所必需的设备。

对于那些次要的负载如住舱风机、空调等,在发电机过流或过载时可以预先卸去,以避免主断路器因保护动作被切断。

2)船舶电力系统运行的特点和要求

(1)船舶电力系统的特点。船舶电力系统具有独立电网、线路阻抗低和工作环境条件恶劣等特点。

独立电网,总容量不超过各发电机容量的5~10倍的电网称为独立电网。船舶电力系统属于独立电网,在此独立电网中,调节运行发电机的电压或原动机的转速,除了改变本身承担的有功功率和无功功率外,还影响电网的频率和电压。此独立电网中要求参加并联运行的各发电机组,其有功功率和无功功率应平均或按比例分配。

线路阻抗很低,在船舶有限的长度内,发电设备与用电设备之间的距离很短,输电线路的阻抗很低,特别是在主配电区域的短路故障可以达到最严重,即最大不对称状态,而且这种状态被运转中的电动机输给的大量电流进一步恶化,断路器和开关在切断故障电流时会产生严重损伤。

工作环境条件比较恶劣,船舶电气设备的工作环境温度高、相对湿度大,并且空气中含有盐雾、霉菌、油雾等物体,船舶设备还经常处于摇摆、倾斜、冲击和振动状态。

(2)船舶电力系统的要求。主电站应具有足够高的电能质量指标(即电压和频率的稳定度),以保证在各种状况下电网的正常运行。电力系统应具有合理的保护措施,以保证最大限度的供电连续性。发电机应能输出足够大的稳态电流,以维持动态稳定。断路器和开关应有足够的故障切断能力和短时过电流能力,使电气设备能可靠工作。

7.1.2 船舶电站

船舶电站是船舶电力系统中最重要的组成部分,是船舶电力系统的核心。船舶电站是指产生电能并向船舶电网连续供电的设备的总称。船舶电站一般由船舶发电机组(原动机、发电机及附属设备)和配电板(开关电器、保护装置、测量仪表、控制设备等)组成,是船舶电力系统的核心。

船舶电站按电流种类,可分为船舶交流电站和船舶直流电站两种。目前,船舶电站主要以船舶交流电站为主流电站。船舶直流电站使用场合较少,如在船舶电力推进系统中也有使用。

船舶电站按原动机类型,可分为柴油机、蒸汽机、汽轮机和燃气轮机等多种电站,目前,以柴油发动机组作为原动机的电站为主流电站。由于主机功率有部分储备,在正常航行时需要电站供给的电功率可以充分利用主机这部分剩余功率,由主机带动轴带发电机组供电的电站有增多的趋势。还有可以充分利用主机排出废气的废气透平发电机组供电的电站也有增多的趋势。

船舶电站按其功能,可分为主电站、应急电站和小应急电站。当主电站由于故障或其他原因失去供电能力时,则由应急电站通过应急电网向重要的应急设备供电。一般应急电站由一台功率稍小的应急发电机组构成,当船舶主电站失去供电能力时,要求应急发电机组完成自动起动,向应急电网供电的任务。由蓄电池和充放电板组成了小应急电站,当船舶主电站失电而应急电站尚未启动成功的间隔时间内或主电站、应急电站均失去供电能力时,则由小应急电站供电给必要的照明及船舶通导设备等。一般船舶主电站设在机舱,而应急电站和小应急电站设在主甲板以上(一般设在艇甲板层)。

船舶电站按自动化程度,可分为手动电站、半自动电站和全自动电站。近年来,随着计算机技术、控制技术、通信技术以及网络技术等的发展,已出现集监、控、管于一体的网络型船舶自动电站。

船舶电站按电压等级,可分为船舶低压电站和船舶高压电站。船舶低压电站是指工作于额定频率为50Hz或60Hz、最高电压不超过1000V的交流系统,或在额定工作条件下最高瞬时电压不超过1500V的直流系统。船舶高压电站是指额定电压大于1kV但不超过15kV,额定频率为50Hz或60Hz的交流系统,或在额定工作条件下最高瞬时电压超过1500V的直流系统。随着船舶电气设备自动化程度的不断提高以及船员生活、工作条件的逐步改善,船舶电气负荷急速增加,相应的船舶发电机的功率也随之大幅度增加,船舶高压电力系统有不断增加的趋势。实践证明,高压电站应用到现代船舶上取得了很好的效果,必将越来越多地应用在未来大型船舶电站之中。船舶高压电力系统已成为大型客轮、集装箱船、油轮、电力推进船舶及某些特殊工程船舶等的必选,成为今后船舶电站的主要发展方向。

7.2 船舶电力系统建模

7.2.1 船舶电力系统建模步骤

船舶电力系统建模,指的是建立船舶电力系统数学模型。数学模型是船舶电站模拟器的一部分,也是研制船舶电站模拟器的前提,包括建立电源模型、配电装置模型、电力网模型和负载模型等。

建立船舶电力系统中单个元件(同步发电机、励磁系统、异步电动机、静态负载及馈电线等)的数学模型,通过分析实际船舶电力系统结构后,建立船舶电力系统整体数学模型。在建立整体数学模型时,采用以一台同步发电机的坐标轴为参考轴,所有异步电动机、静态负载包括馈电线的方程式就以此轴来描述。这样对于异步电动机及静负载,它们是以任意速度旋转的坐标而出现的,此时,周期性系数的数目相同,但耦合方程式简单了,因为在这种情况下所有异步电动机与同步发电机的变量是以相同坐标来描述,各坐标的分量可以代数相加,因此,从整体来看,是简单、合理的方法。其他同步发电机的变量描述,将其坐标轴折算到第一台同步发电机的轴系中来,以第一台同步发电机的坐标系统作为参考,尽管方程式复杂了,但是整个船舶电力系统方程式组简单了。实际上,所有的坐标变换将集中在耦合方程式中,而与各元件方程式坐标的选择无关,这样就实现了各元件方程式的完全独立性。另外,对目前船舶电力系统中广泛使用的并联发电机无功电流分配与稳定的典型电路也要进行详细的分析,包括调差线路、差动环流补偿电路以及发电机功角 θ 对有功功率及无功功率的影响,这是研制船舶电力系统训练模拟器所必要的。对船舶电力系统整体建模时应采取的步骤如下:

(1)对系统中每种元件建立模型,分析其内部状态参数之间的定量关系,可以用微分方程式或其他形式表示出来。

(2)对各种不同元件之间分析其关系,也就是耦合关系。选择参考轴是建立系统整体数学模型的关键,选择某一台发电机轴为参考轴的方法比较科学,在此基础上建立系统耦合方程。

(3)获得各元件之间功能与控制算法所确定的逻辑关系。

(4)对系统整体数学模型进行验证,包括进行仿真,以确定建立模型的正确性。

图 7-1 所示为船舶电力系统结构图,由发电机组(原动机、调速器、同步发电机定子、转子及励磁系统等)、网络和负荷组成。

建立数学模型可以通过建立方程来实现,其中同步发电机分为两部分,即转子运动方程部分和电磁回路方程部分。转子运动方程部分反映了当发电机输入机械功率 P_m 和输出电功率 P_e 不平衡时引起发电机转速 ω 和转子角 δ 的变化。发电机

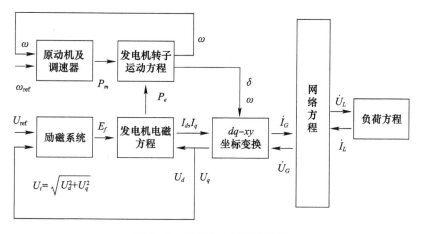

图 7-1 船舶电力系统结构图

转速信号送入调速系统和参考速度进行比较,其偏差作为调速器的控制输入量,以控制原动机的输出机械功率 P_m。发电机转子角 δ 则用于进行发电机 dq 坐标下电量和网络 xy 同步坐标下电量间的接口。发电机电磁回路方程即发电机定子、转子绕组在 dq 坐标下的电压方程,它以励磁系统输出励磁电压 E_f 为输入量,发电机端电压和电流经坐标变换,可和同步坐标下网络方程接口,并联立求解。所解得的机端电压 U_t 反馈回励磁系统,励磁系统将机端电压和参考电压 U_{ref} 比较,控制发电机励磁电压 E_f。发电机的输出电功率 P_e 将影响转子运动的功率平衡及转子速度和角度的变化。

网络一般表示为节点导纳阵形式,网络除和发电机相连外,还和负荷相连。在图中,画出了实际网络和一台发电机、一个负荷之间的联系。在船舶上,实际电网有几台发电机和负荷,而且某些负荷可以和单台发电机的容量相比拟,通过网络互相联系和互相影响。

在船舶电力系统数学模型中,同步发电机数学模型、励磁系统数学模型及负载数学模型等是重要的数学模型。

7.2.2 同步发电机的数学模型

1) 同步发电机理想化

同步发电机是电力系统的心脏,一方面,它是一种集旋转与静止、电磁变化与机械运动于一体,实现电能与机械能的转换,其动态性能十分复杂,但其动态性能对电力系统的动态性能又有极大的影响;另一方面,它内部的电磁过程又非常复杂,要对其非常详细的描述又很困难。因此,必须对它进行分析,为了建立同步发电机数学模型,必须对实际的三相同步发电机作必要的假定。

(1) 电机磁铁部分的磁导率为常数,即忽略磁滞、磁饱和的影响,也不考虑涡流及集肤效应等的影响。

(2) 对纵轴及横轴而言,电机转子在结构上是完全对称的。

(3) 定子的 3 个绕组的位置在空间互相相差 120°电角度,3 个绕组在结构上完全相同。同时,它们均在气隙中产生正弦形分布的磁动势。

(4) 定子及转子的槽及通风沟等不影响电机定子及转子的电感,即认为电机的定子及转子具有光滑的表面。

满足上述假定条件的电机称为理想电机。这些假定在大多数情况下以能满足实际工程问题研究的需要,下面的同步电机基本方程推导基于上述理想电机的假定。当需要考虑某些因素(如磁饱和等)时,则要对基本方程作相应修正。

2) 同步发电机参数标幺化

对于发电机等的参数,有两种表示方法,即有名值和标幺值。对发电机的仿真模型及参数应标幺化。用有名值来进行同步电机分析有一些缺点,其主要表现在以下两个方面。

(1) 不同容量的电机同一参数用有名值表示时数值相差很大,而用归算到自身容量基值下的标幺值一般为 0.6~2.5,当 X_d 较小时,反映该电机气隙较大,反之亦然。这样在使用标幺参数时,可根据其正常取值范围来判断参数是否有误,并了解相应电机的物理特性。

(2) 发电机定子电量与转子电量用有名值表示时往往差别很大,而用标幺值相对较合理。此外,很多厂家出厂的参数已是归算到发电机自身容量基值下的标幺值参数。对于多机系统,当采用公共容量基值时,对厂家出厂的参数进行标幺化,计算也比较方便。

3) 同步发电机的标准数学模型

在船舶同步发电机数学模型建立过程中,有很多假定,如定子绕组沿气隙按正弦规律分布,转子电感不会随转子位置变化而变化等,特别是忽略磁滞、磁饱和等特点。这样在处理同步发电机数学模型及以后建立船舶电力系统整体数学模型时,只需处理线性耦合电路,并可以用叠加原理来处理。

首先,从建立同步发电机理想电机模型开始,建立轴系统,包括 ABC 静止轴、xy 同步旋转轴及 dq 旋转轴;然后,研究同步发电机方程式,建立同步发电机定子方程式、转子方程式及磁链方程式,同时建立了同步发电机内电磁转矩方程式;最后,建立了用标幺值表示的船舶同步发电机方程式。派克 dq 坐标应用,在同步发电机的方程中,消除了电机方程中随时间周期变化的系数,将使同步发电机方程简单化。

图 7-2 所示为双极理想电机示意图及轴的位置,在此标明各绕组电磁量的方向。定子 A、B、C 三绕组的对称轴空间互差 120°的电角度,设转子逆时针旋转为旋转正方向,依次与静止的 A、B、C 相遇,定子三相绕组磁链 ψ_A、ψ_B、ψ_C 的正方向分别与 ABC 三轴正方向一致,定子三相电流 i_A、i_B、i_C 的正方向如图中所示,定子三相绕组端电压的极性与相电流正方向按发电机惯例来定义,即电流 i_A 从端电压 u_A 的正极性端流出发电机,i_B、i_C 也一样。以转子励磁绕组中心为 d 轴,并设沿转子旋转方向领先 d

轴 90°电角度为 q 轴，在 d 轴上有励磁绕组 f 及一个等值阻尼绕组 r_d，在 q 轴上有一个等值阻尼绕组 r_q。xy 轴为同步旋转轴，发电机在稳态运行与大电网上运行情况下，可以假定向量 $\dot{U}$ 与同步旋转轴 x 轴重合，在其他情况是不可以的。

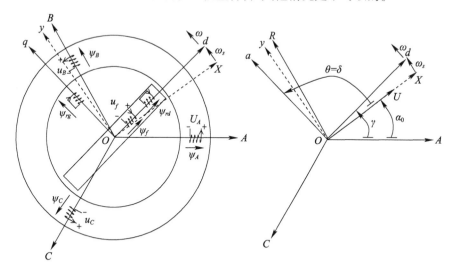

图 7-2　双极理想电机示意图及轴的位置

同步电机 $dq0$ 坐标下的暂态方程是一组非线性的微分方程组。由于 $dq0$ 三轴间解耦以及 $dq0$ 坐标下的电感参数是常数，因此，通过派克变换及获得的同步电机派克方程在实用分析中得到广泛的应用。

对于 $dq0$ 坐标下的同步电机方程，如果单独考虑定子 d 绕组、q 绕组相独立的零轴绕组，则在计及 d、q、f、D、Q 5 个绕组的电磁过渡过程（以绕组磁链或电流为状态量）以及转子机械过渡过程（以 ω 及 δ 为状态量）时，电机为七阶模型。对于一个多机系统，再加上其励磁系统、调速器和原动机的动态方程，则将会出现"维数灾"，因此必须对同步电机的数学模型进行简化。

既然参数用标幺值参数，发电机模型也用标幺化的模型较为方便。用标幺值表示的磁链派克方程（矩阵形式）如下：

$$\begin{bmatrix}\psi_{dq0}\\ \psi_{fDQ}\end{bmatrix}=\begin{bmatrix}\psi_d\\ \psi_q\\ \psi_0\\ \psi_f\\ \psi_D\\ \psi_Q\end{bmatrix}=\begin{bmatrix}X_d & 0 & 0 & X_{ad} & X_{ad} & 0\\ 0 & X_q & 0 & 0 & 0 & X_d\\ 0 & 0 & X_0 & 0 & 0 & 0\\ X_{ad} & 0 & 0 & X_f & X_R & 0\\ X_{ad} & 0 & 0 & X_R & X_D & 0\\ 0 & X_{aq} & 0 & 0 & 0 & X_Q\end{bmatrix}\begin{bmatrix}-i_d\\ -i_q\\ -i_0\\ i_f\\ i_D\\ i_Q\end{bmatrix}=\begin{bmatrix}X_{SS} & X_{SR}\\ X_{RS} & X_R\end{bmatrix}\begin{bmatrix}-i_{dq0}\\ i_{fDQ}\end{bmatrix}$$

(7-1)

用标幺值表示的电压派克方程(矩阵形式)如下:

$$\begin{bmatrix} u_d \\ u_q \\ u_0 \\ u_f \\ u_D(=0) \\ u_Q(=0) \end{bmatrix} = \frac{\mathrm{d}}{\mathrm{d}t} \begin{bmatrix} \psi_d \\ \psi_q \\ \psi_0 \\ \psi_f \\ \psi_D \\ \psi_Q \end{bmatrix} + \begin{bmatrix} -\omega\psi_q \\ \omega\psi_d \\ 0 \\ 0 \\ 0 \\ 0 \end{bmatrix} + \begin{bmatrix} -r_a i_d \\ -r_a i_q \\ -r_a i_0 \\ r_f i_f \\ r_D i_D \\ r_Q i_Q \end{bmatrix} \qquad (7-2)$$

在基值选取中,有

$$\begin{cases} u_{aB} = \omega_B \psi_{aB} = R_{aB} i_{aB} \\ u_{fB} = \omega_B \psi_{fB} = R_{fB} i_{fB} \\ u_{DB} = \omega_B \psi_{DB} = R_{DB} i_{DB} \\ u_{QB} = \omega_B \psi_{QB} = R_{QB} i_{QB} \end{cases} \qquad (7-3)$$

将式(7-2)中前3行各项分别除以式(7-3)中第一式的相应项,得到用标幺值表示的定子电压方程如下:

$$\begin{cases} u_d = \dfrac{\mathrm{d}\psi_d}{\mathrm{d}t} - \omega\psi_q - r_a i_d \\ u_q = \dfrac{\mathrm{d}\psi_q}{\mathrm{d}t} + \omega\psi_d - r_a i_q \\ u_0 = \dfrac{\mathrm{d}\psi_0}{\mathrm{d}t} - r_a i_0 \end{cases} \qquad (7-4)$$

再将式(7-2)中后3行各项分别除以式(7-3)中后3式的相应项,得到用标幺值表示的转子电压方程如下:

$$\begin{cases} u_f = \dfrac{\mathrm{d}\psi_f}{\mathrm{d}t} - r_f i_f \\ u_D = \dfrac{\mathrm{d}\psi_D}{\mathrm{d}t} + r_D i_D \equiv 0 \\ u_Q = \dfrac{\mathrm{d}\psi_Q}{\mathrm{d}t} + r_Q i_Q \equiv 0 \end{cases} \qquad (7-5)$$

综合式(7-4)和式(7-5)标幺值表示的定子、转子电压方程用矩阵形式表示如下:

$$\begin{bmatrix} u_{dq0} \\ u_{fDQ} \end{bmatrix} = \frac{\mathrm{d}}{\mathrm{d}t} \begin{bmatrix} \psi_{dq0} \\ \psi_{fDQ} \end{bmatrix} + \begin{bmatrix} S_{dq0} \\ 0 \end{bmatrix} + \begin{bmatrix} r_{dq0} & \\ & r_{fDQ} \end{bmatrix} \begin{bmatrix} -i_{dq0} \\ i_{fDQ} \end{bmatrix} \qquad (7-6)$$

其中

$$S_{dq0} = \begin{bmatrix} -\omega\psi_q \\ \omega\psi_d \\ 0 \end{bmatrix}$$

电磁力矩方程,是把同步电机绕组用集中参数的电阻、电感等值,又根据理想电机假定,电机为多绕组的线性电磁系统,则有名值电磁力矩方程为

$$T_e = p_P \frac{3}{2}(\psi_d i_q - \psi_q i_d) \qquad (7-7)$$

式中:p_P 为极对数。

若采用功率不变的坐标变换,并取定子额定相电压有效值和额定电流有效值作为定子电压和电流的基值,它等于以单相额定伏安为基准的电磁转矩标幺值的1/3,则以三相额定伏安为基准的电磁转矩标幺值方程为

$$T_e = \psi_d i_q - \psi_q i_d \qquad (7-8)$$

转子运动方程,是同步发电机组的又一个基本方程,它是按牛顿运动定律对转子系统的动态描述。全部用标幺值表示的转子运动方程为

$$T_J \frac{d\omega}{dt} = T_m - T_e - T_D \qquad (7-9)$$

式中:T_m 为机械转矩;$T_D = D\omega$ 为阻尼转矩;T_J 为机组惯性时间常数。

另一个运动方程是功角 δ 和转子电角速之间的关系应满足下式:

$$\frac{d\delta}{dt} = \omega - 1 \qquad (7-10)$$

式(7-1)、式(7-6)、式(7-8)、式(7-9)及式(7-10)组成了同步发电机的标准数学模型。

4)同步发电机的实用三阶模型

同步机的标准数学模型是七阶系统,在要求比较精调地分析计算船舶电站动态过程时应该采用这种模型。但在有些场合下,可以适当降低模型的阶数。即在特定条件下,忽略某些过渡过程,用代数方程代替原来的微分方程。

为了得到三阶模型,可对派克方程作一些简化。

(1)因为机组的转动惯量比较大,机电时间常数比电磁时间常数要大得多。在研究励磁的变化过程时,可粗略地认为机组转速还来不及变化,即在定子电压方程中设 $\omega \approx 1$(p.u.),在速度变化不大的过渡过程中,其引起的误差很小。

(2)忽略 D 轴绕组、Q 轴绕组,在转子运动方程中补入阻尼项来考虑。

(3)忽略定子 d 绕组、q 绕组的暂态,在定子电压方程中取 $\frac{d}{dt}\psi_d = \frac{d}{dt}\psi_q = 0$。

由于在同步机的一般数学模型中，存在如 ψ_f 等变量，在实际仿真时很不方便，为了消去转子励磁绕组的变量 i_f、u_f 及 ψ_f，引入以下 3 个定子侧等效实用变量。定子励磁电动势为

$$E_f = X_{ad}\frac{u_f}{r_f} \tag{7-11}$$

电机 q 轴空载电动势 E_q（又称"X_d 后面的电动势"）为

$$E_q = X_{ad} i_f \tag{7-12}$$

电机 q 轴瞬变电动势 E_q'（又称"X_d' 后面的电动势"）为

$$E_q' = \frac{X_{ad}}{X_f}\psi_f \tag{7-13}$$

由派克方程可知，稳态时

$$\begin{aligned} E_{f0} &= E_{q0} \\ u_{q0} &= E_{q0} - X_d i_{d0} - r_a i_{q0} \end{aligned} \tag{7-14}$$

因此，有

$$E_{f0} = E_{q0} = u_{q0} + X_d i_{d0} + r_a i_{q0} \tag{7-15}$$

同样，有

$$E_{q0}' = u_{q0} + X_d' i_{d0} + r_a i_{q0} \tag{7-16}$$

下面可以来分析同步发电机的实用三阶模型：

$$\begin{cases} \psi_d = E_q - X_d i_d \\ \psi_q = -X_q i_q \end{cases} \tag{7-17}$$

在式(7-4)的定子电压方程中，令 $\dfrac{\mathrm{d}}{\mathrm{d}t}\psi_d = \dfrac{\mathrm{d}}{\mathrm{d}t}\psi_q = 0$，$\omega \approx 1$，再将式(7-17)代入式(7-4)中得到

$$\begin{cases} u_d = X_q i_q - r_a i_d \\ u_q = E_q' - X_d' i_d - r_a i_q \end{cases} \tag{7-18}$$

在式(7-2)的电压方程中，将转子绕组电压方程改写为

$$\frac{\mathrm{d}\psi_f}{\mathrm{d}t} = u_f - r_f i_f \tag{7-19}$$

将式(7-19)两边乘以 $\dfrac{X_{ad}}{X_f} \times \dfrac{X_f}{r_f}$，由于 $T_{d0}' = \dfrac{X_f}{r_f}$，因此

$$T_{d0}'\frac{\mathrm{d}E_q'}{\mathrm{d}t} = E_f - E_q \tag{7-20}$$

由于 d 轴磁链方程为

$$\psi_d = -X_d i_d + X_{ad} i_f \tag{7-21}$$

$$\psi_f = -X_{ad} i_d + X_f i_f \tag{7-22}$$

由式(7-12)、式(7-13)及式(7-21)得

$$\psi_d = E - X_d i_d \tag{7-23}$$

$$E_q = E_q' + (X_d - X_d') i_d \tag{7-24}$$

由式(7-20)及式(7-24)得

$$T_{d0}' \frac{dE_q'}{dt} = E_f - E_q' - (X_d - X_d') i_d \tag{7-25}$$

q 轴的磁链方程为

$$\psi_q = -X_q i_q \tag{7-26}$$

将式(7-23)及式(7-26)代入式(7-8)中得

$$T_e = E_q' i_q - (X_d' - X_q) i_d i_q \tag{7-27}$$

转子运动方程,将式(7-27)代入式(7-9)中得

$$T_J \frac{d\omega}{dt} = T_m - T_e - T_D = T_m - [E_q' i_q - (X_d' - X_q) i_d i_q] - T_D \tag{7-28}$$

在转子运动方程阻尼项中,近似计及 D 绕组、Q 绕组在动态过程中的阻尼作用以及转子运动中的机械阻尼时,常在转子运动方程中补入等效阻尼项,用 $T_D = D(\omega - 1)$ 替代 $T_D = D\omega$,D 为定常阻尼系数,由式(7-28)可得转子运动方程为

$$T_J \frac{d\omega}{dt} = T_m - [E_q' i_q - (X_d' - X_q) i_d i_q] - D(\omega - 1) \tag{7-29}$$

另一个运动方程,功角 δ 和转子电角速之间的关系不变,仍应满足下式:

$$\frac{d\delta}{dt} = \omega - 1 \tag{7-30}$$

式(7-18)、式(7-25)、式(7-29)及式(7-30)构成了同步电机的实用三阶模型。

5) 同步发电机的实用五阶模型

当对电力系统暂态稳定分析的精度要求高时,可采用忽略定子电磁暂态、但考虑转子阻尼绕组作用的五阶模型,即考虑 f 绕组、D 绕组、Q 绕组的电磁暂态以及转子运动的机电暂态。

为了得到五阶模型,必须引入新的变量,取代转子变量。

(1) q 轴超瞬变电动势 E_q''(又称"X_d''"后面的电动势)。物理含义是当 f 绕组磁链为 ψ_f,D 绕组磁链为 ψ_d 时,在同步转速下相应的定子 q 轴开路电动势。图 7-3 所示为 E_q'' 对应的 ψ_d 示意图。

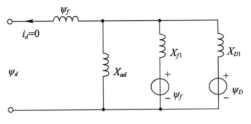

图 7-3 E_q'' 对应的 ψ_d 示意图

用叠加原理计算 d 轴磁链 ψ_d 为

$$\psi_d = \frac{\psi_f}{X_{f1} + X_{ad}//X_{D1}} \cdot \frac{X_{D1}}{X_{ad} + X_{D1}} \cdot X_{ad} + \frac{\psi_D}{X_{D1} + X_{ad}//X_{f1}} \cdot \frac{X_{f1}}{X_{ad} + X_{f1}} \cdot X_{ad}$$

$$= \frac{X_{ad}}{X_f X_D - X_{ad}^2}(X_{D1}\psi_f + X_{f1}\psi_D) \tag{7-31}$$

当定子开路，$\omega = \omega_S = 1(\text{p.u.})$ 时，由定子电压方程可知，定子 q 轴开路电动势等于其速度电动势 $\omega\psi_d = \psi_d$，即

$$E_q'' = \psi_d$$

$$E_q'' \stackrel{\text{def}}{=} \frac{X_{ad}}{X_f X_D - X_{ad}^2}(X_{D1}\psi_f + X_{f1}\psi_D) \tag{7-32}$$

由于 E_q'' 是 ψ_d 和 ψ_f 的函数，故 E_q'' 在暂态过程中不能突变，其初值为

$$E_{q0}'' = u_{q0} + r_a i_{q0} + X_d'' i_{d0} \tag{7-33}$$

(2) d 轴超瞬变电动势 E_d''（又称"X_q''"后面的电动势）。物理含义是当 q 轴阻尼绕组磁链为 ψ_Q 时，在同步转速下相应的定子 d 轴开路电动势。由于 q 轴转子只有一个绕组，即 Q 绕组，故当其磁链为 ψ_Q 时，根据上述定义可得

$$E_d'' \stackrel{\text{def}}{=} -\frac{X_{aq}}{X_Q}\psi_Q \tag{7-34}$$

同样，E_d'' 在暂态过程中不能突变，其初值为

$$E_{d0}'' = u_{d0} + r_a i_{d0} - X_q'' i_{q0} \tag{7-35}$$

d 轴磁链方程为

$$\begin{aligned}\psi_d &= -X_d i_d + X_{ad} i_f + X_{ad} i_D \\ \psi_f &= -X_{ad} i_d + X_f i_f + X_{ad} i_D \\ \psi_D &= -X_{ad} i_d + X_{ad} i_f + X_D i_D\end{aligned} \tag{7-36}$$

对式(7-36)进行变换可得

$$\begin{bmatrix} i_f \\ i_D \end{bmatrix} = \begin{bmatrix} X_f & X_{ad} \\ X_{ad} & X_D \end{bmatrix}^{-1} \begin{bmatrix} \psi_f + X_{ad} i_d \\ \psi_D + X_{ad} i_d \end{bmatrix}$$

$$= \frac{1}{X_f X_D - X_{ad}^2} \begin{bmatrix} \psi_D \psi_f + X_D X_{ad} i_d - X_{ad} \psi_D - X_{ad}^2 i_d \\ -X_{ad} \psi_f - X_{ad}^2 i_d + X_f \psi_D + X_f X_{ad} i_d \end{bmatrix} \quad (7-37)$$

再由 E_q''、X_d'' 的定义，可求得

$$\psi_d = -X_d i_d + \frac{X_{ad}}{X_f X_D - X_{ad}^2} [X_{D1} \psi_f + X_{f1} \psi_D + X_{ad} i_d (X_D + X_f - 2X_{ad})] = E_q'' - X_d'' i_d$$

$$(7-38)$$

$$\psi_f = \frac{X_f}{X_{ad}} E_q' \quad (7-39)$$

$$\psi_D = \frac{X_d' - X_1}{X_d' - X_d''} E_q'' - \frac{X_d'' - X_1}{X_d' - X_d''} E_q' \quad (7-40)$$

以及

$$E_q = \frac{X_d - X_1}{X_d' - X_1} E_q' - \frac{X_d - X_d'}{X_d' - X_1} E_q'' + \frac{(X_d - X_d')(X_d'' - X_1)}{X_d' - X_1} i_d \quad (7-41)$$

$$i_D = \frac{1}{X_d - X_d'} (E_q' - E_q) + i_d = \frac{1}{X_d' - X_1} [E_q'' - E_q' + (X_d' - X_d'') i_d] \quad (7-42)$$

稳态时有 $i_D = 0$，此时，有

$$\begin{cases} E_q - E_q' = (X_d - X_d') i_d \\ E_q' - E_q'' = (X_d' - X_d'') i_d \end{cases} \quad (7-43)$$

q 轴磁链方程为

$$\begin{cases} \psi_q = -X_q i_q + X_{aq} i_Q \\ \psi_Q = -X_{aq} i_q + X_Q i_Q \end{cases} \quad (7-44)$$

再由 E_d''、X_q'' 的定义，变换式(7-44)可求得

$$\psi_q = -E_d'' - X_q'' i_q \quad (7-45)$$

$$\psi_Q = -\frac{X_Q}{X_{aq}} E_d'' \quad (7-46)$$

$$i_Q = \frac{1}{X_{aq}} [-E_d'' + (X_q - X_q'') i_q] \quad (7-47)$$

下面可以来分析同步发电机的实用五阶模型。

定子电压方程：

令 $\dfrac{d}{dt} \psi_d = \dfrac{d}{dt} \psi_q = 0$，$\omega = 1$，代入式(7-4)得

$$\begin{cases} u_d = E_d'' + X_q''i_q - r_a i_d \\ u_q = E_q'' - X_d''i_d - r_a i_q \end{cases} \quad (7-48)$$

转子 f 绕组电压方程：

$$\frac{\mathrm{d}}{\mathrm{d}t}\psi_f = u_f - r_f i_f \quad (7-49)$$

将式(7-49)两边乘以 $\frac{X_{ad}}{X_f} \times \frac{X_f}{r_f}$，其中令 $T_{d0}' = \frac{X_f}{r_f}$ 得

$$T_{d0}'\frac{\mathrm{d}}{\mathrm{d}t}E_q' = E_f - E_q \quad (7-50)$$

将式(7-41)代入式(7-50)得

$$T_{d0}'\frac{\mathrm{d}}{\mathrm{d}t}E_q' = E_f - \frac{X_d - X_1}{X_d' - X_1}E_q' + \frac{X_d - X_d'}{X_d' - X_1}E_q'' - \frac{(X_d - X_d')(X_d'' - X_1)}{X_d' - X_1}i_d \quad (7-51)$$

稳态时，$i_D = 0$，对式(7-43)进行变换得

$$E_q = E_q' + (X_d - X_d')i_d \quad (7-52)$$

或

$$E_q = E_q' - (E_q' - E_q'')X_{dr} \quad (7-53)$$

其中

$$X_{dr} = \frac{X_d - X_d'}{X_d'' - X_d'}$$

将式(7-52)代入式(7-50)得

$$T_{d0}'\frac{\mathrm{d}}{\mathrm{d}t}E_q' = E_f - E_q' - (X_d - X_d')i_d \quad (7-54)$$

或将式(7-53)代入式(7-50)得

$$T_{d0}'\frac{\mathrm{d}}{\mathrm{d}t}E_q' = E_f - (E_q' - X_{dr}E_q' + X_{dr}E_q'') \quad (7-55)$$

从以上可以看出，式(7-54)或式(7-55)是式(7-51)在稳态($i_D = 0$)时的简式。

转子 D 绕组电压方程：

$$\frac{\mathrm{d}}{\mathrm{d}t}\psi_D = -r_D i_D \quad (7-56)$$

将式(7-40)、式(7-42)代入式(7-56)中得

$$T''_{d0}\frac{\mathrm{d}}{\mathrm{d}t}E''_q = \frac{X''_d - X_1}{X'_d - X_1}T''_{d0}\frac{\mathrm{d}}{\mathrm{d}t}E'_q - E''_q + E'_q - (X'_d - X''_d)i_d \qquad (7-57)$$

其中

$$T''_{d0} = \frac{X_D - \dfrac{X_{ad}^2}{X_f}}{r_D}$$

转子 Q 绕组电压方程:

$$\frac{\mathrm{d}}{\mathrm{d}t}\psi_Q = -r_Q i_Q \qquad (7-58)$$

将式(7-46)、(7-47)代入式(7-58)中,且有 $T''_{q0} = \dfrac{X_Q}{r_q}$ 及 $E''_d = -\dfrac{X_{aq}}{X_Q}\psi_Q$,可得

$$T''_{q0}\frac{\mathrm{d}}{\mathrm{d}t}E''_d = X_{aq}i_Q = -E''_d + (X_q - X''_q)i_q \qquad (7-59)$$

转子运动方程:

$$T_J\frac{\mathrm{d}\omega}{\mathrm{d}t} = T_m - T_e - T_D \qquad (7-60)$$

$$T_e = \psi_d i_q - \psi_q i_d \qquad (7-61)$$

$$T_D = D(\omega - 1) \qquad (7-62)$$

将式(7-38)、(7-45)代入式(7-61)中得

$$T_e = E''_q i_q + E''_d i_d - (X''_d - X''_q)i_d i_q \qquad (7-63)$$

将式(7-62)、(7-63)代入式(7-60)中得

$$T_J\frac{\mathrm{d}\omega}{\mathrm{d}t} = T_m - [E''_q i_q + E''_d i_d - (X''_d - X''_q)i_d i_q] - D(\omega - 1) \qquad (7-64)$$

另一个转子运动方程:

功角 δ 和转子电角速之间的关系不变,仍应满足

$$\frac{\mathrm{d}\delta}{\mathrm{d}t} = \omega - 1 \qquad (7-65)$$

式(7-48)、式(7-51)、式(7-57)、式(7-59)、式(7-64)及式(7-65)构成了同步电机的实用五阶模型。在实际应用中,经常用式(7-54)或式(7-55)来替代式(7-51)。

7.2.3 励磁系统数学模型

在船舶电力系统的运行过程中,励磁控制是最基本的和必不可少的。对于船

舶电力系统的各种扰动来说,一般都是先引起电、磁过渡过程,然后才是机电过渡过程。电力系统研究的一系列课题,无一不和励磁控制密切相关的。如果说某些过渡过程可以粗略地认为转速不变,因而可以不考虑调速系统的控制过程,那么,对于励磁系统来说,多数过渡过程都要把它的控制作用考虑进去,否则将会引起较大的误差,特别是在船舶电站中采用快速励磁装置时更是如此。

船舶电网的电能质量好坏是由船用同步发电机的性能(如输出电压精度、电压调节范围、负载变化时电压的稳定度及动态反应速度等)决定的,而这些都和同步发电机的自励恒压装置有关。

从船用同步发电机励磁方式来看,现在基本上有有刷和无刷两种类型。

有刷励磁又称为静止励磁,它从发电机定子获得励磁能量,经过整流,再通过电刷和集电环,去激励发电机磁场。图7-4所示为有刷励磁装置框图。

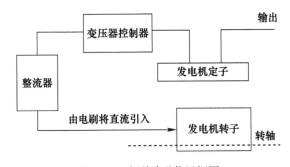

图7-4 有刷励磁装置框图

无刷励磁,一般用交流励磁机,属于无刷同步发电机。由发电机、励磁机、旋转二极管整流器和变压器控制器等组成。在变压器控制器中,主要包含电抗器和整流器两部分。从结构上看,发电机属于旋转磁极式,励磁机属于旋转电枢式。励磁机的旋转电枢(励磁机转子)发出三相交流电,通过与之同轴旋转的二极管整流器整流成直流电后直接引入到发电机转子绕组中。发电机发出的交流电,通过变压器控制器后成直流电对励磁机进行励磁。图7-5所示为无刷励磁装置框图。

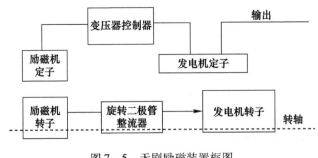

图7-5 无刷励磁装置框图

由于消除了电刷、换向器和集电环,提高了可靠性。减少了维护,免除了碳刷接触造成的非线性影响,特别适用于船舶电站。

虽然电机结构、励磁方式、采用的器件和线路很多,但就船用同步发电机的励磁调节原理而言不外于下列 3 种。

(1) 按扰动原理设计的自励恒压装置,人们熟知的相复励调压器就属于这一种。

(2) 按反馈原理设计的自励恒压装置,早期的碳阻调压器和现在广为流行的可控硅励磁装置中不少线路是按这种原理设计的。

(3) 按复合调节原理设计的自励恒压装置,人们常说的带电压校正器的相复励调压器,带晶体三极管或可控硅分流的相复励调压器等都属于这一类。图 7-6 所示为典型励磁系统传递函数框图。

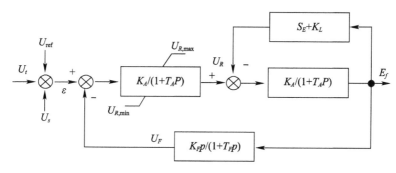

图 7-6 典型励磁系统传递函数框图

图 7-6 中,U_t 为发电机端电压,U_{ref} 为参考电压,ε 为电压偏差,U_R 为励磁机输入电压,U_s 为附加控制信号,S_E 为饱和系数,K_A、K_L、K_F、T_A、T_L、T_F 为常数。

图 7-6 的传递函数,在忽略限幅环节作用时的励磁系统基本方程为:

$$\begin{cases} T_A \dfrac{d}{dt} U_R = -U_R + K_A(U_{ref} - U_t + U_s - U_F) \\ T_L \dfrac{d}{dt} E_f = -(K_L + S_E) E_f + U_R \\ T_F \dfrac{d}{dt} U_F = -U_F + \dfrac{K_F}{T_L}[U_R - (K_L + S_E) E_f] \end{cases} \quad (7-66)$$

7.2.4 负载数学模型

船舶电站的负荷,主要是异步电动机拖动装置,因此可以用三相对称阻抗来描述,采用静态负荷的数学模型来表示,并且所有负荷等效成三相对称负荷。设三相对称负荷的参数如图 7-7 所示,r_e、X_e 分别表示负荷的电阻、感抗。图 7-7 所示为静态负载数学模型。

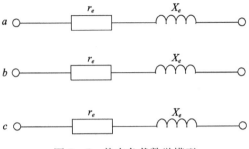

图 7 - 7 静态负载数学模型

在 a、b、c 坐标系中，电阻 - 电感混合负荷的微分方程组为

$$\begin{cases} \begin{bmatrix} u_a \\ u_b \\ u_c \end{bmatrix} = \begin{bmatrix} r_a & 0 & 0 \\ 0 & r_b & 0 \\ 0 & 0 & r_c \end{bmatrix} \cdot \begin{bmatrix} i_a \\ i_b \\ i_c \end{bmatrix} + \frac{d}{dt} \begin{bmatrix} \psi_a \\ \psi_b \\ \psi_c \end{bmatrix} \\ \begin{bmatrix} \psi_a \\ \psi_b \\ \psi_c \end{bmatrix} = \begin{bmatrix} L_a & 0 & 0 \\ 0 & L_b & 0 \\ 0 & 0 & L_c \end{bmatrix} \cdot \begin{bmatrix} i_a \\ i_b \\ i_c \end{bmatrix} \end{cases} \qquad (7-67)$$

r_a、r_b、r_c 分别为三相电阻，L_a、L_b、L_c 分别为三相电感。
u_a、u_b、u_c 分别为三相相电压，i_a、i_b、i_c 分别为三相相电流。
ψ_a、ψ_b、ψ_c 分别为三相磁链。
假定三相对称负荷，则取 $r_a = r_b = r_c = r_e$，$L_a = L_b = L_c = L_e$，$\psi_a = \psi_b = \psi_c = \psi_e$。
为将 abc 坐标化为 dq 坐标，对式(7-67)两边左乘派克变换阵：

$$\boldsymbol{D} = \frac{2}{3} \begin{bmatrix} \cos\theta_a & \cos\theta_b & \cos\theta_c \\ -\sin\theta_a & -\sin\theta_b & -\sin\theta_c \\ \frac{1}{2} & \frac{1}{2} & \frac{1}{2} \end{bmatrix} \qquad (7-68)$$

式中：θ_a、θ_b、θ_c 分别为观察坐标 d 轴领先 a 轴、b 轴、c 轴的电角度。

式(7-67)可化为

$$\begin{cases} u_d = \dfrac{d\psi_d}{dt} - \omega\psi_q + r_e i_d \\ u_q = \dfrac{d\psi_q}{dt} - \omega\psi_d + r_e i_q \\ u_0 = \dfrac{d\psi_0}{dt} + r_e i_0 \\ \psi_d = X_e i_d \\ \psi_q = X_e i_q \\ \psi_0 = X_0 i_0 \end{cases} \qquad (7-69)$$

式中:$\omega = \dfrac{\mathrm{d}\theta_a}{\mathrm{d}t} = \dfrac{\mathrm{d}\theta_b}{\mathrm{d}t} = \dfrac{\mathrm{d}\theta_c}{\mathrm{d}t}$为$d$轴旋转速度;$X_e$为工频下的正序电抗标幺值。舍去零序分量,式(7-69)可以表示为

$$\begin{cases} \dfrac{\mathrm{d}i_d}{\mathrm{d}t} = -\dfrac{r_e}{X_e}i_d + \omega i_q + \dfrac{1}{X_e}u_d \\ \dfrac{\mathrm{d}i_q}{\mathrm{d}t} = -\omega i_d - \dfrac{r_e}{X_e}i_q + \dfrac{1}{X_e}u_q \end{cases} \quad (7-70)$$

发电机暂态数学模型方程的部分式为

$$\begin{cases} u_d = -R_a i_d + X_q'' i_q + E_d'' \\ u_q = -R_a i_q - X_d'' i_d + E_q'' \end{cases} \quad (7-71)$$

通常,将(7-71)代入式(7-70)得

$$\begin{cases} \dfrac{\mathrm{d}i_d}{\mathrm{d}t} = -\dfrac{r_e + R_a}{X_e}i_d + \dfrac{\omega X_e + X_q''}{X_e}i_q + \dfrac{1}{X_e}E_d'' \\ \dfrac{\mathrm{d}i_q}{\mathrm{d}t} = -\dfrac{\omega X_e + X_d''}{X_e}i_d - \dfrac{r_e + R_a}{X_e}i_q + \dfrac{1}{X_e}E_q'' \end{cases} \quad (7-72)$$

再进行假定:系统的角速度ω与其额定角速度ω_n差别不大,即将$\omega = \omega_n = 1$代入式(7-72)便可得到静态负载模型:

$$\begin{cases} \dfrac{\mathrm{d}i_d}{\mathrm{d}t} = -\dfrac{r_e + R_a}{X_e}i_d + \dfrac{X_e + X_q''}{X_e}i_q + \dfrac{1}{X_e}E_d'' \\ \dfrac{\mathrm{d}i_q}{\mathrm{d}t} = -\dfrac{X_e + X_d''}{X_e}i_d - \dfrac{r_e + R_a}{X_e}i_q + \dfrac{1}{X_e}E_q'' \end{cases} \quad (7-73)$$

7.3 船舶电力系统训练模拟器

在此研制的"船舶电力系统训练模拟器"是大连海事大学研制的"轮机模拟器"中的一个子系统,可以作为轮机模拟器的一个子系统使用,也可以作为独立的船舶电力系统训练模拟器使用,目前已在国内外多家用户使用并取得了较好的使用效果。

以实船为对象建立船舶电力系统整体数学模型后,采用集中式仿真模式,运用模块化编程技术,研制出船舶电力系统训练模拟器,并将其融合在轮机模拟器中。运用了面向对象的、基于模块化建模的实时仿真支撑平台系统(SUPERSIMS),模型通过C语言、界面通过C++进行编程。在仿真设计时,把常用的设备和常出现的过程做成标准的算法保存在算法库中,在建模时只需从算法库中调出算法,按船舶电力系统的实际设备设置相应的输入、输出和参数,这样就生成一个一个的模

块。许许多多的模块构成一个模型。模型开发时可以方便地在线修改模型,即在模型运行的时候,可修改模型的所有相关量(运算步长、调整输入、输出及系数),并且能实时观察这些修改对模型产生的影响。

7.3.1 船舶电力系统训练模拟器的系统建模

船舶电力系统训练模拟器的系统建模,在一定程度上是和轮机模拟器整体系统模型联系在一起的,其建模形式是其核心内容。下面从几个不同角度来分析其建模形式。

1) 从建模结构角度来分析

船舶电力系统建模形式可以从目前对船舶电力系统建模结构来了解,其建模结构同软件系统发展的规律是一致的。对建模结构进行层次化有利于建模仿真的设计和研制,同时大大提高系统的开放性、扩展性和管理性。

可以将船舶电力系统建模结构分为多个方面:建模对象、支撑环境、仿真模型、分析评估及预测诊断。

(1) 建模对象。船舶电力系统类型,是指建模所需要的具体数据来源。船舶电力系统建模,分功能建模和实船建模。功能建模的对象范围比较宽,它不一定需要对象的具体型号、实际运行参数等,可以采用标准数据,其结果满足规定的指标要求就可以。实船建模的对象范围比较窄,建模的对象有具体的船型。目前,国内外研制的电力系统仿真器及轮机模拟器多数采用实船建模,其建模对象有油轮电力系统、散货船电力系统、集装箱电力系统、半潜船电力系统、船艇电力系统、电力推进船舶电力系统和内河船舶电力系统等。

(2) 支撑环境。建模/仿真支撑环境(或支撑平台)。它是建模和仿真试验的硬软环境,建模/仿真支撑环境可划分为建模支撑环境和仿真支撑环境,两者有共享的资源。支撑环境作为仿真应用的"操作系统",可以提供仿真应用过程中所需的各种接口和标准处理流程的调用。船舶电力系统建模/仿真支撑环境,目前采用的一般方法是在 Windows 环境下,并配有专用的仿真支撑软件,这是船舶电力系统建模/仿真采用的一种流行的方法。对于专用的仿真支撑软件,都是面向对象的基于模块化建模仿真与支撑系统。船舶电力系统仿真时,把常用的设备(电机、控制箱等)做成标准的算法保存在算法库中,在建模时只需从算法库中调出算法,按船舶电力系统实际设备设置相应的输入、输出和参数,这样每一个设备生成一个模块,这些模块有机结合构成一个模型。模型开发人员可以方便地在线修改模型变量,即在模型运行的时候,可修改模型的所有相关量(运算步长、调整输入、输出及系数等),并且能实时看到这些修改对模型产生的影响。开发人员还可以用各种各样的方法观测模型的运行,调整模型的参数,直到得到准确的模型。

(3) 仿真模型。完成仿真应用所需的各种模型设计及其实现。模型是仿真的基础,数学模型是对客观事物的抽象描述。目前,船舶电力系统建模,多数是采用机理建模的方法,包括连续建模(线性/非线性、定常/时变、集中参数/分布参数、确定/随机)、离散事件建模(面向事件、面向进程、面向活动)或混合建模。由于船舶电力系统和其他系统(如燃油系统、滑油系统、空气系统、海水系统、淡水系统等)关联,因此,在建模时,除了建立船舶电力系统本身模型外,还需建立描述系统之间相互关系的模型。随着用户不断增加需求,模型技术的发展将体现在提供更广泛的模型和建模方法上。船舶电力系统规模增大,结构更趋复杂,为了缩短开发周期,必须改变传统的建模方法。传统上,采用模块化方法建模,把常用的单元操作设备、计算方法等分块编成子程序放在子程序库中,然后设置公共数据区存放控制信息。要增加新功能时,就需补充子程序中没有的子程序以及重新编制主程序。随着计算机图形技术的发展,图形建模成为趋势。通过构造交互式图形接口,将模型的子模块用直观形象的图形或图标表示,用户可以直接用鼠标选择单元构筑不同系统模型,满足仿真输入的多效性和复杂性要求。仿真支撑软件已经在船舶电力系统建模仿真中得到成功应用,证明了该方法可以提高仿真建模的效率。

(4)分析评估。在考虑建模对象、支撑环境及仿真模型的基础上就可以研制出"船舶电力系统训练模拟器",它已具备了操作、培训及一般故障判断的功能。在"电力系统训练模拟器"的基础上可以进一步研制出"船舶电站评估操作考试模拟器",它具有分析评估功能,提供对仿真过程的监视和仿真结果的评估等高层次任务的支持。它包括建立了服务器端及考试终端两部分,实现网络化(一点对多点网、局网),必须考虑出题、下载考题、上传成绩及保密等任务,对系统建模与仿真将有进一步的要求,要加入专家知识库及专家评估考试系统。船舶电站评估操作考试模拟器在目前模拟器中所占的比例较小,目前在船舶电力系统训练模拟器中,还是一个弱项。

(5)预测诊断。"船舶电站预测诊断模拟器"具有预测诊断功能,它是在"船舶电站评估操作考试模拟器"的基础上研制出来的,可以将实船实际运行数据输入到模拟器中,预测诊断出实际船舶设备的工作状态,并提出解决方案,有时称"并行仿真",它是船舶电站模拟器发展的新趋势。

2)从建模实现方法角度来分析

轮机模拟器按其实现方法有以下几种。

(1)物理仿真。按照真实系统的物理性质构造系统的物理模型,以再现系统的一些特性称为物理仿真。

(2)数字仿真。按照真实系统的数学关系构造系统的数学模型,也就是将实际系统的运动规律用数学形式表达出来,以再现系统的特性并在数学模型上进行试验,称为数字仿真。计算机为数学模型的建立、运算和试验提供了有力的工具。数字仿真可在实时、超实时和欠实时环境下运行。

(3)物理-数字混合仿真。将系统的一部分用数学模型描述,并放到计算机上运算,另一部分模型直接采用实物,然后将它们连接成系统,这种仿真称为物理－数字混合仿真。物理－数字仿真方式可以在实时、超实时和欠实时环境下运行,迄今为止,绝大多数轮机模拟器是物理－数字混合仿真装置。

3) 从建模编程技术角度来分析

为了满足通用、实时、方便等建模仿真的要求,对船舶电力系统采用模块化编程技术将是一个方向。模块(Module)的概念来自于计算机硬件,就是把一个或一组功能部件称为模块。在计算机程序设计时,模块是指可以用名字调用的一段程序或者可以独立编辑的程序单元。模块化编程就是指在程序设计时按某种原则将程序分成若干小块。

采用模块化编程应该注意两个原则,即普遍原则和物理原则。所谓普遍原则,是指从程序设计本身的角度考虑,要从设计的程序清晰、简单、可靠、易维护的原则出发来设计模块;所谓物理原则,就是指从物理设备和建模仿真目标的角度考虑,要使设计的程序能完成实际部件或元件的动作特性的原则出发来设计模块。对船舶电力系统模块化编程,首要任务就是要对模块进行规范化,具体主要体现在4个方面。

(1) 模块物理性概念。根据模块的物理原则,模块应能反映船舶电力系统中实际部件或元件的动态特性,因而,每个模块都必须有一定的物理含义,它可以是一个大部件的一部分,也可以是若干部件的组合。模块必须在物理过程中易于识别,并且模块的所有输入、输出、参数必须有一定的物理含义。

(2) 数学方程式结构。模块化最困难的地方在于要保证单个模块组合成的模型所产生的方程组相互兼容,这意味着不同模块不得用于求解同一个变量,也不得存在没有定义的系统变量,因为这将产生一组隐式的或不确定的方程,对同一数学方程式或数学方程组应尽量放在同一个模块中,每个变量必须有一定的物理含义。

(3) 模块间信息传递。从数学角度看模块,模块就是反应一定含义的数学表达式。模块内部的信息传递是通过方程式之间内在的关系联系起来,模块外部的信息传递必须通过模块之间的关联,实际上就是变量之间的关联。因此,对各模块编程前就应该考虑模块之间进行外部信息传递。

(4) 变量名定义方式。变量在模块化编程中起到非常重要的作用,变量的命名方法应该能够加强模块化的概念,应该易于辨认和记忆。变量名能够防止变量名称的矛盾,并能提供变量名自动产生的功能。从变量名上就可以反映出系统、元件、输入、输出、系数、变量类型等特点。有了这种命名方法,就可以避免变量名之间的混淆和矛盾。

在一个完整的船舶电力系统建模仿真系统中,添加许多不对应于任何具体设备的连接模块,将使计算量增加,并占用很多计算机资源。根据模块化编程思路,对于船舶电力系统建模仿真应按照实际部件、部件之间的联系以及为构成实时仿真系统模型而增加的辅助手段。将模块分成三类,即设备部件模块、逻辑控制模块和功能模块。这种模块化思想的实质是在部件模块的基础上根据物理过程的快慢程度将模块进一步划分为若干模块,有时会牺牲一些模块的高度独立性,但在实时仿真中可以换来计算速度的提高。船舶电力系统建模仿真中的模块有以下几种。

（1）设备模块。设备模块主要有发电机模块、励磁系统模块、异步电动机模块、开关模块等。这些模块与实际船舶设备要能对应起来,其模块方程描述的是本设备内部的动态特性,完全独立,模块内部的修改对其他模块毫无影响。有关设备的故障设置也可以在设备模块中加以考虑,并留出相应的接口和故障变量。

（2）功能模块。功能模块主要有电站管理系统模块、短路电流计算模块等。在单独开发船舶电力系统训练模拟器时,其他系统(如燃油系统、淡水系统、海水系统、空气系统、滑油系统)可以分别作为功能模块来处理。当然,在开发轮机模拟器时,整个轮机模拟器中已包括所有系统,此时就没有必要这样处理。在功能模块中可根据其时间常数的大小选用不同的仿真步长,以提高计算效率。

（3）逻辑控制模块。逻辑控制模块主要有保护、报警、切换控制模块。在模型中为了体现这种要求可编制通用的逻辑控制模块。例如,组合负载切换控制模块,在船舶电力系统仿真中,组合负载很多,编制组合负载切换控制模块后,可以重复调用,只要修改一些参数就可以。

4）从采用集中式仿真与分布式仿真角度来分析

目前,轮机模拟器采用集中式仿真与分布式仿真两种模式。在集中式仿真系统中,采用客户端/服务器(C/S)模式,所有子系统的仿真模型集中在1台服务器上运行,其他设备或计算机作为终端运行;在分布式仿真系统中,也有客户端/服务器,但此服务器主要是进行数据交换,子系统的仿真模型则分布在各子系统的客户端机上,是基于点对点(P2P)技术的分布式仿真。集中式仿真与分布式仿真两种模式各有优缺点,集中式仿真的优点如下:优点一,只要服务器运行,所有子系统就工作,因为客户端中没有仿真模型,它作为显示和操作使用;优点二,正因为仿真模型集中在1台服务器上,所以要实现整个仿真系统单机版就比较方便。集中式仿真这种模式也有其缺点:缺点一,大量的仿真模型在服务器上工作,使服务器负担过重;缺点二,模型升级或部分升级时都需要重新调整,降低了灵活性。分布式仿真系统可以解决服务器负担重问题,但在运行过程中子系统必须运行,也就是涉及如何解决子系统动态接入和删除的问题,而且要建立整个仿真系统单机版也比较困难。目前,在轮机模拟器中解决的方法有:采用建模/仿真支撑环境(或支撑平台),大量的仿真功能由专用的支撑平台来完成,不需要重新开发,这就解决了集中式仿真系统中服务器负担过重的问题,当然,在分布式仿真系统中也可以用支撑平台来完成。针对集中式轮机模拟器存在模型升级或新实体加入困难等问题,目前有文献提出一种C/S模式与P2P模式相结合的分布式轮机模拟器,系统设有控制台，负责完成仿真节点的动态添加和删除等控制工作，与仿真节点之间的信息交换采用 C/S 模式，各仿真节点间的数据交换则通过 P2P 方式完成。

7.3.2 船舶电力系统训练模拟器的组成及仿真支撑系统

一般来说，对实际船舶电力系统的仿真（简称实船仿真）要比单纯的功能性仿真难。本船舶电力系统训练模拟器实际工程背景是根据某实际大型集装箱船舶电力系统为对象进行的实船仿真，目前该仿真器已实际应用多台。

该大型集装箱船舶电力系统主要由以下四部分组成：电源、配电装置、电力网及负载。

(1) 电源。由 4 台主柴油发电机组、1 台应急发电机组和蓄电池组成（4 台主发电机额定容量输出依次为 1500kW、2200kW、1500kW 和 2200kW，电压输出均为 AC440V、60Hz，应急发电机额定容量输出为 260kW，电压输出也为 AC440V、60Hz，蓄电池输出为 24VDC）。

(2) 配电装置。由主配电屏、应急配电屏、充放电屏、侧推屏、组合屏和其他负载屏组成。

(3) 电力网。由主电网、应急电网和直流电网组成。

(4) 负载。各种用电设备。

此外，作为船舶电力系统训练模拟器还有一些重要内容必须仿真，包括电站操作具有的功能、电站管理系统（PMS）、主开关（ACB 或 VCB）、故障设置等。

1）主要数学模型

建立比较完整的船舶电力系统数学模型，包括主柴油发电机组、应急柴油发电机组数学模型；带电压校正器 AVR 自励恒压系统数学模型；电站管理系统（PMS）数学模型；电网结构模型（包括主电网、应急电网在内的多层电网逻辑模型）；发电机控制屏、并车屏和组合起动屏模型；各种故障设置模型等。

2）主要仿真功能

仿真出船舶电力系统船舶电站仿真主要操作功能包括能动态显示电压、频率和电流等数据；发电机组的手动启/停和自动启/停；手动调频调载，自动调频调载，自动分级卸载；具有短路、过载和逆功率等保护；在 LCD 进行各项电站操作，如副机的启动、停机控制，发电机主开关 ACB 合闸控制（单机投入及手动与自动并车）；能实现电力管理系统的自动功能，如副机的启动、并车、频率调整、负荷分配、发电机组运行台数的管理、大功率负荷投入管理、故障处理、解列与停机、发电机的保护、状态的显示、系统参数的在线显示与修改、故障诊断等操作；能在应急配电板前进行各项手动、自动、模拟试验操作；应急电网和主电网间连锁功能；岸电供电与船电供电的联锁关系；24VDC 供电系统仿真功能等。

3）电站仿真主要参数

实船发电机主要参数见表 7-1，实船励磁机主要参数见表 7-2。

表 7-1 实船发电机主要参数

名称	1号发电机	2号发电机	3号发电机	4号发电机	应急发电机
输出功率	1875kV·A	2775kV·A	1875kV·A	2775kV·A	325kV·A
电压	450V	450V	450V	450V	450V
频率	60Hz	60Hz	60Hz	60Hz	60Hz
转速	720r/min	720r/min	720r/min	720r/min	1800r/min
功率因数	0.80	0.80	0.80	0.80	0.80
负荷电流	2406.0A	3560.0A	2406.0A	3560.0A	417.0A
工作方式	连续	连续	连续	连续	连续
发电机极数	10P	10P	10P	10P	4P
相数	3	3	3	3	3
定子绕组电阻	0.0028Ω	0.0016Ω	0.0028Ω	0.0016Ω	0.01762Ω
转子绕组电阻	0.4848Ω	0.5950Ω	0.4848Ω	0.5950Ω	1.179Ω
电抗 X_d	206%	191%	206%	191%	242.4%
瞬变电抗 X_d'	20.4%	20.8%	20.4%	20.8%	14.2%
超瞬变电抗 X_d''	15.7%	15.2%	15.7%	15.2%	10.3%
电阻 R_a	0.98%	0.92%	0.98%	0.92%	325Ω
时间常数 T_{d0}'	1.141s	1.148s	1.141s	1.148s	1.7s
时间常数 T_d'	0.113s	0.124s	0.113s	0.124s	0.08s
时间常数 T_d''	0.017s	0.019s	0.017s	0.019s	0.019s
时间常数 T_a	0.043s	0.045s	0.043s	0.045s	0.018s
时间常数 T_a	0.043s	0.045s	0.043s	0.045s	0.018s

表 7-2 实船励磁机主要参数

名称	1号励磁机	2号励磁机	3号励磁机	4号励磁机
输出功率	35.3kV·A	43.30kV·A	35.3kV·A	43.30kV·A
电压	92.2V	109.0V	92.2V	109.0V
电流	221.0A	228.0A	221.0A	228.0A
频率	84Hz	84Hz	84Hz	84Hz
转速	720r/min	720r/min	720r/min	720r/min
功率因数	0.95	0.95	0.95	0.95
发电机极数	14P	14P	14P	14P
相数	3	3	3	3
励磁绕组电阻	4.361Ω	4.592Ω	4.361Ω	4.592Ω

4) 仿真所用的主要工具

本船舶电力系统仿真采用 SUPERSIMS 仿真平台,图 7-8 SUPERSIMS 仿真支撑系统主窗口。

图7-8 SUPERSIMS仿真支撑系统主窗口

SUPERSIMS仿真支撑软件是面向对象的、基于模块化建模的生产过程实时仿真与控制支撑系统。在用于船舶电力系统仿真时，可把船舶电力系统中常用的设备和常出现的现象做成标准的算法保存在算法库中，在建模时只需从算法库中调出算法，按船舶电力系统的实际设备设置相应的输入、输出和参数，这样就生成一个一个的模块。许许多多的模块有机结合构成一个模型。开发人员可以方便地在线修改模型，即在模型运行时，也可修改模型的相关量（包括运算步长、调整输入、输出及系数），并且能立即看到这些修改对模型产生的影响。开发人员还可以用各种各样的方法观测模型的运行，调整模型的参数，直到建立准确的模型。

SUPERSIMS具有图形建模功能、建模方便灵活、支持在线调试、人机交互采用全汉化环境/多窗口界面/鼠标操作、软件开发采用了面向对象的方法、系统的维护和扩充容易等特点。

SUPERSIMS包括模块化图形建模、过程控制建模、教练员/工程师站交互功能、操作员站的通信接口及其他设备的通信接口等内容。

系统具有算法库管理、模块库管理、图形文件管理及变量库管理等主要功能。

SUPERSIMS是一个一体化集成软件，它除了具有仿真系统服务器的功能外，还具有教员站和工程师站的所有功能。

SUPERSIMS是一个全汉化实时仿真系统软件，它由动态链接库、算法程序和变量、模型等描述数据库部分组成。主控程序包含实时模型运算调度程序，数据传送与接收程序，用户界面交互处理程序，它们在共享一个算法、模型、变量数据区的前提下完成各自的任务。图7-9所示为主控程序模块结构图。

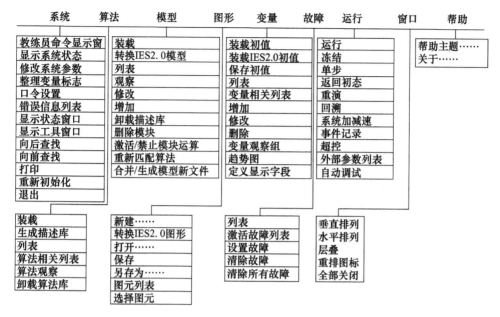

图7-9 主控程序模块结构图

在本船舶电力系统仿真中,模型程序采用了 C 语言进行编程。建立的数学模型都放在模型库中。每个模型模块属性包括模型名、算法名、状态等。图7-10所示为模型模块属性。

模块名	算法名	状态	步长	输入数	输出数	系数数
PS_EMEABC0161	PS_EMEINSIN	运行	100	6	7	6
PS_EMEABC0186	PS_EMEINSIN	运行	100	6	7	6
PS_EMEABC0187	PS_EMEINSIN	运行	100	6	7	6
PS_EMEABC0188	PS_EMEINSIN	运行	100	6	7	6
PS_EMEABC0189	PS_EMEINSIN	运行	100	6	7	6
PS_GEEG_SY0000	PS_GEEG_GESTA	运行	100	14	23	7
PS_GEEG_SY0001	PS_GEEG_6DGSYS	运行	100	13	35	4
PS_GEEG_SY0002	PS_GEEG_GESTA	运行	100	14	23	7
PS_GEEG_SY0003	PS_GEEG_8DGSYS	运行	100	13	37	4
PS_GEEG_SY0004	PS_GEEG_GESTA	运行	100	14	23	7
PS_GEEG_SY0005	PS_GEEG_6DGSYS	运行	100	13	35	4
PS_GEEG_SY0006	PS_GEEG_GESTA	运行	100	14	23	7
PS_GEEG_SY0007	PS_GEEG_8DGSYS	运行	100	13	37	4
PS_GEEG_SY0008	PS_GEEG_EGSTA	运行	100	46	66	16
PS_GEEG_SY0009	PS_GEEG_EGSYS	运行	100	28	39	10
PS_GEEG_SY000A	PS_GEEG_CHANGE	运行	100	91	100	3
PS_GEEG_SY000B	PS_GEEG_FAULT	运行	100	120	110	6
PS_MAINGEN0168	PS_ACBCON	运行	100	11	6	1
PS_SCU_C0169	PS_SCU_CHPS	运行	100	24	26	0
PS_SCU_B3016A	PS_SCU3QH	运行	100	42	42	4
PS_SCU_B3016B	PS_SCU3QH	运行	100	42	42	4

图7-10 模型模块属性

在系统算法库中有很多算法模块存在,每个算法模块的属性包括算法名、类型、作者、日期等。图7-11所示为算法模块属性。

算法名	类型	作者	日期	输入/输出/系数	描述
PS_MPS_SETV	电力系统	孙才勤	2008-05-12	147, 259, 16	MNQ
PS_MPS_SF4	电力系统	孙才勤	2008-03-01	58, 44, 1	配电屏CDHJ显示
PS_MPS_SO	电力系统	孙才勤	2008-03-01	42, 27, 0	配电屏AGLM显示
PS_MPS_STH	电力系统	孙才勤	2008-05-13	52, 85, 6	STH
PS_MPSCDHJ	电力系统	孙才勤	2008-03-14	53, 68, 0	主配电盘CDHJ屏控制开关
PS_MPSLOADM	电力系统	孙才勤	2008-03-24	8, 15, 5	负载电流表输出
PS_MPSSJXZ	电力系统	孙才勤	2008-05-14	27, 39, 12	模拟及三级卸载功率
PS_MPSSW2	电力系统	孙才勤	2008-03-01	3, 3, 0	2位控制开关
PS_MPSSW3	电力系统	孙才勤	2008-03-01	5, 4, 0	3位控制开关
PS_MPSSW32	电力系统	孙才勤	2008-03-01	4, 3, 0	3位带复位控制开关(调速开关)
PS_MPSSW4	电力系统	孙才勤	2008-03-01	6, 5, 0	4位控制开关
PS_MPSSW5	电力系统	孙才勤	2008-03-01	7, 9, 0	5位控制开关
PS_MPSSWTK2	电力系统	孙才勤	2008-03-24	4, 3, 0	2位控制开关
PS_MPSXZTK2	电力系统	孙才勤	2008-05-14	4, 3, 0	2位控制开关
PS_ENGARD	电力系统	孙才勤	2008-06-08	4, 18, 1	ENGARD控制输出转换算法
PS_ENGARDSW	电力系统	孙才勤	2008-03-05	5, 1, 0	ENGARD有效输出
PS_SCU1AT7	电力系统	孙才勤	2008-07-09	29, 42, 0	AT7控制组合负载起动屏
PS_SCU2AT7	电力系统	孙才勤	2008-07-13	29, 42, 0	AT7控制组合负载起动屏
PS_SCU3AT7	电力系统	孙才勤	2008-07-13	34, 48, 0	AT7控制组合负载起动屏
PS_SCU3AT7QH	电力系统	孙才勤	2008-07-10	7, 7, 0	3台组合负载切换

图 7-11 算法模块属性

在系统图形库中有很多图形模块存在,每个图形模块的属性包括图形名、变量名、变量值、变量类型等(通过点击交替显示)。图 7-12 所示为图形模块属性。

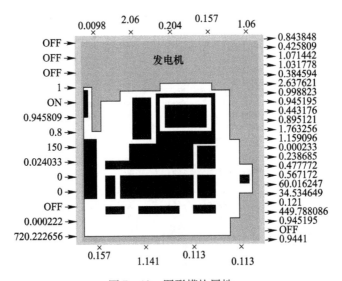

图 7-12 图形模块属性

在系统变量库中每个变量的属性包括变量名、描述、当前值等。图 7-13 所示为变量属性。

变量名	描述	当前值	单位	系统	输出模块	类型
PS_16G1PQC_OLB	(内)1号发电机相序条件	ON	无	电站	PS_MAINGEN...	逻辑
PS_16G1S05_OLF	1号发电机手动合闸失败故障延时	10	无	电站	PS_MAINGEN...	浮点
PS_16G1S06_OLF	1号发电机有功功率百分比	94.5...	无	电站	PS_MAINGEN...	浮点
PS_16G1S07_OLF	1号发电机准备发全自动起动前的延时...	200	无	电站	PS_MAINGEN...	浮点
PS_16G1S08_OLF	1号发电机发全自动起动后延时取消计...	200	无	电站	PS_MAINGEN...	浮点
PS_16G2ACB_OMB	2号发电机模块acb合闸信号输出状态	ON	无	电站	PS_MAINGEN...	逻辑
PS_16G2ZSA_OLB	2号发电机总起动指令(由电站提供)	OFF	无	电站	PS_MAINGEN...	逻辑
PS_16G2ZSO_OLB	2号发电机总停止指令(由电站提供)	OFF	无	电站	PS_MAINGEN...	逻辑
PS_16G2ADD_OSF	2号发电机调速步长(由电站提供)	0	无	电站	PS_MAINGEN...	浮点
PS_16G2APW_OPF	2号发电机有功功率	88.3442	千瓦	电站	PS_MAINGEN...	浮点
PS_16G2RPW_OPF	2号发电机无功功率	66.1...	千乏	电站	PS_MAINGEN...	浮点
PS_16G2FAC_OLF	2号发电机功率因数	0.80054	无	电站	PS_MAINGEN...	浮点
PS_16G2MSA_OLB	(内)2号发电柴油机手动起动状态	OFF	无	电站	PS_MAINGEN...	逻辑
PS_16G2HSA_OLB	(内)2号发电柴油机半自动起动状态	OFF	无	电站	PS_MAINGEN...	逻辑
PS_16G2FSA_OLB	(内)2号发电柴油机全自动起动状态	OFF	无	电站	PS_MAINGEN...	逻辑
PS_16G2MSY_OLB	(内)2号发电机半自动并车信号	OFF	无	电站	PS_MAINGEN...	逻辑
PS_16G2FSY_OLB	(内)2号发电机全自动并车信号	OFF	无	电站	PS_MAINGEN...	逻辑
PS_16G2HLS_OLB	(内)2号发电机半自动解列指令	OFF	无	电站	PS_MAINGEN...	逻辑
PS_16G2FLS_OLB	(内)2号发电机全自动解列指令	OFF	无	电站	PS_MAINGEN...	逻辑

图 7－13　变量属性

5）仿真结果分析

采用建模/仿真支撑环境(或支撑平台),大量的仿真功能由支撑平台来完成,这就解决了集中式仿真系统中服务器负担过重的问题。

要对船舶电力仿真系统数据分析,通常是对系统在突变状态时分析电压、频率等状态的变化,下面就同步发电机在外界条件变化(主要指负载功率变化)时发电机发出电压、频率、电流及励磁电压的变化进行分析。在本船舶电力仿真系统中对以上数据的变化通过曲线能显示出来,下面对各台发电机运行曲线及状态进行分析。

图 7－14 所示为 No.1 发电机参数曲线图,仿真了 6 个时刻,在此对 No.1 发电机参数曲线进行分析。

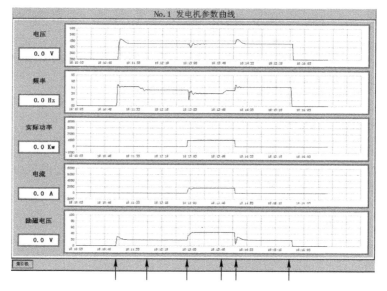

图 7－14　No.1 发电机参数曲线图

时刻1,发电机处于停止状态,然后启动发电机,建立电压,实时测量数据如下：

电压波动最大值为505.5V,稳定后的电压为450.4V；
频率波动最大值为61.8Hz,稳定后的频率为61.2Hz；
发电机主开关断开,所带的有功功率为0kW；
发电机输出的电流为0A；
发电机励磁电压波动最大值为28.5V,稳定后的电压为18.9V。

时刻2,发电机处于空载状态,通过手动调频,调整发电机输出频率,使其为额定值,实时测量数据如下：

发电机的稳定频率为60.2Hz,其他数据和时刻1相同。

时刻3,发电机主开关闭合,处于负载66.8%状态,加入1002kW的功率（额定功率为1500kW）,实时测量数据如下：

电压波动最小值为419.5V,稳定后的电压为450.2V；
频率波动最小为56.8Hz,稳定后的频率为59.1Hz；
发电机有功功率为1002kW；
发电机输出的电流最大值为1646A,稳定后的电流为1606A；
发电机励磁电压波动最大值为46.2V,稳定后的电压为44.1V。

时刻4,发电机处于负载状态,通过手动调频,调整发电机输出频率,使其为额定值,实时测量数据如下：

发电机稳定频率为60.1Hz,其他数据和时刻3相同。

时刻5,发电机主开关断开,把所有的负载卸掉,处于空载运行,实时测量数据如下：

电压波动最大值为495.2V,稳定后的电压为450.2V；
频率波动最大为61.2Hz,稳定后的频率为61.2Hz；
发电机有功功率为0kW；
发电机输出的电流为0A；
发电机励磁电压波动最大值为9.6V,稳定后的电压为18.9V。

时刻6,停止发电机运行,处于停机状态,实时测量数据如下：

由于处于停机状态,各数据均为0。

根据对以上对仿真数据的分析,仿真数据满足实船的要求,也满足中国船级社《钢质海船入级规范》中所提出的要求。

7.3.3 船舶电力系统训练模拟器的实现

在此船舶电力系统训练模拟器是对实船采用"物理－数字混合仿真",将系统的一部分用数学模型描述,并连接到计算机上运算,而另一些模型直接采用实物,然后将它们连接成系统。物理－数字混合仿真方式可以在实时、超实时和欠实时环境下运行,对接入的实物部分是实时的,主要由模拟实物部分、三维界面和二维界面组成。

1) 模拟实物部分

由于本船舶电力系统训练模拟器是轮机模拟器的一部分,可以融合在轮机模拟器中使用,也可以单独使用,主要使训练者具有现场操作感。

图7-15所示为机舱教练员操作台模拟实物,包括服务器、交换机、教练员试题收发系统、全系统仿真界面等。

图7-15 机舱教练员操作台模拟实物

图7-16所示为机舱集控台模拟实物,模拟机舱实际操作设备,包括对主机、重要设备等操作。

图7-16 机舱集控台模拟实物

图7-17所示为机舱配电板模拟实物,包括主配电板和应急配电板。

图 7-17 机舱配电板模拟实物

主配电板包括 4 台发电机控制屏、并车屏、440V 负载屏、220V 负载屏等。发电机控制屏可以进行监视发电机运行情况等操作。并车屏上可以对发电机进行并车操作负载转移等。440V 负载屏可以进行负载供电操作等。

应急配电板包括应急 220V 负载屏、应急 440V 负载屏及应急发电机控制屏等。应急配电盘 A 是 220V 负载屏,可以对负载进行供电控制等。应急配电盘 B 是 440V 负载屏,可以对负载进行供电控制等。应急配电盘 C 是应急发电机控制屏,可以对应急发电机进行控制等。

2) 三维界面部分

三维部分是指通过计算机三维界面展示电站设备的空间布局,是基于 Web3D 虚拟技术,并在网上可以实现船舶电站虚拟真实感。采用网上远程传输与虚拟真实感并举的通信技术,实现实时、交互、可视化的虚拟仿真,并实时刷新交互界面,使训练者具有现场操作感。

图 7-18 所示为主配电间三维界面,包括主发电机控制屏、并车屏、动力负载屏和照明负载屏等。图 7-19 所示为应急配电间三维界面,包括应急发电机控制屏、动力负载屏和照明负载屏等。

图 7-18 主配电间三维界面

图 7-19 应急配电间三维界面

3) 二维界面部分

船舶电力系统训练模拟器的二维界面部分内容相对要多一点,包括实物部分和三维部分的内容外,还包括电网结构、运行曲线等。具体由 MSB(主配电盘)、ESB(应急配电盘)、GSP(组合起动屏)、BUS(电网)、G/E LCD(发电机触目控制屏)及 CURVE(发电机运行曲线图)等组成。

图 7-20 所示为船舶电力系统电网总图仿真界面电网图,具有多层电网,电网中能清楚地描述各负载处在电网中的位置。

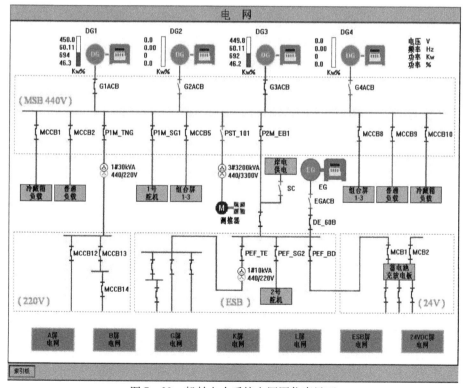

图 7-20 船舶电力系统电网图仿真界面

在本船舶电力系统训练模拟器中,计算机仿真界面很多,下面仅列举了几个。图7-21所示为船舶电力系统部分二维仿真界面,包括主配电盘、组合起动屏、同步并车屏、发电机控制屏、LED液晶显示屏及发电机运行参数曲线等,可给出相关说明。

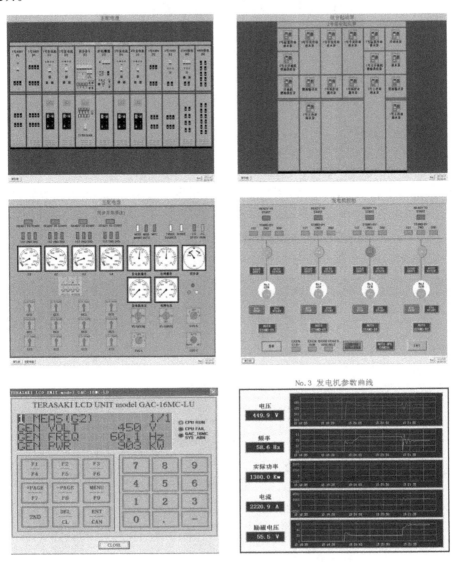

图7-21 船舶电力系统部分二维仿真界面

7.4 船舶电站评估操作考试模拟器

"船舶电站评估操作考试模拟器"是在"船舶电力系统训练模拟器"的基础上

开发的,因此继承了"船舶电力系统训练模拟器"所有特点,并在此基础上加入评估专家库而组成。在此考试系统中所需要的数学模型,主要是在训练模拟器中所讨论模型的基础上进一步细化,尤其是故障模型等。

船舶电站评估操作考试模拟器,一般由考试、评估及管理等部分组成。船舶电站评估操作考试模拟器的评估系统分自动评估和智能评估两类。自动评估应具有自动组题、分发考题、自动评判、成绩管理、考试记录、过程回溯、打印统计等功能；智能评估是在自动评估的基础上,增加了人工智能、专家知识、大数据、云服务等算法和技术。评估系统有朝着智能评估方向发展的趋势,即具备智能特征和判断能力,可以根据受试人员处理实际问题能力进行综合判断,并对考试成绩进行统计和分析,总结出更合理的训练和考核方案。

7.4.1 系统总体结构

下面描述已研制出的船舶电站评估操作考试模拟器,属于智能评估系统。整个考试平台由中国海事考试服务中心提供,船舶电站评估操作考试模拟器是整个船员考试体系中的一个子系统,完全融合在整个考试体系中。在此描述的系统总体结构指的是船舶电站评估操作考试模拟器的总体结构。图7-22所示为船舶电站评估操作考试模拟器总体结构。

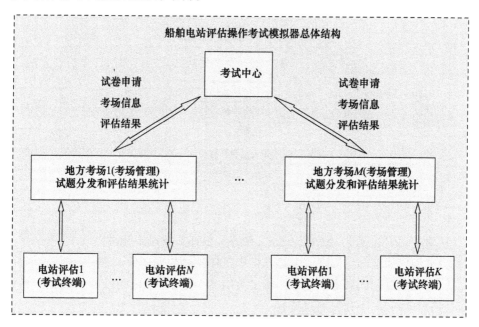

图7-22 船舶电站评估操作考试模拟器总体结构

考试中心和地方考场之间交互的信息有试卷申请、考场信息和评估结果。数据流量比较小,大量的数据处理在考试终端机上完成。试题库的管理和维护、出题

(修改)、试题入库、组卷等在考试中心完成。

地方考场主要完成考场管理以及和考试中心的数据交换,包括人员管理和评估系统管理。

考试终端指的是电站考试的具体操作,考试终端实际指的就是应试人员完成具体操作、系统进行评估并把结果输出的整个过程,包括电站仿真操作界面、电站仿真平台、电站运行专家库和评估专家知识库等内容。各种数据库、专家库等都在考试终端。图7-23所示为电站评估结构。

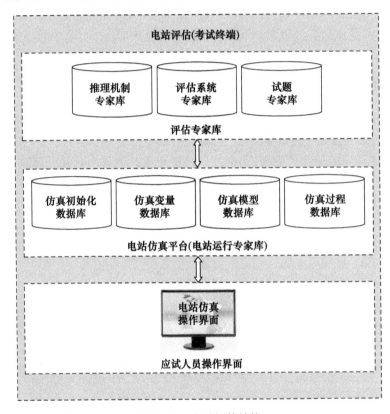

图7-23 电站评估结构

从图7-21和图7-22可以看出,系统主要环节有以下几方面。

(1)网络通信。可实现服务器和多个工作站的数据通信、数据传输等功能。

(2)分发试题。服务器端根据考试大纲的要求,将考题题目(包括内容、考试时间、注意事项等)下传到考试终端。

(3)考生登录。考生登录和信息确认,考生登录具有身份识别登录或人工登录功能。

(4)考生考试。考试终端根据下载的考试题目、内容和考试时间,完成进行考试过程。服务器端可以强制某一考生终止考试,也可以使考生由于客观原因而中

断考试后重新恢复(连续)考试;

(5) 评估成绩。根据考试过程和数据、评估标准对考生的进行自动评估或智能评估后,给出考试成绩,并将考试结果(包括考试分数、扣分原因)上传到服务器端。

此外,还要有现场监控、现场处理功能。现场监控是指具有现场录像和现场监控功能,考场内安装防作弊装置;现场处理功能是指在一定条件下暂停考试(临时冻结,待解决后)、恢复考试(如死机、断网等非正常退出考试而进行恢复考试的功能)、强制终结考试、考试加时等功能。

7.4.2 船舶电站评估操作考试模拟器主要特点

正是采用了集中式仿真模式,在船舶电力系统训练模拟器的基础上,进一步研制出"船舶电站评估操作考试模拟器"。本"船舶电站评估操作考试模拟器"是"轮机模拟器"的一部分,可以单独使用。"轮机评估模拟"是由国家海事局考试中心提出的要求,目前已获得中国海事考试服务中心的认可。它具有数据共享、操作真实、隔离、融合、出题灵活简单、出题多样化、评判公正、计算机资源分配合理及试题保密等功能。

船舶电站评估操作考试模拟器(Marine Power Station Operation Test Simulator)是以操作性考试方式考察实际操作船舶电站工作能力的考试系统,是一种对船舶电站在计算机上进行实际操作的考试形式。对试题条件及环境进行仿真,使其与实船情况相似,应试人员在计算机上进行解题操作,系统在操作过程中不断驱动试题条件及环境向前进展,不断演化直至结果。应试人员必须对船舶电站的概念、原理要理解,同时操作过程也必须熟练掌握。避免应试人员为了通过考试而死记硬背考题,忽略实际技能学习的弊端。最后,系统自动对应试人员的操作进行综合评判,给出较为公正的评判结论,包括考试的得分和扣分的原因。

系统包括服务器端和考试终端两部分,建立并实现一种网络化一点对多点。服务器端具有出题、保密等功能;考试终端具有下载考试题目,并将考试结果上传到服务器端等功能。可以满足网络通信协议的需要,从服务器端下载考试试题和考试要求内容,在考试终端完成考试过程,然后将考试评估结果输出给服务器端。

本船舶电站评估操作考试模拟器已获得中国海事考试中心认可,并在部分院校使用及部分省海事局评估中使用。下面就作者研制的船舶电站评估操作考试模拟器进行描述,评估考试系统具有的特点如下:

(1) 数据共享。本评估考试系统是整个轮机模拟考试系统的一个子系统,所有的数据和整个轮机模拟考试其他子系统的数据共享。

(2) 操作真实性。当操作本系统或其他子系统时,其现象相互影响,因此能真实反映操作现象。

(3) 具有隔离功能。可以对本系统进行单独操作考试而不影响其他子系统操作,也可以把本系统作为整个轮机模拟考试系统的一部分来进行。

(4) 融合性。本系统是整个船员智能考试内容的一部分,本系统实际已和其他船员智能考试内容组成了一个整体,其他船员的智能考试内容可以非常容易地融合进来,组成一个完整的船员智能考试系统。

(5) 出题灵活简单。根据系统提供的参数和方法,可以在使用中由用户根据规则随时出题和进行修改题目。

(6) 题目多样性。由于是以实船进行仿真的轮机模拟器的基础上进行的,因此具有完善的模型支持,进行操作时出现的现象由轮机模拟器自动反映出来,所以,只要模拟器具有的功能都可以出题。

(7) 评判公正性。在此系统中已建立了智能评估系统,评判标准统一,克服了人为因素,应试人员不但可以知道自己的操作成绩,而且可以知道自己操作时扣分的原因,对所有应试人员完全公平、公正。

(8) 计算机资源分配合理。服务器端与考试终端计算机之间除少量的题目信息外,无其他信息,因此基本不占用服务器端的资源,大量数据处理在考试终端计算机上完成,实现了整个系统资源的合理分配。

(9) 试题保密功能。正因为服务器端与考试终端计算机之间除少量的题目信息外,考试终端计算机上无任何题目信息,因此也实现了试题保密功能。

参 考 文 献

[1] 郭晨,史成军,孙建波,等. 高仿真度的 DMS-2000 型船舶机舱模拟器(英文)[J]. 大连海事大学学报,2002,28(增刊):28-30.

[2] 孙才勤,郭晨,史成军. 大型轮机模拟器中船舶电力系统的建模与仿真[J]. 系统仿真学报,2009,06:3251-3254.

[3] 孙才勤,郭晨,史成军. 大型船舶智能化电力系统的建模与仿真[C]. 第六届全球智能控制与自动化大会(WCICA'2006). 大连,2006,06:6128-6132.

[4] Sun Caiqin, Li Chengqiu, Shi Chengjun. Simulation and implementation of marine generator excitation system with PSS[C]. The 2009 IEEE International Conference on Mechatronics and Automation. Changchun, China, 2009,08:839-844.

[5] 郭燚,郑华耀,黄学武. 船舶电力推进混合仿真系统设计[J]. 系统仿真学报,2006,18(1):57-61.

[6] 王扬,郭晨,章晓明. 现代仿真器技术[M]. 北京:国防工业出版社,2012.

[7] 张浩,徐红燕,彭道刚,等. 仿真技术在电力系统中的应用[J]. 系统仿真技术,2005,1(2):109-114.

[8] 林洪贵,徐轶群,杨国豪,等. 基于 PLC 的船舶电站物理仿真综合模拟器的应用研究[J]. 船电技术,2009,29(3):39-43.

[9] 韦韩英,刘平键. 船艇电站系统的综合仿真[J]. 计算机辅助工程,2002,3:42-47.

[10] 俞万能. 小型电力推进船舶电力系统谐波抑制的仿真研究[J]. 中国造船,2008,49(183):186-191.

[11] 周成,贺仁睦,王吉利. 电力系统元件模型仿真准确度评估[J]. 电网技术,2008,33(14):12-15.
[12] 李昌斌. 电力推进船的动力系统建模与仿真[J]. 机电工程技术,2004,33(10):26-28.
[13] 施伟锋,陈子顺. 船舶电力系统建模[J]. 中国航海,2004,3:64-69.
[14] Ledesma Pablo, Usaola Julio. Doubly fed induction generator model for transient stability analysis[J]. IEEE Transactions on Energy Conversion,2005,20(2):388-397.
[15] Ma Jin, Renmu H, Hill D J. Load modeling by finding support vectors of load data from field measurements[J]. IEEE Transaction on Power Systems,2006,21(2):726-735.
[16] Renmu R, Ma Jin H, Hill D J. Composite load modeling via measurement approach[J]. IEEE Transaction on Power Systems,2006,21(2):663-672.
[17] Taylor C W. Modeling of voltage collapse including dynamic phenomena[J]. Electra,1993(147):71-77.
[18] Lie Xu, Yi Wang. Dynamic modeling and control of DFIG-based wind turbines under unbalanced network conditions[J]. IEEE Transactions on Power Systems,2007,22(1):314-323.
[19] 张红斌,汤涌,张东霞,等. 负荷建模技术的研究现状与未来发展方向[J]. 电网技术,2007,31(4):6-10.
[20] 鞠平,谢会玲,陈谦. 电力负荷建模研究的发展趋势[J]. 电力系统自动化,2007,31(2):1-4.
[21] 鲍晓慧,侯慧. 电力系统可靠性评估述评[J]. 武汉大学学报(工学版),2008,41(4):96-101.
[22] 李红江,鲁宗相,朱凌志,等. 舰船电力系统生命力评估研究[J]. 武汉理工大学学报,2007,31(3):533-536.
[23] 柳勇军,闵勇,梁旭. 电力系统数字混合仿真技术综述[J]. 电网技术,2006,30(13):38-43.
[24] 冉墨男,彭召升,苏正伟. 船舶电力系统物理模拟[J]. 船电技术,2008,28(6):374-376.
[25] 苏泽光. 电力系统模拟方法[J]. 中南工学院学报,2009,14(3):34-38.
[26] 王占领,郑三立. 电力系统实时仿真技术分析[J]. 电力设备,2006,7(2):46-49.
[27] 郑三立,黄梅,张海红. 电力系统数模混合实时仿真技术的现状与发展[J]. 现代电力,2004,21(6):29-33.
[28] 刘长胜,陈礼义,郑玉森. 电力系统模数混合试验系统[J]. 天津大学学报,2004,37(1):80-83.
[29] 夏永明,刘佳佳. 基于CAN总线和分布式结构的船舶电站多种发电方式仿真[J]. 上海海事大学学报,2009,30(1):10-15.
[30] Butler, Karen L, Sarma N D R, et al. New method of network reconfiguration for service restoration in shipboard power systems[J]. IEEE Power Engineering Society Transmission and Distribution Conference,1999,2:658-662.
[31] 夏立,杨宣访,邵英. 基于现场总线技术的电站仿真培训系统[J]. 信息技术,2002,10:14-18.
[32] 刘长胜,陈礼义,郑玉森. 电力系统模数混合试验系统[J]. 天津大学学报,2004,37(1):80-83.
[33] 王海燕,刘晓晨,武晓英. 一种分布式船舶轮机模拟器[J]. 交通信息与安全,2009,27(5):116-119.
[34] 倪以信. 动态电力系统的理论和分析[M]. 北京:清华大学出版社,2002.
[35] 中国船级社.《钢制海船入级规范》第三篇、第四篇. 北京:人民交通出版社,2015.
[36] 吴志良. 船舶电站[M]. 大连:大连海事大学出版社,2012.
[37] 赵殿礼,等. 船舶电气设备及系统[M]. 大连:大连海事大学出版社,2017.
[38] 郑华耀. 船舶电气设备及系统[M]. 大连:大连海事大学出版社,2005.
[39] 王锡凡. 现代电力系统分析[M]. 北京:科学出版社,2003.

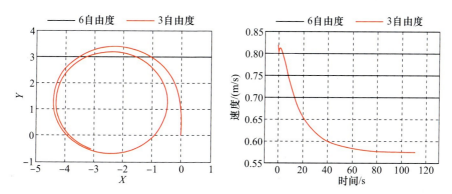

图 3-8 静水回转 3 自由度和 6 自由度模拟结果对比

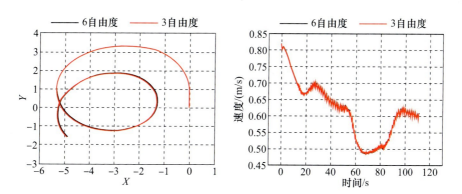

图 3-9 高频波浪(T1)中回转 3 自由度和 6 自由度模拟结果对比

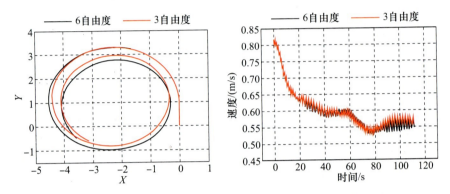

图3-10 低频波浪(T7)中回转3自由度和6自由度模拟结果对比

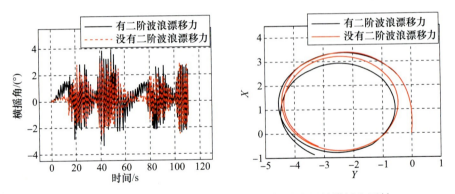

图3-11 高频波浪(T1)中有无二阶波浪漂移力回转横摇和回转
运动轨迹模拟结果对比

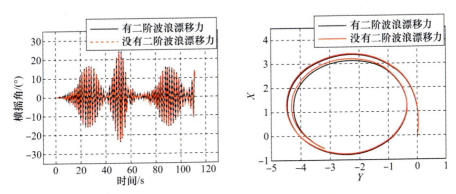

图 3-12 低频波浪(T7)中有无二阶波浪漂移力回转横摇和回转运动轨迹模拟结果对比

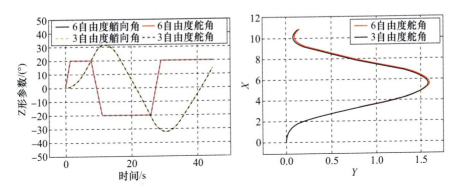

图 3-13 高频波浪(T7)中回转 3 自由度和 6 自由度模拟结果对比

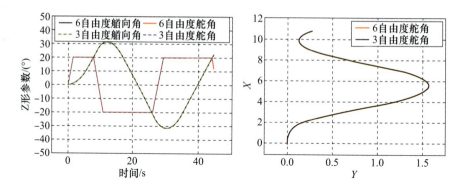

图3-14 高频波浪(T7)中回转3自由度和6自由度仿真结果对比

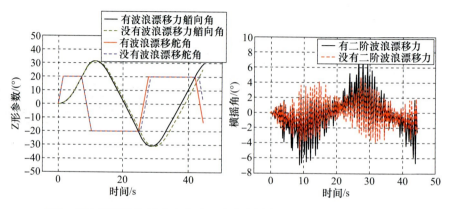

图3-15 高频波浪(T1)中有无二阶波浪漂移力Z形运动模拟结果对比

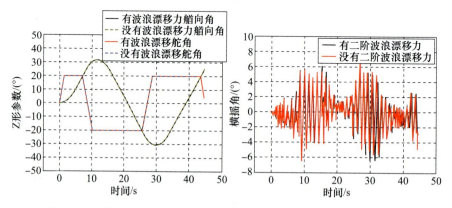

图3-16 低频波浪(T7)中有无二阶波浪漂移力Z形运动模拟结果对比